高等院校医学实验教学系列教材

分子医学课程群实验

主　编　梁淑娟　付玉荣

副主编　（按姓氏笔画排序）

刘红英　牟东珍　吴晓燕　陈　永

编　委　（按姓氏笔画排序）

王　平	王　刚	王小柯	王红艳
王丽娜	尤　敏	孔　登	刘志军
刘艳菲	汲　蕊	孙　萍	孙凤祥
孙秀宁	孙洪亮	杨利丽	杨晓芸
李媛媛	李瑞芳	肖伟玲	吴国庆
邱大琳	林志娟	官秀梅	孟爱霞
董俊红	蔡文娣	管志玉	管福来
鞠吉雨	魏　兵		

科 学 出 版 社

北 京

内 容 简 介

本教材打破学科界限、强化整体医学理念,内容层次递进,有助于医学生从分子水平理解与研究疾病的发病机制、诊断与治疗,旨在强化医学生的系统医学意识、创新意识与临床逻辑思维等综合能力。教材内容共分为三大模块,第一模块为课程群涵盖的四门课程:生物化学与分子生物学实验(26个实验)、医学免疫学实验(11个实验)、医学微生物学实验(19个实验)、医学遗传学实验(11个实验)各自独立的验证性实验内容,目的是锻炼学生具备各自课程特色的基本实验技能;第二模块为上述四门课程交叉综合性实验内容(11个实验),目的是进一步培养学生综合四门课程的知识能力和培养学生的整体医学意识;第三模块为设计创新性实验(11个实验),进一步培养学生利用所学知识和技能的科研创新能力和临床思维能力。为方便读者,本书在附录中列出了常用试剂配制与中英文索引等内容。

图书在版编目(CIP)数据

分子医学课程群实验／梁淑娟,付玉荣主编.—北京:科学出版社,2015.3
ISBN 978-7-03-043677-1

Ⅰ.分… Ⅱ.①梁… ②付… Ⅲ.医学-分子生物学-实验-医学院校-教材
Ⅳ.①Q7-33

中国版本图书馆 CIP 数据核字(2015)第 048100 号

责任编辑:胡治国／责任校对:朱光兰
责任印制:赵　博／封面设计:陈　敬

科 学 出 版 社 出版
北京东黄城根北街 16 号
邮政编码: 100717
http://www.sciencep.com

三河市骏杰印刷有限公司印刷
科学出版社发行　各地新华书店经销

*

2015 年 3 月第 一 版　　开本:787×1092　1/16
2024 年 8 月第七次印刷　　印张:14 1/4　插页:4
字数:330 000

定价: 58.00 元
(如有印装质量问题,我社负责调换)

丛书编委会

前　言

　　医学是一门实验性极强的科学,医学实验教学在整个医学教育中占有极为重要的位置。地方医学院校承担着培养大批高素质应用型医学专门人才的艰巨任务,但目前多数地方医学院校仍然采用以学科为基础的医学教育模式,其优点是学科知识系统而全面,便于学生理解和记忆,该模式各学科之间界限分明,但忽略了各学科知识的交叉融合;实验教学一直依附于理论教学,实验类型单一,实验条件简单;实验教材建设落后于其他教学环节改革的步伐,制约了学生探索精神、科学思维、实践能力、创新能力的培养。

　　近年来,适应国家医学教育改革和医疗卫生体制改革的需要,全国大多数医学院校相继进行了实验室的整合,逐步形成了综合性、多学科共用的实验教学平台,从根本上为改变实验教学附属于理论教学、实现优质资源共享创造了条件。经过多年的探索和实践,以能力培养为核心,基础性实验、综合性实验和设计创新性实验三个层次相结合的实验课程体系,逐步得到全国高等医学院校专家学者的认可。

　　要实现新世纪医学生的培养目标,除实验室整合和实验教学体系改革外,实验教材建设与改革已成为当务之急。为编写一套适应于地方医学院校医学教育现状的实验教材,在科学出版社的大力支持下,"全国高等院校医学实验教学规划教材"编委会组织相关学科专业、具有丰富教学经验的专家教授,遵循学生的认识规律,从应用型人才培养的战略高度,以《中国医学教育标准》为参照体系,以培养学生综合素质、创新精神和实践创新能力为目标,依托实验教学示范中心建设平台,在借鉴相关医学院校实验教学改革经验的基础上,编写了这套实验教学系列教材。全套教材共八本,包括《人体解剖学实验》、《人体显微结构学实验》、《细胞生物学实验》、《医学机能实验学》、《分子医学课程群实验》、《临床技能学实训》、《预防医学实验》和《公共卫生综合实验》。

　　本套教材力求理念创新、体系创新和模式创新。内容上遵循实验教学逻辑和规律,按照医学实验教学体系进行重组和融合,分为基本性实验、综合性实验和设计创新性实验等3个层次编写。基本性实验与相应学科理论教学同步,以巩固学生的理论知识、训练实验操作能力;综合性实验是融合相关学科知识而设计的实验,以培养学生知识技能的综合运用能力、分析和解决问题的能力;设计创新性实验又分为命题设计实验和自由探索实验,由教师提出问题或在教师研究领域内学生自主提出问题并在教师指导下由学生自行设计和完成的实验,以培养学生的科学思维和创新能力。

　　本套教材编写对象以本科临床医学专业为主,兼顾预防医学、麻醉学、口腔医学、影像医学、护理学、药学、医学检验技术、生物技术等医学及医学技术类专业需求。不同的专业可按照本专业培养目标要求和专业特点，采取实验教学与理论教学统筹协调、课内实验教学和课外科研训练相结合的方式，选择不同层次的必修和选修实验项目。

由于医学教育模式和实验教学模式尚存在地域和校际之间的差异，加上我们的理念和学识有限，本套教材编写可能存在偏颇之处，恳请同行专家和广大师生指正并提出宝贵意见。

丛书编委会

2014 年 7 月

目 录

第一篇 基础性实验模块

第二篇　综合性实验模块

第三篇　设计创新性实验模块

第一篇　基础性实验模块

第一部分　生物化学与分子生物学实验

实验一　蛋白质的定量测定

【实验目的】

（1）掌握微量移液器的使用。

（2）掌握分光光度计的使用。

（3）掌握双缩脲法测定蛋白质含量的原理及操作。

【实验原理】

1. 分光光度分析技术原理　分光光度法是以朗伯-比尔（Lambrt-Beer）定律为基础，建立起来的方法。一束单色光通过有色溶液介质时，由于溶液吸收了一部分光线（光能），通过光的强度（光线的量）会减弱，有色溶液介质厚度越大，浓度越高透过溶液的单色光强度就越小。

设 I_0 为入射光强度，I 为透过光强度，C 为有色溶液的浓度。通常把 $\dfrac{I}{I_0}$ 称为透光度 T，若以百分数表示，则称为百分透光度，透光度的负对数称为光密度，用 D 表示，即 $\dfrac{I}{I_0} = T$

$$-\lg \frac{I}{I_0} = -\lg T = D \tag{1}$$

由实验和积分数据推导证明，当有色溶液的浓度不大时，光密度 D 与溶液浓度 C 和溶液厚度 L 的乘积成正比关系，这种关系称为朗伯-比尔定律，用数学式表达为

$$D = -\lg T = KCL \tag{2}$$

式中，K 为一常数，其大小由溶液的性质和入射光的波长决定。

由上式可知，在其他条件相同时，溶液的浓度越大，或是液层越厚，则溶液对光的吸收越强（密度越大），而透光度则越小，因此，当一单色光通过同一有色物质的两种不同浓度的溶液时，可得出下列两式：

$$D_1 = K_1 C_1 L_1 \text{或} L_1 = \frac{D_1}{K_1 C_1} \tag{3}$$

$$D_2 = K_2 C_2 L_2 \text{或} L_2 = \frac{D_2}{K_2 C_2} \tag{4}$$

在分光分析时，溶液的厚度 L 是固定的（即比色杯厚度相同），因此，$L_1 = L_2$，合并（3）（4）即 $\dfrac{D_1}{K_1 C_1} = \dfrac{D_2}{K_2 C_2}$ 又因为是同一种物质的有色溶液，所以 $K_1 = K_2$，则 $\dfrac{D_1}{C_1} = \dfrac{D_2}{C_2}$

求未知浓度 C_2 (C_1 为标准液浓度)

$$C_2 = \frac{D_2}{D_1} \cdot C_1$$

未知液浓度 $(C_2)=\dfrac{未知液(D_2)}{标准液(D_1)} \cdot 标准液浓度(C_1)$

分光分析的原理是使透过溶液的光照射到光电池或光电管上,使光能转变为电能,产生电流。电流的大小与透过去的光的强度有关。因此,当产生的电流通过电流计时,由电流计指针在刻度盘上指示的位置,即可读出标准溶液和未知液的光密度(D)或百分透光度(T)。

2. 分光光度计的结构　分光光度计的种类和型号繁多,但它们都是由下列基本部件组成：

$$光源\longrightarrow 单色器\longrightarrow 样品池\longrightarrow 检测系统$$

现将各部件的作用原理及性能讨论如下：

(1) 光源:常用的光源是钨丝灯,钨丝灯是常用于可见光区的连续光源(波长区域在 320~2500nm)。氘灯是常用于紫外光区(180~375nm)的连续光源。

(2) 单色器:将光源发出的连续光谱分解为单色光的装置称为单色器,单色器由棱镜或光栅等色散元件,即狭缝和透镜等组成。

1) 棱镜:光通过入射狭缝,经准直透镜成为平行光,然后以一定的角度射到棱镜上,在棱镜的两个界面上发生折射,而发生色散的光经会聚透镜被聚焦在一个微微弯曲并带有出射狭缝的表面上,移动棱镜或出射狭缝的位置,就可使所需波长的光通过狭缝射到试液上。

玻璃棱镜用于可见光区,石英棱镜可用于紫外光区、可见光区和近红外光区。

2) 光栅:可采用透射光栅和反射光栅。前者是在一块玻璃或其他透明材料上刻一系列平行并紧紧相靠的凹槽;后者则是利用前者首先制取复制光栅,然后在其表面上喷涂铝的薄膜制成,也可在抛光的玻璃表面或金属表面镀铝,然后在铝表面上刻上大量的平行线制成,光栅的刻线越多,分辨率越高,每单位的刻线越多,色散就越大。

(3) 样品池:样品池也称比色皿,按材料可分为玻璃和石英两大类。玻璃池只能用于可见光区,而石英池可用于紫外光区、可见光区和近红外光区。为了减少反射损失,使用时样品池的光学面必须完全垂直于光束方向。

样品池在使用之前应进行校正,校正方法如下:在样品池 A 和 B 内,分别装入试液和参比液,测量吸光度。要求标准使前后两次测定的吸光度差值不能大于 10%($\leqslant 10\%$)。在校正样品池时,应多选择几个波长测量吸光度,得到的校正值可供以后实验中使用。

(4) 监测系统:监测器的功能是检测光信号,并将其转变为电信号。因此要求检测器对测定波长范围内的光有快速、灵敏的响应,最重要的是产生的光电流应与照射和其上的光强度成正比。分光光度计常用硒光电池或光电管作检测器,采用检流计作读数装置,两者组成监测系统。

3. 光度测量的选择　为了使光度分析法有较高的灵敏度和准确度,除了要注意选择和控制适当的显色条件外,还必须注意选择适当的光度测量条件,主要应考虑以下几点：

(1) 入射光波长的选择:入射光波长应根据吸收曲线,选择溶液有最大吸收时的波长为宜,因为在此波长处,摩尔吸光系数 ε 值最大,灵敏度较高,同时在此波长处的一较小范围内,吸光度的变化不大,不会造成对比尔定律的偏离。

如果最大吸收波长不在仪器可测波长范围内,或干扰物质在此波长处也有强烈的吸收,可选择非峰值处的波长。但应注意的是,尽可能选择其 ε 值随波长变化不太大的区域内的波长。

(2)参比溶液的选择:光度测量时,常利用参比溶液来调节仪器的零点,以消除由于样品池及溶剂对入射光的干涉和吸收带来的误差。

在实际工作中,当试液、显色剂及所用的其他试剂在测定波长处无吸收时,可用纯溶剂(或蒸馏水)作参比溶液。如果显色剂无吸收,而待测试液有吸收,则应采用不加显色剂的待测试液作参比溶液。如果显色剂和试液均有吸收,可将一份试液加入适当的掩蔽剂,将待测组分掩蔽起来,使之不再与显色剂作用,然后按操作步骤加入显色剂及其他试剂,以此作为参比溶液。总之要求制备的参比溶液能尽量使待测溶液的吸光度真正反映待测物质的浓度。

(3)吸光度读数范围的选择:在不同吸光度读数范围内读数也可引入不同程度的误差,对测定产生影响,一般认为吸光度在 0.2~0.8 时,测量精度最好。根据朗伯-比尔定律,可以改变样品池厚度或试液浓度,使吸光度读数处在适宜的范围内。

4. 双缩脲法测定蛋白质含量的原理　在碱性溶液中,双缩脲($H_2N—CO—NH—CO—NH_2$)与 Cu^{2+} 作用形成紫红色的络合物,这一反应称双缩脲反应。凡分子中含两个或两个以上酰胺基(—CO—NH₂),或与此相似的基团[如—CH₂—NH₂,—CS—NH₂,—C(NH)NH₂]的任何化合物,无论这类基团直接相连还是通过一个碳或氮原子间接相连,均可发生上述反应。蛋白质分子含有众多肽键(—CO—NH—),可发生双缩脲反应,且呈色强度在一定浓度范围内与肽键数量即与蛋白质含量成正比,可用比色法测定蛋白含量。

【材料、试剂与仪器】

(1)材料:血清,100μl Tip 头,试管。

(2)试剂:双缩脲试剂,蛋白标准液,6mol/L NaOH 溶液。

(3)仪器:水浴箱,可见光分光光度计,100μl 微量移液器,5ml 刻度吸量管。

【步骤与方法】

1. 微量移液器的使用与校正　微量移液器主要用于多次重复的快速定量移液,可单手操作,十分方便。

(1)微量移液器的分类:取液器可分为两种:一种是固定容量的,常用的有 10μl、20μl、50μl、100μl、200μl、500μl、1000μl 等多种规格;另一种是可调容量的取液器,常用的有0.5～10μl、10～40μl、20～200μl、100～500μl、200～1000μl 等不同规格。

微量移液器下段为可装卸可更换的吸头,用微量移液器上方的"推进按钮"定量采取液体。每种取液器都有其专用的聚丙烯塑料吸头,吸头通常是一次性使用,当然也可以超声清洗后重复使用,而且此种吸头还可以进行 120℃高压灭菌。

(2)微量移液器的使用:首先,选择一支量程合适的微量移液器,设定容量值,有些微量移液器通过旋转按钮设置容量,有些则通过刻度显示。若由低值旋转至高值,则需先超越设定值至少三分之一后再反转至设定值;若由高至低,则直接旋转至设定值即可。

选择合适的吸头装在微量移液器套筒上,稍加扭转压紧,使吸头套紧。否则,移取的液体将少于设定的体积或者液体会往下滴。当装上一个新吸头时(或改变吸取的容量值)应预洗吸头,先轻轻吸打几次液样,可消除产生吸液误差。

吸液时,四指并拢握住微量移液器上部,用拇指按住柱塞杆顶端的按钮至第一停点

(图 1-1-1),将微量移液器垂直浸入液面 2~3mm,然后缓慢平稳地松开拇指,慢慢吸入液体。停留 1~2s(黏性大的溶液可加长停留时间),然后将吸头提离液面。用吸水纸抹去吸嘴外面可能黏附的液滴。小心勿触及吸头口。

放液时,将吸头口贴到容器内壁并保持 10°~40° 倾斜,平稳地把按钮压到第一停点,停1~2s(黏性大的溶液加长停留时间),继续按压到第二停点,排出残余液体。松开按钮,同时提起微量移液器。按吸头弹射器除去吸头(改用不同样本液体时必须更换吸头)。

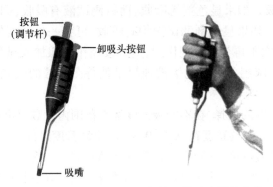

图 1-1-1　可调式移液器的结构及持移液器的姿势

(3) 微量移液器的校正:每年至少应检验校正 2~3 次,常用的方法有高铁氰化钾法、双蒸水称重法、水银称重法等。以水称量法为例:校正时要求室温 20℃,按正规操作吸取蒸馏水,并称其蒸馏水重量,同样记下蒸馏水重量及水温。计算出容积及校正值,如果相对百分误差大于±2% 时,应进行调整。调整后,必须再进检测,直至微量移液器能正确给出调整的容积。

(4) 注意事项

1) 吸取液体时一定要缓慢平稳地松开拇指,绝不允许突然松开,以防将溶液吸入过快而冲入取液器内腐蚀柱塞而造成漏气。

2) 加样时,微量移液器吸头只能以垂直方式浸入 2~3mm,因为倾斜的方式将减少液体柱的高度,导致吸取液体过多。为确保样本的稳定释放,微量移液器吸头应靠在试管壁上,液体顺着管壁流出,避免出现液滴,液滴的形成可由于其表面张力的作用而阻止样本的释放。

3) 当微量移液器中有溶液时,不得倒放,必须垂直放置,否则久后失准。

4) 发现吸液时有气泡,将液体排回原容器;检查吸头浸入液体是否太深;换个吸头重新吸取样本。

2. 721 型分光光度计的使用　光谱范围在 360~800nm,所有部件均在一主机内,操作方便,灵敏度高。

(1) 原理:以 12V 25W 白灼钨灯为光源,经透镜聚光后射入单色光器内,经棱镜色散反射到准直镜,穿狭缝得到,波长范围更窄的光波作为入射光进入比色皿,透出的光波被受光器光电管所接受,产生光电流,再经放大在微安表上反映出电流大小,并直接读出光密度。

(2) 使用方法

1) 灵敏度选择钮放在"1"(如调不到"0"的选用较高档)。

2) 转动波长旋钮,选用所需波长。

3）接通电源,打开电源开关,将仪器预热。

4）打开样品池盖(光门挡板自动遮住光路),转动零点调节旋钮,使电流指针恢复到透光度"0"。

5）将比色皿放入杯架中,使空白液对向光路,盖好样品池盖,转动"100%",调准电表指针使之指向透光度 100%位置上。

6）将标准液及测定液的比色杯依次推入光路,即可自电流计直接读出其光密度值。使用完毕后,将开关放回"关"的位置,切断电源,并将比色皿取出,用蒸馏水充分洗干净。

(3) 注意事项

1）分光光度计属精密仪器,应精心爱护使用。防震、防潮、防腐蚀。

2）要保持比色皿的清洁干净,保护光学面的透明度。

3）读取光密度值的时间应尽量缩短,以防光电系统疲劳,如连续使用时,中间应适当使之避光休息。

4）比色皿不要放置在仪器面上,以免液体腐蚀仪器表面。

5）调"0"位及"100%"旋钮要轻旋,旋到终点时指针仍未指到位,一定不能再用力旋,以免损坏电位器。

3. 双缩脲法测定蛋白质含量　取试管 3 支,标明测定、标准和空白,然后按下表操作。

试剂/ml	测定管	标准管	空白管
待测血清	0.1	—	—
蛋白标准液	—	0.1	—
蒸馏水	—	—	0.1
双缩脲试剂	5.0	5.0	5.0

混匀,37℃水浴 10min,冷却至室温,在分光光度计波长 540nm 处,用空白管调零,比色测定,读取标准管,测定管的光密度值。

【结果分析】

$$血清总蛋白(g/L) = \frac{测定管\ OD_{540}}{标准管\ OD_{540}} \times 70$$

【注意事项】

(1) 双缩脲试剂要封闭贮存,防止吸收空气中的二氧化碳。

(2) 本法各种蛋白质的显色程度基本相同,重复性好,几乎不受温度影响,唯一缺点是灵敏度较低。

(3) 黄疸血清、严重溶血对本法有明显干扰。

【思考题】

(1) 双缩脲法测定蛋白质的原理是什么?

(2) 在比色法测定蛋白质含量时,为什么设定标准管?

【试剂配制】

1. 双缩脲试剂　取 $CuSO_4 \cdot 5H_2O$ 3g,溶于 500ml 新鲜配制的蒸馏水中,加酒石酸钾钠 9g,KI 5g,待完全溶解后,加入 6mol/L NaOH 溶液 100ml,然后加蒸馏水至 1000ml。棕色瓶中避光保存。长期放置后若有暗红色沉淀出现,即不能使用。

2. 蛋白标准液　取牛血清白蛋白,用生理盐水稀释至浓度 70g/L。

3. 6mol/L NaOH 溶液　称取 240g 氢氧化钠溶于 1000ml 水中。

(孔　登　王小柯)

实验二　温度对酶活性的影响

【实验目的】

掌握温度对酶的活性的影响。

【实验原理】

温度对酶的活性有显著影响。温度降低,酶促反应减弱或停止,温度升高,反应速度加快,当上升至某一温度时,酶促反应速度达最大值,此温度称为酶的最适温度。温度继续升高,反应速度反而迅速下降。人体内大多数酶的最适温度约为 37℃。体外实验,酶的最适温度随反应时间而异,温度越高,酶蛋白变性越严重,至 80℃时,酶活性几乎完全丧失。

以唾液淀粉酶为例,唾液淀粉酶催化淀粉水解生成各种糊精和麦芽糖。淀粉溶液属胶体溶液,具有乳样光泽,与碘反应呈蓝色;糊精根据分子大小,与碘反应分别呈蓝色、紫色、红色、无色等不同的颜色;麦芽糖不与碘呈色。根据上述性质,可以用碘检查淀粉是否水解及其水解程度,间接判断唾液淀粉酶是否存在及其活性大小。

【材料、试剂与仪器】

(1) 材料:唾液,1000μl Tip 头,试管,冰。

(2) 试剂:1%淀粉液,碘液。

(3) 仪器:水浴箱,100~1000μl 微量移液器。

【步骤与方法】

(1) 收集唾液:为清除口内食物残渣,用自来水漱口,然后再含一口自来水 3~5min,自然流到试管中。此步骤可以两人合作,以下步骤需每人作一份。

(2) 取试管两支,各加试管中唾液 2ml,一管加热煮沸 5min,另一管置冰浴中预冷 5min,放置备用(即为唾液淀粉酶溶液)。

(3) 另取试管 4 支,编号,按下表依次操作。

步骤	1	2	3	4
1	各管分别加 1%淀粉溶液 800μl			
2	0~4℃冰浴保温 5min		37℃水浴保温 5min	
3	预冷唾液 400μl	预冷唾液 400μl	唾液 400μl	煮沸唾液 400μl
4	摇匀后 0~4℃冰浴保温 10min		摇匀后 37℃水浴保温 10min	
5	碘液 80μl	37℃水浴保温 10min 中后再加碘液 80μl	碘液 80μl	碘液 80μl

【结果分析】

根据表中观察到的结果进行分析。

【注意事项】

各人唾液淀粉酶活力不同,如按上法制得的唾液消化太快或太慢,可重新制备唾液或向反应系统中多加一些唾液或淀粉。

【思考题】

温度对酶活性是如何影响的?

【试剂配制】

1. 1%淀粉液 称取可溶性淀粉 1g,先用少量蒸馏水调成糊状,然后加入已煮沸的蒸馏水约 100ml 中,继续煮沸约 1min,冷却至室温后加蒸馏水至 100ml 即可。4℃冰箱存放,不超过一周。

2. 碘液 称取 I_2 1g,KI 2g 同溶于 100ml 蒸馏水中,棕色瓶内存放。

(孔 登 王 平)

实验三 pH 对酶活性的影响

【实验目的】

掌握 pH 对酶活性的影响。

【实验原理】

酶活性对酸碱度的改变非常敏感。每一种酶都有它一定的最适 pH,只有在此条件下酶活性最大。过酸过碱都会影响酶的活性。酶的最适 pH 不是一个特征性物理常数,对于同一个酶,其最适 pH 因缓冲液和底物的性质不同而有差异。如唾液淀粉酶最适 pH 为 6.8,但在磷酸缓冲液中其最适 pH 为 6.4~6.6,而在乙酸缓冲液中则为 pH 5.6。

【材料、试剂与仪器】

(1) 材料:唾液,100μl Tip 头,1000μl Tip 头,试管,ddH_2O。

(2) 试剂:1%淀粉溶液,碘液,1mol/L HCl 溶液,1mol/L NaOH 溶液。

(3) 仪器:水浴箱,10~100μl 微量移液器,100~1000μl 微量移液器。

【步骤与方法】

(1) 收集唾液制备唾液淀粉酶:实验者先用水漱口,然后任唾液自然流入试管内,大约 0.5~1ml 即可,再用 5 倍量蒸馏水稀释备用。

(2) 取洁净试管 4 支,编号,按下表操作。

试剂	1	2	3
1%淀粉(ml)	800	800	800
ddH_2O(ml)	80	—	—
1mol/L NaOH 溶液(ml)	—	80	—
1mol/L HCl 溶液(ml)	—	—	80
唾液稀释液(ml)	200	200	200
混匀后置37℃水浴中保温5min			
1mol/L NaOH 溶液(μl)	—	—	80
碘液(μl)	80	80	80

【结果分析】

观察各管中的颜色变化情况。

【注意事项】

第三管必须在加 1mol/L HCl 溶液中和后,再加碘才能准确的观察其实验结果。因为在碱性溶液中,碘以 NaI 的形式存在,没有自由的碘存在,故它不能与糊精起反应。

$$3I_2+6NaOH \rightarrow 5NaI+NaIO_3+H_2O$$

加酸后,可将碘分子释放出来,它与多糖起颜色反应。所以第三管必须加酸中和,否则由于碱的作用而不出现颜色反应,影响实验结果。

【思考题】

(1) 什么是酶的最适 pH? pH 改变对酶活性有何影响?

(2) 为什么酶的最适 pH 不是一个物理常数? 请阐明理由。

【试剂配制】

1. 1%淀粉溶液　称取可溶性淀粉 1g,先用少量蒸馏水调成糊状,然后加入已煮沸的蒸馏水约 100ml 中,继续煮沸约 1min,冷却至室温后加蒸馏水至 100ml 即可。4℃冰箱存放,不超过一周。

2. 碘液　称取 I_2 1g,KI 2g 同溶于 100ml 蒸馏水中,棕色瓶内存放。

3. 1mol/L HCl 溶液　量取 83ml 浓盐酸,加蒸馏水定容至 1000ml。

4. 1mol/L NaOH 溶液　称取 NaOH 40g,加适量蒸馏水溶解,再用蒸馏水定容至 1000ml。

(孔　登)

实验四　激活剂和抑制剂对酶活性的影响

【实验目的】

(1) 掌握抑制剂的分类。

(2) 掌握激活剂和抑制剂对酶活性的影响。

【实验原理】

在酶促反应过程中,酶的激活剂或抑制剂可分别加速或抑制酶的活性,如氯化钠在低浓度时为淀粉酶的激活剂,而硫酸铜则是它的抑制剂。少量的激活剂或抑制剂就能影响酶的活性,而它们常具有特异性。值得注意的是,激活剂与抑制剂不是绝对的,有些物质在低浓度时为某种酶的激活剂,而在高浓度时则为该酶的抑制剂。如氯化钠达到 1/3 饱和度时,就可抑制唾液淀粉酶的活性。本实验利用水解不同阶段淀粉与碘有不同颜色反应,定性观察唾液淀粉酶在酶促反应中的激活或抑制现象。

【材料、试剂与仪器】

(1) 材料:唾液,试管,100μl Tip 头,1000μl Tip 头,ddH_2O。

(2) 试剂:1%淀粉溶液,1%NaCl 溶液,1%$CuSO_4$ 溶液,1%Na_2SO_4 溶液。

(3) 仪器:反应板,水浴锅,10~100μl 微量移液器,100~1000μl 微量移液器。

【步骤与方法】

(1) 收集唾液:实验者先用水漱口,然后任唾液自然流入试管内,0.5~1ml 即可,再用 5 倍量蒸馏水稀释备用。

(2) 取洁净试管 4 支,编号,按下表操作。

试剂/μl	1	2	3	4
1%淀粉液	800	800	800	800
1% NaCl	80	—	—	—
1% CuSO$_4$	—	80	—	—
1% Na$_2$SO$_4$	—	—	80	—
ddH$_2$O	—	—	—	80
稀释唾液	400	400	400	400

将各管摇匀,置于37℃水浴中。

（3）取反应板一块,预先在各反应孔中加入碘液60μl。每间隔2min从第一管吸取反应液40μl,加入反应孔中,与碘液反应,直到第一管反应液不与碘成色即浅棕色时,向各管中加入碘液200μl,摇匀。

【结果分析】

观察各管颜色变化情况,并解释结果。

【注意事项】

各人唾液淀粉酶活力不同,如按上法制得的唾液消化效果不明显,可重新制备唾液。

【思考题】

抑制剂与变性剂有何不同？试举例说明。

【试剂配制】

1. 1%淀粉溶液　称取可溶性淀粉1g,先用少量蒸馏水调成糊状,然后加入已煮沸的蒸馏水约100ml中,继续煮沸约1min,冷却至室温后加蒸馏水至100ml即可。4℃冰箱存放,不超过一周。

2. 1% NaCl溶液　称取NaCl 1g,溶于100ml蒸馏水中。

3. 1% CuSO$_4$溶液　称取CuSO$_4$ 1g,溶于100ml蒸馏水中。

4. 1% Na$_2$SO$_4$溶液　称取Na$_2$SO$_4$ 1g,溶于100ml蒸馏水中。

（孔 登）

实验五　酶的竞争性抑制作用

【实验目的】

（1）掌握抑制剂的分类。

（2）掌握竞争性抑制作用的概念。

【实验原理】

在化学结构上与底物类似的抑制剂,能与底物竞争和酶分子的活性中心结合,抑制酶的活性。抑制的过程与抑制剂与底物两者浓度的对比而定。如果底物浓度不变,酶活性的抑制程度随抑制剂的浓度增加而增加;反之,如果抑制剂浓度不变,则酶活性随底物浓度增加而逐渐恢复,这种类型的抑制称为竞争性抑制。

本实验观察丙二酸对琥珀酸脱氢酶活性影响,琥珀酸脱氢酶的活性,可通过在隔绝空气的条件下加入亚甲蓝的褪色情况来观察。

$$
\begin{array}{ccc}
\text{COOH} & & \text{COOH}\\
| & & |\\
\text{CH}_2 & & \text{CH}\\
| \quad + \text{ MB } \rightarrow & & \| \qquad + \text{ MB} \cdot \text{2H}\\
\text{CH}_2 & & \text{CH}\\
| & & |\\
\text{COOH} & & \text{COOH}
\end{array}
$$

（琥珀酸）（亚甲蓝）　（延胡索酸）　（亚甲蓝）

【材料、试剂与仪器】

（1）材料：家兔，试管，液状石蜡，1000μl Tip 头。

（2）试剂：0.2mol/L 琥珀酸溶液，0.02mol/L 琥珀酸溶液，0.2mol/L 丙二酸溶液，0.02mol/L 丙二酸溶液，1/15mol/L pH7.4 磷酸盐缓冲液，0.02%亚甲蓝溶液。

（3）仪器：水浴锅，100~1000μl 微量移液器，冰箱，5ml 刻度吸量管。

【步骤与方法】

（1）肌肉提取液的制备：取家兔一只用重物猛击头部至昏迷，剪颈放血处死。称取一定量的肌肉剪成小块，放入烧杯内用冰冷的蒸馏水洗三次（以除去肌肉中的一些可溶性物质和其他一些受氢体，进而减少对本实验的干扰作用），再用4℃预冷的 1/15mol/L pH 7.4 磷酸盐缓冲液洗涤一次，倾去所洗涤出的液体，将肌肉块移入4℃预冷的研钵中，加入适量洁净细沙，研碎。按每克肌肉加入 2ml 缓冲液的比例，加入预冷的磷酸盐缓冲液，混匀，双层纱布过滤。过滤过程中可以稍加挤压，借以帮助滤液的流出，将滤液储存在洁净的烧杯内，冷藏备用。

（2）取试管 5 支，编号，按下表操作。

试剂/ml	1	2	3	4	5
肌肉提取液	3	3	3	3	3
0.2mol/L 琥珀酸溶液	0.4	0.4	0.4	—	0.4
0.02mol/L 琥珀酸溶液	—	—	—	0.4	—
0.2mol/L 丙二酸溶液	—	0.4	—	0.4	—
0.02mol/L 丙二酸溶液	—	—	0.4	—	—
ddH$_2$O	0.4	—	—	—	3.5
亚甲蓝溶液	0.16	0.16	0.16	0.16	0.16

（3）将上述各管摇匀，于溶液上滴加液状石蜡约 0.6ml（约 0.5cm 厚，以隔绝空气），37℃水浴中保温，随时观察各管亚甲蓝溶液褪色情况，并记录。

【结果分析】

根据实验结果讨论：

（1）肌肉提取液中有无琥珀酸脱氢酶活性？

（2）丙二酸对琥珀酸脱氢酶有什么样影响？

【注意事项】

为了保持酶的活性，所用的磷酸盐缓冲液应事先放入4℃冰箱中预冷。

【思考题】

（1）竞争性抑制剂会使酶的特征曲线产生怎样的变化？

（2）除了竞争性抑制剂，酶的可逆性抑制剂还有哪几类？

【试剂配制】

1. 0.2mol/L 琥珀酸溶液　称取 23.6g 琥珀酸,用蒸馏水配成 1000ml 溶液。
2. 0.02mol/L 琥珀酸溶液　称取 2.36g 琥珀酸,用蒸馏水配成 1000ml 溶液。
3. 0.2mol/L 丙二酸溶液　称取 28.1g 丙二酸,用蒸馏水配成 1000ml 溶液。
4. 0.02mol/L 丙二酸溶液　称取 2.81g 丙二酸,用蒸馏水配成 1000ml 溶液。

以上四种溶液均先用 5mol/L NaOH 溶液调节至 pH 7,再用 0.01mol/L NaOH 溶液调节至 pH 7.4。

5. 1/15mol/L pH 7.4 磷酸盐缓冲液:量取 1/15mol/L Na_2HPO_4 溶液 80.80ml 和 1/15mol/L KH_2PO_4 19.2ml 混匀。

 a. 1/15mol/L Na_2HPO_4 溶液:称取 Na_2HPO_4 9.47g 用蒸馏水配成 1000ml 溶液。

 b. 1/15mol/L KH_2PO_4 溶液:称取 KH_2PO_4 9.08g 用蒸馏水配成 1000ml 溶液。

(孔　登)

实验六　磷酸盐对碱性磷酸酶的抑制作用

【实验目的】

(1) 掌握酶的可逆性抑制的分类。

(2) 掌握 3 种可逆性抑制对 K_m 值和最大反应速度的影响。

【实验原理】

凡能降低酶活性甚至使酶丧失活性的物质,称为酶的抑制剂。酶的特异性抑制剂可分为可逆性和不可逆性两类。可逆性抑制又可分为竞争性、非竞争性和反竞争性三类。

竞争性抑制剂的作用特点是该酶 K_m 值增大,但最大反应速度不变,而非竞争性抑制剂的作用特点是不影响底物与酶结合,故其 K_m 值不变,而能降低其最大反应速度。反竞争性抑制作用与上述两种抑制作用不同,抑制剂仅与中间复合物结合,其 K_m 值降低,最大反应速度降低。(参看生化教材中,有关的动力学关系式及特性曲线)。

本实验中观察 Na_2HPO_4 对碱性磷酸酶 K_m 值、最大反应速度的影响,判定 Na_2HPO_4 是碱性磷酸酶的哪种抑制剂。

【材料、试剂与仪器】

(1) 材料:碱性磷酸酶,坐标纸,试管,1000μl Tip 头。

(2) 试剂:0.04mol/L Na_2HPO_4,0.02mol/L 基质液,0.1mol/L pH 10 苯酚盐缓冲液,含 4-氨基安替比林(4-APP)的苯酚盐缓冲液,0.5% 铁氰化钾溶液,pH 8.8 Tris 缓冲液,0.1mol/L 乙酸镁溶液,酚标准液。

(3) 仪器:水浴箱,可见分光光度计,100~1000μl 微量移液器,2ml 刻度吸量管。

【步骤与方法】

取干净试管 8 支,编号,按下表操作。特别注意准确吸取酶液、基质液及标准液。

试剂/ml	1	2	3	4	5	6	7	8
0.02mol/L 基质液	0.1	0.2	0.3	0.4	0.6	0.8	—	—
ddH$_2$O	1.3	1.2	1.1	1.0	0.8	0.6	1.4	1.4

续表

试剂/ml	1	2	3	4	5	6	7	8
苯酚盐缓冲液	1.5	1.5	1.5	1.5	1.5	1.5	1.5	1.5
摇匀，37℃保温 5min								
0.1mg/ml 酚标准液	—	—	—	—	—	—	0.1	—
酶液	0.1	0.1	0.1	0.1	0.1	0.1	—	0.1
充分摇匀，37℃准确保温 15min								
0.5%铁氰化钾	2.0	2.0	2.0	2.0	2.0	2.0	2.0	2.0

另取干净试管 8 支，编号，按下表操作。

试剂/ml	1	2	3	4	5	6	7	8
0.02mol/L 基质液	0.1	0.2	0.3	0.4	0.6	0.8	—	—
ddH$_2$O	1.2	1.1	1.0	0.9	0.7	0.5	1.3	1.3
0.04mol/L Na$_2$HPO$_4$溶液	0.1	0.1	0.1	0.1	0.1	0.1	0.1	0.1
苯酚盐缓冲液	1.5	1.5	1.5	1.5	1.5	1.5	1.5	1.5
摇匀，37℃保温 5min								
0.1 mg/ml 酚标准液	—	—	—	—	—	—	0.1	—
酶液	0.1	0.1	0.1	0.1	0.1	0.1	—	0.1
充分摇匀，37℃准确保温 15min								
0.5%铁氰化钾	2.0	2.0	2.0	2.0	2.0	2.0	2.0	2.0

充分摇匀室温放置 10min 后，用 510nm 波长比色，以 8 管调零，读取各管光密度值，并填入下表，计算有关数据并作图。按林贝氏法求出 K_m 值，判定结果。

【结果分析】

（1）数据记录与计算

1）计算出各管的酶活性单位（代表酶促反应速度 v）。

$$v = \frac{测定管\ OD_{510}}{标准管\ OD_{510}} \times 0.01$$

2）计算各管底物浓度

$$[S] = 基质液浓度 \times \frac{加基质液量}{酶反应总液量} = 0.02 \times \frac{加基质液量}{3.0}$$

（2）计算出各管的 $\dfrac{1}{v}$ 和 $\dfrac{1}{[S]}$ 值

（3）将数据填入下表。

未加磷酸盐	1	2	3	4	5	6
光密度						
v						
$1/v$						
$[S]$						
$1/[S]$						

续表

加入磷酸盐	1	2	3	4	5	6
光密度						
v						
$1/v$						
$[S]$						
$1/[S]$						

（4）绘图与分析：以 $\dfrac{1}{[S]}$ 为横坐标，$\dfrac{1}{v}$ 为纵坐标，在方格坐标纸上准确画出各坐标点，连接各点画出直线，向下延长此线与横轴交点为 $-\dfrac{1}{K_m}$ 值。本实验可得到两条直线，由之计算出碱性磷酸酶加入磷酸盐之前和之后的 K_m 值，从而判断磷酸盐对碱性磷酸酶属于哪种抑制作用。

【注意事项】

（1）各种玻璃仪器必须洗净烤干后备用。

（2）各种试剂加入量要求精确，加入酶液后保温时间要求严格掌握。

【思考题】

三种可逆性抑制作用的特点和不同。

【试剂配制】

1. 0.04mol/L 磷酸氢二钠溶液　称取 $Na_2HPO_4 \cdot 12H_2O$ 143g，用 0.1mol/L pH 10 苯酚盐缓冲液溶解并稀释至 100ml。

2. 0.02mol/L 基质液　称取无水磷酸苯二钠 4.25g（或带有 $2H_2O$ 磷酸苯二钠 5.08g）用煮沸冷却后的蒸馏水溶解并稀释到 1000ml，加 4ml 氯仿防腐，装入棕色瓶中，冰箱保存可用一周。

3. 0.1mol/L pH 10 苯酚盐缓冲液　称取无水苯酚钠 6.35g 及苯酚氢钠 3.36g 溶于蒸馏水中，并加蒸馏水至 1000ml。

4. 含 4-AAP 的苯酚盐缓冲液　称取 AAP 3g，用 0.1mol/L pH 10 苯酚盐缓冲液溶解并稀释到 1000ml。

5. 0.5% 铁氰化钾溶液　称取铁氰化钾 5g，硼酸 15g，分别溶于 100ml 蒸馏水中，待溶解后两液混合，再加蒸馏水至 1000ml，装入棕色瓶中，暗处保存备用。

6. 酶液　称取纯的碱性磷酸酶 2.5mg（1.4U/mg）用 pH 8.8 Tris 缓冲液 100ml，溶解后冰箱保存备用。

7. pH 8.8 Tris 缓冲液　称取三羟甲基氨基甲烷（Tris）12.1g，用蒸馏水溶解并稀释到 1000ml，此液为 0.1mol/L Tris 溶液。取 0.1mol/L Tris 溶液 100ml，加蒸馏水约 800ml，再加 0.1mol/L 乙酸镁溶液 100ml 混匀后，再用 1% 的乙酸溶液调 pH 至 8.8，然后用蒸馏水准确加至 1000ml 即成 pH 8.8 Tris 缓冲液。

8. 0.1mol/L 乙酸镁溶液　称取乙酸镁 21.45g，溶于蒸馏水并加至 1000ml。

9. 酚标准液（0.1mg/ml）

（1）称取结晶酚（或 AR 酚）1.5g 溶于 0.1mol/L 盐酸并加至 1000ml，此液为酚贮存液。

（2）标定：取上述酚液 25ml，加 0.1mol/L NaOH 溶液 55ml，加热至 65℃后再加 0.1mol/L

碘液 25ml,盖好放置 30min,加浓盐酸 5ml,再加 1% 淀粉为指示剂,最后用 0.05mol/L 硫代硫酸钠滴定,其反应如下:

$$3I_2 + C_6H_5OH \longrightarrow C_6H_2I_3 + 3HI$$
$$I_2 + 2Na_2S_2O_3 \longrightarrow 2NaI + Na_2S_4O_6$$

根据上述反应,3 分子碘(相对分子质量为 254)与一分子酚(相对分子质量为 94)起作用。因此,每毫升 0.1mol/L 碘液(含碘 12.7mg)相当于酚的毫克数为 $\dfrac{12.7 \times 94}{3 \times 254} = 1.567mg$。

26ml 碘液中被硫代硫酸钠滴定数为 Xml,则 25ml 酚溶液中所含酚量为 $(25-X) \times 1.567mg$。

(3) 应用时按上述标定结果,用蒸馏水稀释成 0.1mg/ml 的酚标准液。

(孔　登　孟爱霞)

实验七　乳酸脱氢酶活性测定

【实验目的】

(1) 掌握乳酸脱氢酶的作用。

(2) 掌握乳酸脱氢酶活性测定的方法。

【实验原理】

乳酸脱氢酶(lactate dehydrogenase,LDH;EC.1.1.1.27,L-乳酸:NAD$^+$氧化还原酶)广泛存在于生物细胞内,是糖代谢酵解途径的关键酶之一,可催化乳酸脱氢生成丙酮酸。LDH 可溶于水或稀盐溶液。组织中 LDH 含量测定方法很多,其中紫外分光光度法更为简单、快速。鉴于 NADH、NAD$^+$在 340nm 及 260nm 处有各自的最大吸收峰,因此,以 NAD$^+$为辅酶的各种脱氢酶类都可通过 340nm 光吸收值的改变定量测定酶活力,如苹果酸脱氢酶、醇脱氢酶、醛脱氢酶等。

本实验测乳酸脱氢酶活力是在一定条件下,向含丙酮酸及 NADH 的溶液中,加入一定量乳酸脱氢酶提取液,观察 NADH 在反应过程中 340nm 处光吸收减少值,减少越多,则 LDH 活力越高。其活力单位定义为:在 25℃,pH 7.5 条件下每分钟 OD_{340} 下降值为 1.0 的酶量为 1 个单位。

【材料、试剂与仪器】

(1) 材料:兔肉,5ml 移液管,烧杯,100μl Tip 头。

(2) 试剂:10mmol/L pH 6.5 磷酸氢二钾-磷酸二氢钾缓冲液,0.1mol/L pH 7.5 磷酸氢二钠-磷酸二氢钠缓冲液,NADH 溶液,丙酮酸溶液。

(3) 仪器:组织捣碎机,天平,冰箱,10~100μl 微量移液器,恒温水浴箱,紫外分光光度计。

【步骤与方法】

1. 制备肌肉匀浆　称取 20g 新鲜兔肉,按 $W/V = 1/4$ 比例加入 4℃ 预冷的磷酸氢二钾-磷酸二氢钾缓冲液,用组织捣碎机捣碎,每次 10s,连续 3 次。将匀浆液倒入烧杯中,置 4℃ 冰箱中提取过夜,过滤后得到组织提取液。

2. LDH 活性测定　预先将丙酮酸溶液及 NADH 溶液放在 25℃ 水浴中预热。取 2 只石英比色杯,在一只比色杯中加入磷酸氢二钾-磷酸二氢钾缓冲液 3ml,置于紫外分光光度计中,在340nm处将光吸收调节至零;另一只比色杯用于测定 LDH 活力,依次加入丙酮酸钠溶液 2.9ml,NADH 溶液 0.1ml,加盖摇匀后,测定 340nm 光密度值(OD_{340})。取出比色杯加入经稀释的酶液 10μl,立即计时,摇匀后,每隔 0.5min 测 OD_{340},连续测定 3min,以 OD_{340} 对时间作图,取反应最初线性部分,计算每分钟 OD_{340} 减少值。加入酶液的稀释度(或加入量)应控制每分钟 OD_{340} 下降值在 0.1~0.2。

【结果分析】

计算每毫升组织提取液中 LDH 活力单位

$$LDH\ 活力单位(U)/ml\ 提取液 = \frac{\Delta OD_{340} \times 稀释倍数}{酶液加入量(10μl) \times 10^{-3}}$$

【注意事项】

(1)实验材料应尽量新鲜,如取材后不立即用,则应贮存在-20℃冰箱。

(2)酶液的稀释度及加入量应控制每分钟 OD_{340} 下降值在 0.1~0.2,以减少实验误差。

(3)NADH 溶液应在临用前配制。

【思考题】

简述用紫外分光光度法测定以 NAD^+ 为辅酶的各种脱氢酶测定原理。

试剂配制

1. 50mmol/L pH 6.5 磷酸氢二钾-磷酸二氢钾缓冲液母液

a:50mmol/L K_2HPO_4溶液:称 K_2HPO 41.74g 加蒸馏水溶解后定容至 200ml。

b:50mmol/L KH_2PO_4溶液:称 KH_2PO 43.40g 加蒸馏水溶解后定容至 500ml。

取溶液 A 31.5ml +溶液 B 68.5ml,调节 pH 至 6.5。置4℃冰箱备用。

10mmol/L pH 6.5 磷酸氢二钾-磷酸二氢钾缓冲液用上述母液稀释得到。现用现配。

2. 0.2mol/L pH 7.5 磷酸氢二钠-磷酸二氢钠缓冲液母液

a:0.2mol/L Na_2HPO_4溶液:称 $Na_2HPO_4 \cdot 12H_2O$ 71.64g 加蒸馏水溶解后定容至 1000ml。

b:0.2mol/L NaH_2PO_4溶液:称 $NaH_2PO_4 \cdot 2H_2O$ 31.21g 加蒸馏水溶解后定容至 1000ml。

取溶液 A 84ml+溶液 B 16ml,调节 pH 至 7.5。置4℃冰箱备用。

0.1mol/L pH 7.5 磷酸盐缓冲液,用上述母液稀释得到。现用现配。

3. NADH 溶液 称 3.5mg 纯 NADH 置试管中,加 0.1mol/L pH 7.5 磷酸缓冲液 1ml 摇匀。现用现配。

4. 丙酮酸溶液 称 2.5mg 丙酮酸钠,加 0.1mol/L pH 7.5 磷酸缓冲液 29ml,使其完全溶解。现用现配。

(孔 登)

实验八 乳酸脱氢酶同工酶分析

【实验目的】

(1)掌握同工酶的概念。

(2)掌握电泳的原理。

(3)熟悉乳酸脱氢酶同工酶分析的临床意义。

【实验原理】

用醋酸纤维素薄膜作支持物,在 pH 8.6 巴比妥缓冲溶液中电泳,可将 LDH 同工酶分离。在 LDH 辅酶 NAD^+ 存在下,以乳酸钠为基质,处理电泳过的醋酸纤维素薄膜,LDH 可使乳酸脱氢生成丙酮酸,同时使 NAD^+ 还原为 NADH。NADH 又将氢传递给吩嗪二甲酯硫酸盐(phenazine methosulfate,PMS),PMS 再将氢传递给氯化硝基四唑氮蓝(nitrobluetetraxolium,NBT),还原型 NBT 为不溶性蓝紫色化合物。因此,有 LDH 活性的区带即显示蓝紫色。

【材料、试剂与仪器】

(1) 材料:兔心,肝,肾,肌肉,载玻片,醋酸纤维薄膜,剪刀,镊子,离心管,滤纸。

(2) 试剂:0.1mol/L pH 7.5 磷酸盐缓冲液,1mol/L 乳酸钠基质液,1mg/ml PMS,1mg/ml 氯化硝基四唑氮蓝,10% 冰乙酸溶液,pH 8.6 巴比妥缓冲液,染色应用液,固定液。

(3) 仪器:匀浆器,电泳仪,水平电泳槽,染色容器,恒温箱,5ml 刻度吸量管,离心机。

【步骤与方法】

1. 组织匀浆的制备 取兔心、肝、肾、肌肉各 0.5g 剪碎,分别放入匀浆器中,加入 0.1mol/L pH 7.5 磷酸盐缓冲液 2ml 制备成组织匀浆液后,倒入离心管中,再加上述缓冲液 2.5ml 混匀,2000r/min 离心 5min。

2. 点样 将醋酸纤维薄膜浸入巴比妥缓冲液中,待充分浸透以后取出,用滤纸吸去多余水分。使膜的无光泽面向上,把各待测液分别均匀地涂于载玻片的一端,把玻片竖直轻轻接触到距膜端 1.5cm 点样线处,使样品吸入膜内。

3. 电泳 把膜放进电泳槽,点样面向下,点样端靠近阴极,搭好滤纸盖上电泳槽盖,调节电压 120~140V,电流 0.6~1.0mA/cm 宽膜,电泳 1h。

4. 染色 在电泳结束前 5min 配制应用液,取未用过的醋酸纤维素薄膜一条,将它漂浮在染色应用液上,直到下面完全湿润为止。取出,湿面向下贴于载玻片上。然后将电泳膜自电泳槽中取出,立即用滤纸吸干两端。将点样面小心的覆盖于载玻片上浸有染色液的膜上。操作需迅速,避免起泡和干燥。将载玻片移置于保湿搪瓷盘内,置 37℃ 温箱孵育 30min,有 LDH 活力的地方即可显示出蓝紫色的区带。

5. 定位

LDH$_1$—移动速度最快,最靠近阳极,位于白蛋白与 α_1 球蛋白之间

LDH$_2$—位于 α_2 球蛋白处

LDH$_3$—在 β_1、β_2 球蛋白之间

LDH$_4$—在 γ 球蛋白的前沿

LDH$_5$—移动速度最慢,最靠近阴极端,在 γ 球蛋白之后。

6. 固定 将膜在固定液中固定 10min。

【结果分析】

记录电泳结果并分析。

【注意事项】

(1) 所用仪器须绝对清洁,整个实验过程必须控制温度和时间,以求结果准确。

(2) 缓冲液 pH 应准确,基质液要新鲜配制。

(3) 染色时应注意薄膜上的染液要适量,过多会导致同工酶区带扩散,过少则会因为膜干燥而无法进行酶促反应。

(4) 电泳温度不能过高。若室温超过 25℃ 时则需用冰降温,以免影响酶活力。

【思考题】

乳酸脱氢酶同工酶在临床上有什么意义？

【试剂配制】

1. 0.1mol/L pH 7.5 磷酸盐缓冲液　称磷酸氢二钠($Na_2HPO_4 \cdot 7H_2O$）22.55g，磷酸二氢钾21.6g，蒸馏水加至1000ml，调pH至7.5。贮放于4℃冰箱。

2. 1mol/L 乳酸钠基质液　称乳酸钠16g，用0.1mol/L pH 7.5 磷酸盐缓冲液稀释至100ml，4℃冰箱保存。

3. 1mg/ml 吩嗪二甲酯硫酸盐（PMS）　称PMS 0.1g，用100ml蒸馏水溶解，置棕色瓶内，贮于4℃，可稳定1~2周。此液对光敏感，变绿后不能使用。

4. 1mg/ml 氯化硝基四唑氮蓝（NBT）　称NBT 0.1g，用100ml蒸馏水溶解，贮于4℃，可稳定几个月。

5. 固定液　10%冰乙酸溶液。

6. pH 8.6 巴比妥缓冲液（pH 8.6，离子强度0.065）　巴比妥钠12.76g，巴比妥1.66g，加蒸馏水数百毫升，加热溶解后再补加蒸馏水至1000ml，混匀。

7. 染色应用液　1mol/L乳酸钠溶液1ml，氯化硝基四唑氮蓝3ml，吩嗪二甲酯硫酸盐0.3ml，0.1mol/L磷酸盐缓冲液1ml，NAD干粉10mg，混匀。临用前配制。

（孔　登）

实验九　血糖含量测定（Folin-吴宪氏法）

【实验目的】

（1）掌握Folin-吴宪氏法测定血糖的原理和方法。

（2）熟悉血糖测定的临床意义。

【实验原理】

血液中的葡萄糖称为血糖，正常情况下，血糖含量测定，清晨空腹血糖浓度为3.9~6.1mmol/L。

葡萄糖具有还原性。无蛋白血滤液中的葡萄糖，在稀碱溶液中与硫酸铜共热，可使蓝色的二价铜（Cu^{2+}）还原成砖红色的氧化亚铜（Cu_2O）沉淀，氧化亚铜与磷钼酸反应使磷钼酸还原成蓝色钼蓝。与同样处理的标准葡萄糖液比色，可求出血液中葡萄糖的含量。

$$葡萄糖+Cu^{2+} \xrightarrow{\Delta\ 稀碱} Cu_2O\downarrow +糖的氧化产物$$

$$3Cu_2O+3H_3PO_4 \cdot 2MoO_3 \cdot 12H_2O \longrightarrow 6CuO+3H_3PO_4 \cdot Mo_2O_3 \cdot 12H_2O$$
$$\text{（磷钼酸）} \qquad\qquad\qquad \text{（钼蓝）}$$

血液中的蛋白质常常影响实验的测定，因此在测定血糖之前，需要首先将血液中的蛋白质除去，制成无蛋白血滤液，然后进行血糖测定。除去血液中蛋白质的试剂有钨酸、三氯乙酸等。钨酸可由钨酸钠和硫酸作用生成，是一种生物碱试剂，可以与蛋白质的氨基结合成不溶性盐沉淀。

【材料、试剂与仪器】

(1) 材料:新鲜全血,奥氏吸管,锥形瓶,10ml 移液管,血糖管,1000μl Tip 头。

(2) 试剂:10% Na_2WO_4 溶液,1/24mol/L H_2SO_4 溶液,磷钼酸溶液,碱性铜溶液,0.5mmol/L 葡萄糖标准液。

(3) 仪器:低速离心机,水浴锅,721 分光光度计,100~1000μl 微量移液器。

【步骤与方法】

1. 无蛋白血滤液的制备　用洁净、干燥的奥氏吸管,吸取防凝血 1ml,擦去管尖外面的血液后,慢慢地放入干燥的锥形瓶中(注意吸量管内壁不留有血迹),然后吸取 1/24mol/L H_2SO_4 溶液 8ml 慢慢地加入,边加边摇(注意不能有气泡产生),此时溶液逐渐变为深棕色,再沿管壁慢慢加入 10% Na_2WO_4 溶液 1ml,边加边摇匀,充分混匀后,放置 5min,充分沉淀蛋白质。此时沉淀为暗棕色,无泡沫,然后 2500r/min 离心 5min,上清液即为血液稀释 10 倍的无蛋白血滤液。

2. 血糖测定　取血糖管 3 支,编号,按下表进行操作。

试剂/ml	空白管	标准管	待测管
无蛋白血滤液	—	—	0.5
葡萄糖标准液	—	0.5	—
蒸馏水	0.5	—	—
碱性磷酸铜溶液	0.5	0.5	0.5
混匀,沸水浴 8min,取出,室温水浴中冷却,勿摇动血糖管			
磷钼酸溶液	0.5	0.5	0.5

混匀,放置 10min,各加蒸馏水 5ml,用 420nm 或蓝色滤光板进行比色,以空白管校零,读取各管光密度值。

【结果分析】

$$葡萄糖(mmol/L) = \frac{测定管\ OD_{420}}{标准管\ OD_{420}} \times 0.5 \times 10$$

正常值:3.9~6.1mmol/L。

【注意事项】

(1) 血液抽出后立即制成血滤液。若血液放置时间过长,由于红细胞的酵解作用可使结果偏低。

(2) 加热时间应准确,不能延长或缩短。加热过程中及冷却时不要摇动血糖管,以免 Cu_2O 被氧化成 Cu^{2+} 而使结果降低。

(3) 加入磷钼酸试剂后所显颜色不稳定故应迅速比色。使用红色滤光片时变化较明显,用蓝色滤光片一般 15min 内稳定不变,所以虽然反应生成蓝色的化合物,比色时仍采用蓝色滤光板。

【思考题】

(1) 钨酸的作用是什么?

(2) 血糖管和奥氏吸管的结构特点对本实验有何作用?

(3) 为什么实验中以无蛋白滤液,而不以全血、血浆或血清来测定血糖含量?

【试剂配制】

1. 10% Na_2WO_4 溶液　称取钨酸钠 10g,加蒸馏水溶解后,使总量成 100ml,混匀。

2. 碱性铜溶液　称取 Na_2CO_3 40g 溶于 400ml 蒸馏水中,酒石酸 7.5g,溶于 200ml 蒸馏水中,结晶硫酸铜($CuSO_4 \cdot 5H_2O$)4.5g 溶于 200ml 蒸馏水中,上述试剂分别加热助溶,冷却后,先将酒石酸液倾入苯酚钠溶液中,混匀,再将硫酸铜溶液慢慢加入上述混合液内(切勿颠倒顺序),最后加水至 1 000ml,此试剂可在室温长期保存,如放置数周后有沉淀产生,可吸上层清液使用。

3. 磷钼酸溶液　在烧杯内加入钼酸 70g,钨酸钠 10g,10% 氢氧化钠溶液 400ml 及蒸馏水 400ml,煮沸 20~40min,以除去钼酸内可能存在的氨。冷却后转移入 1000ml 容量瓶内,慢慢加入浓磷酸(85% 相对密度 1.71)25ml 混合。最后以蒸馏水稀释至 1000ml 摇匀移入棕色试剂瓶保存。

（陈　永　孙凤祥）

实验十　运动对尿中乳酸含量的影响

【实验目的】

(1) 掌握尿中乳酸含量测定的原理及方法。

(2) 熟悉体内乳酸的主要来源。

【实验原理】

乳酸是糖无氧氧化的终产物,人体正常状态下产生乳酸很少,尿中不易查到。当机体耗能大增,而氧供给相对不足时(如剧烈运动)糖的无氧氧化作用加强,产生大量乳酸入血,随尿排出,故尿中乳酸含量增多。

尿液与浓硫酸共热可使乳酸分解为乙酸,后者再与对羟联苯反应生成紫色化合物,紫红颜色的深浅与乳酸量成正比。故通过观察紫红色化合物颜色的深浅来反应尿中乳酸含量多少。

【材料、试剂与仪器】

(1) 材料:尿液,试管,2ml 吸量管,200μl Tip 头。

(2) 试剂:0.05% 的乳酸钠标准液,饱和 $CuSO_4$ 溶液,0.5% 对羟联苯溶液,浓 H_2SO_4。

(3) 仪器:低速离心机,10~100μl 微量移液器。

【步骤与方法】

(1) 采集尿液:在实验前志愿者先排尿弃去,静坐 30min 后再排尿并收集,并尽量排尽尿,此尿液是为运动前尿液,留用。随后,志愿者立即剧烈运动 5min,自运动开始起 30min 再排尿并收集,此为运动后尿液,留用。

(2) 测定:取上述尿液各 5ml,分别加入两试管中,各加饱和 $CuSO_4$ 0.5ml,混匀,再加 $Ca(OH)_2$ 粉约 0.5g[以溶液变蓝色(碱性)为度]混匀 4000r/min 离心 5min,留上清液待测。

(3) 取 4 支试管,编号,按下表进行实验。

试剂/μl	1	2	3	4
运动前尿滤液	100	—	—	—
运动后尿滤液	—	100	—	—
乳酸标准液	—	—	100	—
H_2O	—	—	—	100

续表

试剂/µl	1	2	3	4
1%硫酸铜溶液	50	50	50	50
各管浸入室温水中				
浓 H₂SO₄	2	2	2	2
各管沸水浴 5min,取出后冷却至20℃以下				
对羟联苯液	100	100	100	100

立即混匀,30℃水浴锅保温 30min。

【结果分析】

观察各管颜色的差别,并解释其原因。

【注意事项】

(1) 实验中使用浓 H_2SO_4 应小心,避免溅到皮肤及衣服上,注意安全。

(2) 加入对羟联苯液应立即混匀。

【思考题】

(1) 实验中为何要首先制备尿滤液?

(2) 简述乳酸生成过程。

(3) 试述乳酸循环及其生理意义。

【试剂配制】

1. 0.05%的乳酸钠标准溶液　取乳酸钠 50mg 加水溶解成 100ml。

2. 1.5%对羟联苯液　对羟联苯 5g 加 5% NaOH 溶液 10ml,稍加温溶解后加水至 100ml,置棕色瓶,冷处保存,可用 2~3 周。如果试剂变褐色要重新配制。

(陈　永　杨晓芸)

实验十一　饥饿、饱食对动物肝糖原含量的影响

【实验目的】

(1) 了解饱食和饥饿对肝糖原含量的影响。

(2) 熟悉肝糖原鉴定的方法与原理。

【实验原理】

糖原(glycogen)是葡萄糖的多聚体,是体内糖的储存形式。葡萄糖单位主要以 α-1,4-糖苷键连接,分支处为 α-1,6-糖苷键。糖原按储存器官的不同可分为肌糖原和肝糖原。肝糖原是血糖的重要来源。肝糖原含量可因食物性质与饥饿的影响发生很大变化,正常约为 5%,多时可达 10%~15%,少时几乎为零。

本实验将动物分成饥饿与饱食两组,处死后取肝脏,肝糖原与碘试剂产生红色化合物,以有无红颜色出现或颜色深浅来反映肝糖原含量。

【材料、试剂与仪器】

(1) 材料:健康小白鼠(体重 20g±2g),试管,研钵,1000µl Tip 头,200µl Tip 头。

(2) 试剂:碘试剂,10%三氯乙酸溶液。

(3) 仪器:10~100µl 微量移液器,100~1000µl 微量移液器。

【步骤与方法】

（1）将小白鼠分为两组，一组自由采食，另一组于实验前禁食 24h。

（2）将上述两组小鼠断头处死，立即取出肝脏，分别放入研钵内，并加入 10% 三氯乙酸溶液 6ml，研磨，制备匀浆。

（3）糖原鉴定，取小试管 3 支，编号，按下表操作。

试剂/μl	1	2	3
饱食鼠肝糖原溶液	1000	—	—
饥饿鼠肝糖原溶液	—	1000	—
蒸馏水	—	—	1000
0.3% 碘液	100	100	100

【结果分析】

观察并记录颜色变化，并解释其原因。

【注意事项】

（1）动物处死时必须迅速进行，避免动物长时间的受刺激，而导致肝糖原分解加速。

（2）制备匀浆时应充分研碎肝组织，使肝糖原能充分释放出来。

【思考题】

（1）影响肝糖原含量的因素有哪些？

（2）试述肝糖原鉴定的原理。

【试剂配制】

1. 碘试剂

（1）称取 1g 碘和 2g 碘化钾，溶于 20ml 蒸馏水中。

（2）19.6% 氯化钠溶液：取 196g 氯化钠用蒸馏水溶解并定容至 1000ml。将 16.5ml 的（1）液加到 990ml 的（2）液中，混匀后贮存于棕色瓶中。

2. 10% 三氯乙酸溶液　称 100g 三氯乙酸，用蒸馏水溶解并定容至 1000ml。配制后需用标准的 0.1mol/L 氢氧化钠溶液滴定（酚酞指示剂）。

（陈　永）

实验十二　血清胆固醇含量测定（氧化—过氧化物酶—终点法）

【实验目的】

（1）掌握终点法测定胆固醇的基本原理。

（2）熟悉血清胆固醇测定的临床意义。

【实验原理】

血清中总胆固醇（total cholesterol，TC）包括游离胆固醇（free cholesterol，FC）和胆固醇酯（cholesterol ester，CE）两部分。血清中胆固醇酯可被胆固醇酯酶水解为游离胆固醇和游离脂肪酸（free fatty acid，FFA），胆固醇在胆固醇氧化酶的氧化作用下生成 Δ4-胆甾烯酮和 H_2O_2，H_2O_2 在 4-氨基安替比林和酚存在时，经过氧化物酶催化，反应生成苯醌亚胺非那腙的红色醌类化合物,其颜色深浅与 TC 含量成正比。

$$胆固醇酯 + H_2O \xrightarrow{\text{胆固醇酯酶}} 胆固醇 + 脂肪酸$$

$$胆固醇 + O_2 \xrightarrow{\text{胆固醇氧化酶}} 胆固醇烯酮 + H_2O_2$$

$$H_2O_2 + 4\text{-}氨基安替比林 + 苯酚 \xrightarrow{\text{过氧化物酶}} 醌类化合物(红色) + 4H_2O$$

【材料、试剂与仪器】

(1) 材料:血清,试管,5ml 刻度吸量管,200μl Tip 头。

(2) 试剂:胆固醇标准液,酶工作液。

(3) 仪器:721 分光光度计,10~100μl 微量移液器。

【步骤与方法】

取干净干燥试管 3 支,标明空白、标准和测定,按下表操作。

试剂/ml	空白管	标准管	测定管
血清	—	—	0.02
标准液	—	0.02	—
蒸馏水	0.02	—	—
酶试剂	3.0	3.0	3.0

混匀后,37℃保温 15min,用分光光度计比色,于 500nm 波长处以空白管调零,读出各管光密度值。

【结果分析】

计算:血清 $TC(mmol/L) = \dfrac{测定管\ OD_{500}}{标准管\ OD_{500}} \times 5.17$

参考范围:血清参考值:2.97~6.47mmol/L

【注意事项】

(1) 试剂中酶的质量影响测定结果。

(2) 若需检测游离胆固醇浓度,将酶试剂成分中去掉胆固醇酯酶即可。

(3) 检测标本可为血清或者血浆(以肝素或 EDTAK$_2$ 抗凝)。

【思考题】

(1) 胆固醇合成时的关键酶及调节机制是什么?

(2) 胆固醇含量的测定还有无其他方法?

【试剂配制】

1. 酶工作液　称取 4-氨基安替比林 0.36mg、苯酚 0.9mg,加胆固醇氧化酶 80U,胆固醇酯酶 100U,过氧化物酶 625U,用 0.1mol/L pH 7.4 磷酸盐缓冲液稀释至 1L。

2. 胆固醇标准溶液(5.17mmol/L)　精确称取胆固醇 200mg,用异丙醇配成 100ml 溶液,分装后,4℃保存,临用取出。

(陈　永　官秀梅)

实验十三 肝脏中酮体生成作用

【实验目的】

（1）掌握酮体的种类。

（2）验证肝脏的生酮能力。

【实验原理】

在肝脏中,脂肪酸 β-氧化不完全,经常生成乙酰乙酸、β-羟丁酸和丙酮,这三者称为酮体。酮体是机体代谢的中间产物,在正常情况下,其产量甚微;患糖尿病时,机体大量动员脂肪氧化,肝组织生成酮体的量会超过肝外组织利用率,便可出现酮尿症、酮血症,导致酸中毒。

本实验以丁酸为底物,与新鲜肝匀浆(含有生成酮体的酶系)保温后可形成酮体。酮体可与含硝普钠的显色粉反应产生紫红色化合物。

【材料、试剂与仪器】

（1）材料:家兔,剪刀,研钵,2ml 刻度吸量管,1000μl Tip 头。

（2）试剂:生理盐水,洛克(Locke)溶液,0.5mol/L 丁酸溶液,1/15mol/L pH 7.6 磷酸缓冲液,15%三氯乙酸溶液,显色粉。

（3）仪器:100~1000μl 微量移液器,低速离心机。

【步骤与方法】

（1）匀浆的制备:将家兔处死,立即取出肝脏,剪碎,放入匀浆器中,加入生理盐水(按每克组织加 3ml 生理盐水的比例)研磨成匀浆。

（2）取试管 4 支,编号,按下表操作。

试剂/μl	空白管	标准管	测定管
磷酸缓冲液	750	750	750
洛克溶液	750	750	750
0.5mol/L 丁酸溶液	—	—	1.5
蒸馏水	1.5	—	—
丙酮	—	1.5	—
肝匀浆	750	750	750

将各试管混匀,43℃水浴保温 40min 后 3000r/min 离心 5min。

（3）另取试管 4 支,编号,分别加入上步所得上清液 1.0ml,并加入显色粉 1 小勺(绿豆粒大小)观察各管颜色变化。

【结果分析】

记录各管颜色变化,并分析原因。

【注意事项】

显色粉取用后,立即盖好瓶盖。

【思考题】

实验中洛克液和三氯乙酸溶液各起到什么作用?

【试剂配制】

1. 洛克(Locke)溶液 分别称取 NaCl 0.9g、KCl 0.042g、CaCl$_2$0.024g、NaHCO$_3$0.09g、

葡萄糖 0.1g 混合溶于水中,溶解后加水至 100ml。

2. 0.5mol/L 丁酸溶液　取 44.0g 丁酸溶于 0.1mol/L NaOH 溶液中,并用 0.1mol/L NaOH 溶液稀释至 1000ml。

3. 显色粉　硝普钠 1g,无水苯酚钠 30g,硫酸钠 50g,混合后研碎。

(陈　永　蔡文娣)

实验十四　血浆脂蛋白琼脂糖凝胶电泳

【实验目的】
(1) 掌握琼脂糖凝胶电泳的原理及方法。
(2) 掌握血浆脂蛋白的分类。

【实验原理】
琼脂糖(agarose)是直链多糖,它由 D-半乳糖和 3,6-脱水-L-半乳糖的残基交替排列组成。琼脂糖主要通过氢键而形成凝胶。电泳时因凝胶含水量大(98%~99%),近似自由电泳,因为固体支持物的影响少,故电泳速度快,区带整齐。而且由于琼脂糖不含带电荷的基团,电渗影响很少,是一种较好的电泳材料,分离效果较好。

血浆中脂类都是以各种脂蛋白的形式存在,它是由甘油三酯、胆固醇及其酯、磷脂和载脂蛋白结合而运输的。由于载脂蛋白不同相对分子质量大小、表面电荷不同,电场中各种血浆脂蛋白迁移率不同。利用琼脂糖凝胶电泳可将血浆脂蛋白分为 4 个区带。

(1) α-脂蛋白:移动速度最快、相当于 α-球蛋白的位置。
(2) 前 β-脂蛋白:位于 α-脂蛋白的后面,相当于 α-球蛋白的位置。
(3) β-脂蛋白:相当于 β-球蛋白的位置。
(4) 乳糜微粒:颗粒最大,电荷最小,因此停留在点样处。

乳糜微粒的半寿期很短,仅为 15min,故空腹血清,在原点处应无乳糜微粒。同样因半寿期较短,有时前 β-脂蛋白也不易显示出来。

【材料、试剂与仪器】
(1) 材料:血清,载玻片,塑料滴管,200μl Tip 头,纱布。
(2) 试剂:苏丹黑染液,pH 8.6 巴比妥缓冲液,0.05mol/L pH 8.6 Tris-盐酸缓冲液。
(3) 仪器:水平电泳槽,电泳仪,10~100μl 微量移液器。

【步骤与方法】
1. 预染血清制备　血清 0.2ml 中加苏丹黑染色液 0.02ml,混合置 37℃ 水浴中染色 30min。1500r/min 离心 5min,以除去悬浮于血清中染料沉渣。

2. 制板　称取琼脂糖 0.5g 放入烧杯中,加入 pH 8.6 Tris-盐酸缓冲液 100ml,沸水浴中加热使琼脂糖融化,用吸管吸取凝胶溶液 3ml,浇注在载玻片上,静置待其凝固,然后在距凝胶一端 2cm 处切一 10mm×1mm 点样槽。

3. 点样　在点样槽内加入预染血清(加满即可,约 20μl)。

4. 电泳　将凝胶板平放入电泳槽中,点样槽一端靠近负极,用 4 层纱布做成搭桥,敷于胶板的两端,各搭住凝胶板约 1cm 左右,纱布的另一端浸于电泳槽内的巴比妥缓冲液中。平衡 3~5min,接通电源,调节电流为 4~6mA/凝胶板,电压 80~100V,电泳 30~40min。

【结果分析】

α-脂蛋白位于最前,β-脂蛋白位于最后,中间为前 β-脂蛋白,空腹血清无乳糜微粒,进食后血清可出现乳糜微粒位于原点。

【注意事项】

(1) 制板要均匀。

(2) 挖槽要整齐,不能太宽。

(3) 电泳电压要保持稳定。

【思考题】

琼脂糖凝胶电泳的原理是什么?

【试剂配制】

1. 苏丹黑染色液 将苏丹黑 B 加到无水乙醇中至饱和,摇荡使乙酰化,用前过滤。

2. pH 8.6 巴比妥缓冲液 称取巴比妥钠 15.4g、巴比妥 2.76g 及 EDTA 0.29g,加水溶解后再加蒸馏水至 1000ml。

3. pH 8.6 Tris-盐酸缓冲液 量取 50ml 0.1mol/L Tris 溶液,加入 12.4ml 0.1mol/L 盐酸,加水至 100ml。

(陈 永 董俊红)

实验十五 血清过氧化脂质(LPO)测定

【实验目的】

(1) 掌握荧光分析的基本原理。

(2) 熟悉 LPO 的危害。

【实验原理】

过氧化脂质(lipoperoxides,LPO)是自由基使脂质发生过氧化作用而形成的一类脂质过氧化物的总称。它包括内过氧化物、环过氧化物、表过氧化物和聚过氧化物等。它们的分解产物丙二醛(malondialdehyde,MDA)对组织有很强的毒性,可与蛋白质、核酸、磷脂的胺形成席夫碱,其反应产物是一种聚合物,且具有荧光性质,称为脂褐素。该物质随年龄增长而不断的堆积。

MDA 在酸性条件下与硫代巴比妥酸(Thiobarbituric acid,TBA)缩合成紫红色色素,称为 TBA 色素,用正丁醇可萃取出来。TBA 色素溶液荧光最大吸收峰在 535nm,但实验证明,用 515nm 激发,553nm 测定,可得到最大荧光强度。

【材料、试剂与仪器】

(1) 材料:血清,200μl Tip 头,5ml 刻度吸量管,1ml 刻度吸量管。

(2) 试剂:4nmol/L 四乙氧基丙烷(Tetrathoxy propane)标准液,0.67% TBA 溶液,0.05mol/L 盐酸,正丁醇。

(3) 仪器:恒温水浴箱,低速离心机,荧光分光光度计,10~100μl 微量移液器。

【步骤与方法】

(1) 取 3 支试管,编号,按下表操作。

试剂/ml	空白管	标准管	测定管
H₂O	0.1	—	—
四乙氧基丙烷标准液	—	0.1	—
血清	—	—	0.1
0.05mol/L 盐酸	4.0	4.0	4.0
0.67%TBA	1.0	1.0	1.0
95℃水浴 30min,室温水浴冷却			
正丁醇	4.0	4.0	4.0

充分混悬 30s,3000r/min 离心 10min,取上层正丁醇于另一试管中用于检测。

（2）用荧光分光光度检测,光源设定 Ex515,Em553。

【结果分析】

根据各管荧光强度,带入公式计算血清中 LPO 含量。

$$LPO(nmol/ml) = \frac{测定管\ A_{553}-空白管\ A_{553}}{标准管\ A_{553}-空白管\ A_{553}} \times 4$$

【注意事项】

TBA 溶液要求每日新配。

【思考题】

（1）荧光分析的基本原理是什么?

（2）影响荧光测定的因素有哪些?

【试剂配制】

0.67% TBA 溶液　称取 0.67g TBA 溶于 50ml 水中,50℃水浴中溶解、冷却。加冰乙酸定容到 100ml。

（陈　永）

实验十六　血清谷-丙转氨酶(SGPT)活性测定

【实验目的】

（1）掌握 SGPT 检测的原理和方法。

（2）熟悉 SGPT 活性测定的临床意义。

【实验原理】

谷-丙转氨酶(glutamate-pyruvate transaminase,GPT)能催化谷氨酸和丙酮酸之间可逆的氨基转移作用,该酶在体内分布较广,活性强,在肝细胞中含量最多。当某种药物对肝脏早期损害或病毒肝炎的急性阶段,由于肝细胞受损,GPT 就释放到血液中,使血清中此酶含量明显升高。因此,血清谷-丙转氨酶(serum glutamate-pyruvate transaminase,SGPT)活性测定是临床检验肝脏功能的重要方法之一。

由于 GPT 催化的是可逆反应,所以用丙氨酸和 α-酮戊二酸作底物,在该酶催化下可生成丙酮酸和谷氨酸。丙酮酸在酸性条件下与 2,4-二硝基苯肼可缩合生成丙酮酸二硝基苯腙,其在碱性条件下呈现棕红色,在 520nm 处有最大吸收。根据颜色的深浅,通过比色法可计算出酶活性。

【材料、试剂与仪器】

（1）材料：血清，试管，5ml 刻度吸量管，200μl Tip 头，1000μl Tip 头。

（2）试剂：丙酮酸标准液，SGPT 基质液，0.1mol/L pH 7.4 磷酸缓冲液，2,4-二硝基苯肼溶液，0.4mol/L NaOH 溶液。

（3）仪器：恒温水浴箱，721 分光光度计，10~100μl 微量移液器，100~1000μl 微量移液器。

【步骤与方法】

1. 取中试管 3 支，编号，按下表操作。

试剂/ml	空白管	标准管	样品管
丙酮酸标准液	—	0.1	—
血清	0.1	—	0.1
SGPT 基质液	—	0.5	0.5
混匀后，37℃水浴 30min			
2,4-二硝基苯肼	0.5	0.5	0.5
SGPT 基质液	0.5	—	—
混匀后，37℃水浴箱 30min			
0.4mol/L NaOH 溶液	5.0	5.0	5.0

将各管混匀后静置 10min，然后用 721 型分光光度计 520nm 波长比色，以空白管调零，读取各管光密度值。

【结果分析】

本法所规定的谷丙转氨酶活性单位的定义是：1ml 血清于 37℃ 与底物作用 30min，产生 2.5 μg 丙酮酸为 1 个谷丙转氨酶活性单位。

$$SGPT\ 活性 = \frac{测定管\ OD_{520}}{标准管\ OD_{520}} \times 20 \times \frac{1}{0.1} \times \frac{1}{2.5}$$

正常值：2~40 单位/ml 血清

【注意事项】

（1）2,4-二硝基苯肼与丙酮酸的颜色反并不是特异性的，α-酮戊二酸也能与 2,4-二硝基苯肼作用而显色。此外，2,4-二硝基苯肼身也有类似的颜色，因此空白管颜色较深，吸光度常在 0.18 左右。

（2）SGPT 基质液 4℃冰箱保存。

（3）丙酮酸标准液需临用前配制，不能存放。

【思考题】

测定 SGPT 有何临床意义？

【试剂配制】

1. 0.1mol/L 磷酸盐缓冲液（PH 7.4）　取磷酸二氢钾 2.69g，磷酸氢二钾 13.97g 加水溶解后移至 100ml 容量瓶中，加蒸馏水至刻度，贮于冰箱中备用。

2. SGPT 基质液　取丙氨酸 1.79g，α-酮戊二酸 29.2mg，先溶于约 50ml 磷酸缓冲液中，然后以 1mol/L NaOH 溶液校至 pH 7.4,再以磷酸盐缓冲液稀释到 100ml,加氯仿数滴防腐,贮存冰箱中一般可用一个月(不生混浊,不生霉即可用)。

3. 2,4-二硝基苯肼液(0.02 %) 称取 2,4-二硝基苯肼 20mg,溶于 10mol/L 盐酸 10ml 中,溶解后再加蒸馏水至 100ml。

4. 丙酮酸标准液(200μg/ml) 精确称取丙酮酸钠 126.4mg 溶于 1000ml 蒸馏水中。

(陈　永)

实验十七　尿酸含量测定

【实验目的】
(1) 掌握尿酸含量测定的原理。
(2) 熟悉体内尿酸的来源。

【实验原理】
尿酸是人体嘌呤代谢产物。体内衰老细胞、食物,尤其是富含嘌呤的食物(如动物内脏、海鲜等)在体内新陈代谢过程中,其分解产生的嘌呤会在肝脏中合成为尿酸。大部分尿酸经肾脏随尿液排出体外,少部分通过粪便和汗液排出。正常情况下,体内的尿酸处于平衡状态。但如果体内产生过多或排泄障碍,会使血中尿酸含量增高。当血液尿酸浓度超过 0.8mg/L 时,尿酸盐结晶体可在关节、软组织、软骨及肾脏处沉积,而导致关节炎、尿路结石及肾脏疾病。因此测定血中尿酸含量在临床诊断中具有重要实用价值。

去蛋白血滤液中的尿酸在碱性溶液中被磷钨酸氧化成尿囊素及 CO_2,磷钨酸被还原成钨蓝。

尿酸 + 磷钨酸 → 尿囊素 + CO_2 + 钨蓝

在一定条件下,蓝色强度与尿酸浓度成正比,可用分光光度法进行测定。

【材料、试剂与仪器】
(1) 材料:血清,试管,5ml 刻度吸量管,1000μl Tip 头。
(2) 试剂:钨酸试剂,磷钨酸应用液,300μmol/L 尿酸标准液,100g/L Na_2CO_3 溶液。
(3) 仪器:低速离心机,721 分光光度计,100~1000μl 微量移液器。

【步骤与方法】
取干净试管 3 支,标记,各加入钨酸试剂 4.5ml,再分别加入血清 0.5ml,标准液 0.5ml 及蒸馏水 0.5ml,混匀后静置 5min,然后 2500r/min 离心 5min,取上清液按下表操作。

试剂/ml	测定管	标准管	空白管
测定管上清液	2.5	—	—
标准管上清液	—	2.5	—
空白管上清液	—	—	2.5
Na_2CO_3 溶液	0.5	0.5	0.5
混匀后静置 10min			
磷钨酸	0.5	0.5	0.5

加入磷钨酸后迅速混匀,静置 20min 后,以空白管调零,使用分光光度计于 660nm 处比色,读取各管光密度值。

【结果分析】

$$血清尿酸(\mu mol/L) = \frac{测定管\ OD_{660}}{标准管\ OD_{660}} \times 300$$

临床参考范围:男:149~416μmol/L(250~700mg/ml)

女:80~357μmol/L(150~600mg/ml)

【注意事项】

(1) 加入磷钨酸试剂后,应立即混匀,混匀速度直接影响最后实验结果的准确性。

(2) 在使用分光光度计时切不可将试剂溅入仪器。

【思考题】

尿酸含量测定的临床意义。

【试剂配制】

1. 磷钨酸贮存液　称取钨酸钠 50g,溶于 400ml 蒸馏水中,加浓磷酸 40ml 及玻璃球数粒回流 2h,冷却至室温,用蒸馏水稀释至 1L,储存在棕色瓶中。

2. 磷钨酸应用液　取磷钨酸贮存液 10ml,用蒸馏水稀释至 100ml。

3. 0.3mol/L 钨酸钠溶液　称取钨酸钠 100g,用蒸馏水溶解后并稀释至 1L。

4. 0.33mol/L 硫酸　取 18.5ml 浓硫酸,加入 50ml 蒸馏水中,然后用蒸馏水稀释至 1L。

5. 钨酸试剂　在 800ml 蒸馏水中,加入 50ml 0.3mol/L 钨酸钠溶液、0.05ml 浓磷酸和 50ml 0.33mol/L 硫酸,混匀,在室温中保存。

6. 100g/L 苯酚钠溶液　称取 100g 无水苯酚钠,溶解在蒸馏水中,并稀释至 1L,置塑料瓶中,如有混浊可过滤后使用。

7. 6mmol/L 尿酸标准贮存液　取 60mg 苯酚锂,溶解于 40ml 蒸馏水中,加热至 60℃,使其完全溶解,精确称取尿酸 100.9mg,溶解于热苯酚锂溶液中,冷却至室温,移入 100ml 容量瓶中,用蒸馏水定容,贮存于棕色瓶中。

8. 300μmol/L 尿酸标准应用液　在 100ml 容量瓶中,加入尿酸标准贮存液 5ml,加入乙二醇 33ml,用蒸馏水定容。

(陈　永)

实验十八　血清甘油三酯测定(乙酰丙酮显色法)

【实验目的】

(1) 掌握测定血清甘油三酯的方法及原理。

(2) 熟悉测定血清甘油三酯的临床意义。

【实验原理】

血清甘油三酯(triglyceride,TG)经过正庚烷-异丙醇混合溶剂抽提,用氢氧化钾皂化生成甘油,在过碘酸的作用下甘油被氧化为甲醛,当有铵离子存在时,甲醛和乙酰丙酮发生缩合反应生成带荧光的黄色物质,即 3,5-二乙酰-1,4-二氢二甲基吡啶,反应液的颜色深浅与 TG 浓度成正比。

【材料、试剂与仪器】

（1）材料：血清，1000μl Tip 头。

（2）试剂：抽提液，40mmol/L H_2SO_4 溶液，皂化剂，氧化剂，显色剂，三油酸甘油酯标准液。

（3）仪器：恒温水浴箱，分光光度计，振荡器，100~1000μl 微量移液器。

【步骤与方法】

（1）甘油三酯的抽提：取干燥洁净的小试管 3 支，标记，按下表操作。

试剂/ml	空白管	标准管	测定管
血清	—	—	0.2
标准液	—	0.2	—
蒸馏水	0.2	—	—
抽提剂	2.5	2.5	2.5
H_2SO_4	0.5	0.5	0.5

将以上 3 管置振荡器上振荡 20min，静置分成两层后，吸取各管上层液放入相应的另外 3 支已做标记的试管中，即为甘油三酯抽提液。

（2）皂化、氧化及显色：另取干燥洁净的小试管 3 支，标记，按下表操作。

试剂/ml	空白管	标准管	测定管
上清液	0.3	0.3	0.3
皂化剂	1.0	1.0	1.0
加入皂化剂后，充分混匀各管，56℃水浴保温 5min			
氧化剂	1.0	1.0	1.0
显色剂	1.0	1.0	1.0

加试剂后充分混匀各管，65℃水浴保温 15min，取出室温静置冷却，用分光光度计比色，于 420 nm 波长处，以空白管调零，测出各管的光密度值。

【结果与分析】

$$甘油三酯\ mg\% = \frac{测定\ OD_{420}}{标准\ OD_{420}} \times 5 \times \frac{100}{0.2}$$

参考范围：0.55~1.70mmol/L；临界阈值：2.30mmol/L；危险阈值：4.50mmol/L

【注意事项】

（1）血清 TG 易受饮食的影响，在进食脂肪后可以观察到血清中甘油三酯明显上升，2~4h 内即可出现血清混浊，8h 以后接近空腹水平。因此，要求空腹 12h 后再进行采血，并要求 72h 内不饮酒，否则会使检测结果偏高。

（2）显色后吸光度基本稳定，显色液放置在室温（20℃）不避光的条件下，吸光度会略有增高，但对测定结果影响不大。显色液若出现混浊现象是由于温度太低，有机溶剂分层而引起，只要在温水中放置片刻混浊即可消失。

（3）以血浆作标本时，还应注意抗凝剂的影响，通常使用 EDTAK$_2$（1mg/ml）作抗凝剂。

（4）皂化、氧化及显色的时间和温度对吸光度均会有影响，所以每测定一批标本都应该同时做标准对照。

（5）TG 在 12.93mmol/L 以下时,线性关系良好,当血清明显混浊时,可用生理盐水作倍比稀释后再测。

【思考题】

阐述化学法和酶法测定血清 TG 的原理及优缺点。

【试剂配制】

1. 抽提液　正庚烷和异丙醇以 2：3.5($V:V$) 比例混合均匀。

2. 40mmol/LH_2SO_4溶液　浓硫酸 2.24ml(根据相对密度和百分含量而定)加蒸馏水稀释至 1000ml。

3. 皂化剂　称取氢氧化钾 6.0g 溶于蒸馏水 60ml 中,再加异丙醇 40ml,混匀后置棕色瓶中室温保存。

4. 氧化剂　称取过碘酸钠 65mg,溶于蒸馏水约 50ml 中,再加入无水乙酸铵 7.7g,溶解后加冰乙酸 6ml,最后加蒸馏水至 100ml,置棕色瓶中室温保存。

5. 显色剂　取乙酰丙酮 0.4ml 加到异丙醇 100ml 中,混匀后置棕色瓶室温保存。

6. 三油酸甘油酯标准液(2g/L)　准确称取三油酸甘油酯(平均相对分子质量:885.4) 200mg,溶于抽提剂,以 100ml 容量瓶定容,分装后置4℃冰箱保存。

（孙洪亮　董俊红）

实验十九　血液尿素氮的测定

【实验目的】

（1）掌握测定血清尿素氮的方法及原理。

（2）熟悉测定血清尿素氮的临床意义。

【实验原理】

二乙酰一肟法是根据双乙酰与尿素形成二嗪衍生物的有色复合物的显色反应,由于二乙酰本身不稳定,故用二乙酰一肟来代替。

血清中尿素在氨基硫脲存在下,与二乙酰一肟在强酸溶液中共煮时,可生成双乙酰和尿素形成的红色复合物(二嗪衍生物),其颜色深浅与尿素含量成正比,与同样处理的尿素标准液比色即可求得血清中尿素的含量。其反应式如下：

由于反应在强酸中进行,所产生的羟胺是干扰物质,所以必须用氧化剂将其氧化除去。

在呈色反应中产生的有色复合物对光不稳定。加入氨基硫脲可增加其稳定性,还可提高尿素与双乙酰反应的灵敏度。

【材料、试剂与仪器】

(1) 材料:血清,100μl Tip 头。

(2) 试剂:尿素氮标准应用液(17.85mmol/L),尿素氮试剂,二乙酰一肟试剂(20g/L)。

(3) 仪器:恒温水浴箱,10~100μl 微量移液器,可见分光光度计。

【步骤与方法】

取试管 3 支,注明空白管、标准管、测定管,按下表操作。

试剂/ml	测定管	标准管	空白管
血清	0.02	—	—
尿素氮标准应用液	—	0.02	—
蒸馏水	—	—	0.02
二乙酰一肟试剂	0.5	0.5	0.5
尿素氮试剂	4.0	4.0	4.0

混匀后沸水浴 10min,取出在室温水中冷却 3~5min,分光光度计 540nm 波长比色,以空白管调零,测定各管光密度值。

【结果与分析】

$$血清尿素氮含量(mmol/L) = \frac{测定\ OD_{540}}{标准\ OD_{540}} \times 17.85$$

正常值参考范围:3.57~14.28mmol/L

【注意事项】

(1) 试剂中酶的质量影响测定结果。

(2) 检测标本可为血清或者血浆(以肝素或 EDTAK$_2$抗凝)。

【思考题】

(1) 尿素是如何产生的?

(2) 测定非蛋白氮与血清尿素氮有何区别?

【试剂配制】

1. 尿素氮试剂　于 1L 烧杯中加蒸馏水 200ml,再慢慢加入浓硫酸 44ml,85% 磷酸 66ml,混匀,待冷却至室温后,加氨基硫脲 50mg,搅拌使之溶解,再加硫酸镉($3CdSO_4 \cdot 8H_2O$)2g,溶解后定容至 1000ml。盛于棕色瓶中,室温保存可长期使用。

2. 二乙酰一肟试剂(20g/L)　称取二乙酰一肟 20g,加入蒸馏水约 900ml,溶解后定容至 1000ml。置棕色瓶中,室温可保存两个月。

3. 尿素氮标准贮存液(357mmol/L)　称取干燥的尿素 1.072g 溶解于蒸馏水中定容至 100ml,加 0.02%叠氮钠防腐,置冰箱可稳定 6 个月。

4. 尿素氮标准液(17.85mmol/L)　取贮存液 5ml,加蒸馏水稀释至 100ml。

(孙洪亮)

实验二十　血清钙测定

【实验目的】

（1）掌握测定血清钙的方法及原理。

（2）熟悉测定血清钙的临床意义。

【实验原理】

血液中钙含量的异常变化往往与某些疾病的发生有关。血清钙升高常见于甲状腺功能亢进、维生素 D 过多症、多发性骨髓瘤、结节病引起肠道过量吸收钙等。血清钙降低常见于甲状旁腺机能减退、慢性肾炎、尿毒症、佝偻病、软骨病、吸收不良性低血钙等。

本实验采用偶氮胂Ⅲ比色法测定血清中钙含量。在弱碱性缓冲液中，钙与偶氮胂Ⅲ显色剂作用生成蓝紫色配合物，其颜色深浅与钙含量成正比，与同样处理的标准液进行比较，可求得钙含量。

【材料、试剂与仪器】

（1）材料：静脉血，100μl Tip 头。

（2）试剂：血清钙测定试剂盒（上虞市创烨生物有限公司）。

（3）仪器：721 可见光分光光度计，10～100μl 微量移液器，恒温水浴箱。

【步骤与方法】

1. 样品收集、处理及保存　血清制备：静脉取血，操作过程中避免任何细胞刺激，并使用不含热原和内毒素的试管。收集血液后，1000×g 离心 10min 将血清和红细胞迅速小心地分离，避免溶血和脂血。置 2～8℃可存放 7d，置−20℃可存放 30d。

保存：如果样品不立即使用，应将其分成小部分−70℃保存，避免反复冷冻。如果血清中大量颗粒，检测前先离心或过滤。不要 37℃或更高的温度加热解冻。应在室温下解冻并确保样品均匀地充分解冻。

2. 测定方法　取试管 3 支，注明空白管、标准管、测定管，按下表操作。

试剂/μl	空白管	校准管	测定管
蒸馏水	15	—	—
校准液	—	15	—
样本	—	—	15
检测试剂	2.5	2.5	2.5

混匀，置 37℃水浴 3min，以空白管调零，使用分光光度计于 600nm 处比色，读取各管光密度值。

【结果与分析】

$$钙含量(mmol/L) = \frac{测定\ OD_{600}}{标准\ OD_{600}} \times 校准值$$

参考范围：正常人血清 成人：2.24～2.75mmol/L；婴儿：2.50～3.00mmol/L

【注意事项】

（1）所用器皿必须经 10% 硝酸溶液或盐酸溶液浸泡过夜，然后洗净烘干备用。建议使用一次性塑料器皿。

（2）比色杯尽可能专用，以免污染而影响测定结果。

（3）标本应避免溶血，脂血，否则可使结果假性增高。

【思考题】

（1）血清钙升高的原因有哪些？

（2）目前临床上血清钙如何测定？

（孙洪亮）

实验二十一　血清无机磷测定

【实验目的】

（1）掌握测定血清无机磷的方法及原理。

（2）熟悉测定血清无机磷的临床意义。

【实验原理】

　　血清磷的水平亦相当稳定。它和钙一样，骨骼中的磷不断地与血浆中的磷进行交换以保持血浆磷水平的稳定。甲状旁腺激素有抑制肾小管对磷的重吸收作用；$1,25(OH)_2D_3$可促进磷的重吸收。正常血清无机磷的含量为 $3\sim5mg/100ml$。在甲状旁腺机能减退、维生素 D 缺乏病时，血清无机磷的含量可降低。在肾功能不全时，可以使血清无机磷的含量升高。故临床上测定血清无机磷含量，有助于有关疾病的诊断。

　　本实验首先用三氯乙酸沉淀血清蛋白质，制备无蛋白血滤液，已消除蛋白质对检测的干扰。钼酸试剂加入无蛋白滤液后，与血清无机磷结合生成磷钼酸，再用氯化亚锡将磷钼酸还原成蓝色的钼蓝，其蓝色之深浅与血清无机磷的含量成正比。与同样处理的磷标准溶液比色后，通过计算即求出血清无机磷的含量。

【材料、试剂与仪器】

（1）材料：血清，5ml 移液管，100μl Tip 头，1000μl Tip 头。

（2）试剂：10%三氯乙酸，$0.8\mu g/ml$ 磷标准溶液，钼酸试剂。

（3）仪器：721 可见光分光光度计，$10\sim100\mu l$ 微量移液器，$100\sim1000\mu l$ 微量移液器。

【步骤与方法】

（1）无蛋白血滤液制备：取小三角瓶一个，加入血清 0.2ml，加蒸馏水 0.8ml，加 20%三氯乙酸 1ml，混合后，静置 10min，3000r/min 离心 10min，上清液保留试管中备用。

（2）取 3 支试管，标明空白管、标准管和样品管，按下表操作。

试剂/ml	空白管	校准管	样品管
血滤液	—	—	1.0
磷标准溶液	—	1.0	—
20%三氯乙酸溶液	0.5	0.5	—
蒸馏水	4.5	3.5	4.0
钼酸试剂	0.25	0.25	0.25
氨基萘酚磺酸试剂	0.1	0.1	0.1

（3）将各管摇匀后，于室温中静置 8min，以 1 号管内溶液作空白，在 660nm 波长进行比

色,记录光密度值。

【结果与分析】

$$血清中无机磷含量(mmol/L) = \frac{测定\,OD_{660}}{标准\,OD_{660}} \times 0.01 \times \frac{100}{0.1} \times \frac{10}{31}$$

正常值:成人:0.96~1.62mmol/L 儿童:1.45~2.10 mmol/L

【注意事项】

(1) 血液样品必须新鲜,不能有溶血现象,否则,红细胞内大量的有机磷进入血清,影响结果,如血液样品久置不分离,红细胞中有机磷经酶的作用可变为无机磷,然后通过红细胞膜进入血清中,也会导致测定结果过高。

(2) 用三氯乙酸沉淀蛋白质,滤液呈较强酸性,使磷酸盐不致沉淀,并抑制有机磷化合物的分解。

【思考题】

(1) 血清无机磷测定的意义?

(2) 血清无机磷测定的原理是什么?

【试剂配制】

1. 磷标准贮存液　称取在105℃干燥12h 的无水磷酸二氢钾 0.4388g,蒸馏水溶解,加5mol/L 硫酸 10ml,定容 1000ml,4℃保存。

2. 磷标准溶液　取磷标准贮存液稀释 10 倍。

3. 钼酸试剂　钼酸铵 12.5g 加入 2.5mol/L 硫酸 300ml,再加蒸馏水至 500ml。

4. 氨基萘酚磺酸试剂　硫酸钠 1.06g,硫酸氢钠 100g 和氨基萘酚磺酸 1g 混合在研钵中研成粉末。称取上述粉末 6g,加蒸馏水 40ml 溶解,于棕色瓶中 4℃保存。

(孙洪亮)

实验二十二　组织 RNA 的提取与鉴定

【实验目的】

(1) 掌握 RNA 提取与鉴定的方法及原理。

(2) 熟悉提取 RNA 的应用及保存。

【实验原理】

RNA 的制备与分析对于了解基因表达在转录水平上的调节是必不可少的,也是最常使用的通过 cDNA 途径分析细胞基因表达的前提。通常一个典型的哺乳动物细胞含 10~5μg RNA,但其中大部分为 rRNA 及 tRNA,而 mRNA 仅占 1%~5%。虽然 mRNA 大小和序列各不相同,但在多数真核细胞 mRNA 的 3′端都带有一段较长的多腺苷酸链。RNA 分析是对组织细胞总 RNA 中的 mRNA 进行分析,最常用的方法主要有:原位杂交、RT-PCR、Northern blotting,另外还有 Sl 核酸酶作图分析、引物延伸法等。在所有 RNA 实验中,最关键的因素是分离得到全长的 mRNA。而实验失败的主要原因是核糖核酸酶(RNA 酶)的污染。由于 RNA 酶广泛存在且稳定,一般反应不需要辅助因子。因此 RNA 制剂中只要存在少量的 RNA 酶就会引起 RNA 在制备与分析过程中的降解,而所制备的 RNA 的纯度和完整性又可直接影响 RNA 分析的结果,所以 RNA 的制备与分析操作难度极大。在实验中,一方面要严格控制外源性 RNA 酶的污染;另一方面要最大限度地抑制内源性的 RNA 酶。RNA 酶可耐受多种处理而不被灭活,如煮沸、高压灭菌等。外源性的 RNA 酶存在于操作人员的手汗、唾液等,也可存在于灰尘中。在其他分子生物学实验中使用的 RNA 酶也会造成污染。这些外源性的 RNA 酶可污染器械、玻璃制品、塑料制品、电泳槽、研究人员的手及各种试剂。而各种组织和细胞中则含有大量内源性的 RNA 酶。

本实验采用 Trizol 法提取组织 RNA。Trizol 试剂是由苯酚和硫氰酸胍配制而成的单相的快速抽提总 RNA 的试剂,在匀浆和裂解过程中,能在破碎细胞、降解细胞其他成分的同时保持 RNA 的完整性。在氯仿抽提、离心分离后,RNA 处于水相中,将水相转管后用异丙醇沉淀 RNA。用这种方法得到的总 RNA 中蛋白质和 DNA 污染很少,可以用来做 Northern,RT-PCR,分离 mRNA,体外翻译和分子克隆等。

【材料、试剂与仪器】

(1) 材料:家兔肝组织,100μl Tip 头,1000μl Tip 头,Ep 管。

(2) 试剂:Trizol 试剂(上海生物工程公司),75% 乙醇溶液(DEPC 水配制),DEPC 水,氯仿。

(3) 仪器:电动组织匀浆器,离心机,10~100μl 微量移液器,100~1000μl 微量移液器。

【步骤与方法】

(1) 取适量新鲜肝组织,按 50~100mg/ml Trizol 加入 Trizol。另外,组织体积不能超过 Trizol 体积的 10%,否则匀浆效果会不好,用电动匀浆器充分匀浆需 1~2min。按 1.0ml/Ep 管分装匀浆液,室温静置 5~10min 以利于核酸蛋白质复合体的解离。12 000r/min 离心 5min,弃沉淀。

(2) 上清液中加入氯仿 200μl,振荡混匀后室温放置 15min。4℃ 12 000×g 离心 15min。吸取上层水相,至另一 EP 管中,弃下层酚相(注:切勿吸到中间界面)。

(3) 按 0.5ml 异丙醇/ml Trizol 加入异丙醇混匀,室温放置 5~10min。4℃ 12 000×g 离心 10min,弃上清液,RNA 沉于管底。

(4) 按 1ml 75% 乙醇溶液/ml Trizol 加入 75% 乙醇溶液,温和振荡离心管,悬浮沉淀(务必使沉淀悬浮起来,以确保洗涤干净)。4℃ 8000×g 离心 5min,尽量弃上清液。

(5) 室温静置 5~15min,使 RNA 沉淀恰好干燥,加入 20μl DEPC 水溶解,取 2μl 样品琼脂糖电泳检测 RNA 质量。采用紫外分光光度计测定 RNA 浓度。

【结果与分析】

1. 数据记录　记录 OD_{280}/OD_{260} 的数值,电泳条带图谱。

2. 计算与分析　计算总 RNA 含量,分析浓度和纯度。

RNA(μg/ml)= $40×OD_{260}×$稀释倍数

RNA 纯度 = OD_{260}/OD_{280}

RNA 纯品的 OD_{260}/OD_{280} 的比值为 2.0

【注意事项】

(1) 样品量和 Trizol 的加入量一定要按步骤(1)的比例,不能随意增加样品量或减少 Trizol 量,否则会使内源性 RNase 的抑制不完全,导致 RNA 降解。

(2) 实验过程必须严格防止 RNase 的污染。RNA 的制备与分析对于了解基因在转录水平上的表达与调控和 cDNA 的合成都是必需的,RNA 的纯度和完整性对于 Northern blotting,RT-PCR 和 cDNA 文库的构建等分子生物学实验都至关重要。RNA 分离的方法很多,其中最关键的因素是尽量减少 RNA 酶的污染。

【思考题】

(1) RNA 提取实验中注意的关键问题? 如何防止 RNase 的污染?

(2) 常用的 RNA 酶抑制剂有哪些?

【试剂配制】

0.1% DEPC 水:999ml 的超纯水,加 1ml DEPC,磁力搅拌器搅拌过夜。高压蒸汽灭菌,封闭冷藏备用。

(孙洪亮)

实验二十三　组织 DNA 的提取与鉴定

【实验目的】

(1) 掌握 DNA 的提取与鉴定方法及原理。

(2) 熟悉提取 DNA 应用及保存。

【实验原理】

为了研究 DNA 分子在生命代谢中的作用,常常需要从不同的生物材料中提取 DNA。由于 DNA 分子在生物体内的分布及含量不同,要选择适当的材料提取 DNA。要从细胞中提取 DNA 时,先把脱氧核糖核蛋白(DNP)抽提出来,再把蛋白除去,再除去细胞中的糖、RNA 及无机离子等,进而分离得到 DNA。DNP 和 RNP(核糖核蛋白)在盐溶液中的溶解度受盐浓度的影响而不同。DNP 在低浓度盐溶液中,几乎不溶解,如在 0.14mol/L 的氯化钠溶解度最低,仅为在水中溶解度的 1%,随着盐浓度的增加溶解度也增加,至 1mol/L 氯化钠中的溶解度很大,比纯水高 2 倍。RNP 在盐溶液中的溶解度受盐浓度的影响较小,在 0.14mol/L 氯化钠中溶解度较大。因此,在提取时,常用此法分离这两种核蛋白。

核酸的最大吸收波长是 260nm,这个物理特性为测定核酸溶液浓度提供了基础。在波长 260nm 紫外线下,1 个 *OD* 值的光密度相当于双链 DNA 浓度为 $50\mu g/ml$;单链 DNA 或 RNA 为 $20\mu g/ml$,试验中可以以此来计算核酸样品的浓度。分光光度法不但能确定核酸的浓度,还可通过测定在 260nm 和 280nm 的紫外线吸收值的比值(OD_{260}/OD_{280})估计核酸的纯度。DNA 的比值为 1.8,RNA 的比值为 2.0。若 DNA 比值高于 1.8,说明制剂中 RNA 尚未除尽。RNA、DNA 溶液中含有酚和蛋白质将导致比值降低。270nm 存在高吸收表明有酚的干扰。

琼脂糖凝胶电泳由于其操作简单、快速、灵敏等优点,已成为分离和鉴定核酸的常用方法。

【材料、试剂与仪器】

(1) 材料:肝组织,玻璃纸,20μl Tip 头,100μl Tip 头,EP 管。

(2) 试剂:匀浆缓冲液,氯仿-异戊醇,乙醇溶液,琼脂糖,溴化乙锭(EB)溶液。

(3) 仪器:组织捣碎机,离心机,0.5~10μl 微量移液器,10~100μl 微量移液器,琼脂糖电泳系统,紫外分光光度计,手提式紫外灯。

【步骤与方法】

1. 肝匀浆制备　取家兔肝脏,用冰冷的生理盐水洗去血液,滤纸吸干水分,剪成碎块,称取 25g,加入冷 0.14mol/L NaCl(含 0.15mol/L EDTA)匀浆缓冲液 130ml,高速匀浆 2min,加缓冲液至 200ml。

2. DNA 的抽提　取肝匀浆 4ml,3000r/min 离心 20min,下层为 DNP(上层 RNP)。弃上清液,加入 2 倍体积的 1mol/L NaCl 溶液,3000r/min 离心 20min,上层转移至另一试管,加入等体积氯仿-异戊醇,用玻璃纸堵住管口振摇 2min,3000r/min 离心 15min,溶液分三层,上层为含有 DNA 的水溶液,取上清液转入另一试管,加入 2 倍体积 95% 乙醇溶液,边加边摇匀,乳白色絮状沉淀,3000r/min 离心 15min,沉淀为 DNA。取 1mol/L NaCl 溶液 2ml 溶解 DNA 沉淀。

3. DNA 纯度鉴定　紫外分光光度计测定 OD_{260},OD_{280},计算 DNA 纯度。

4. DNA 琼脂糖凝胶电泳分析

(1) 加电泳缓冲液:50×TAE 用蒸馏水稀释为 1×TAE,加入电泳槽。

(2) 铺板:取电泳缓冲液 50ml 1×TAE,加 0.5g(1%)琼脂糖,微波炉加热 10min 使琼脂糖熔化,冷却至 50℃ 左右(略烫手)加 1 滴 EB 混匀,铺板 3~5mm 厚,冷却 30min,拔梳子。

(3) 上样:5μl 样品(DNA),用微量加样器垂直加入到琼脂糖凝胶梳孔中。

(4) 电泳:电泳条件电压 120V,电流 120mA,电泳时间 30min。

(5) 观察:暗室内紫外灯下观察。

【结果与分析】

1. 数据记录　记录 OD_{260}/OD_{280} 的数值,电泳条带图谱。

2. 计算与分析　计算 DNA 的纯度(按照紫外分光光度法公式)。

DNA 纯度可通过 OD_{260}/OD_{280} 比值检测,如果在 1.8±0.2 范围内,这就说明提取的 DNA 还比较纯净,最好是 1.8。

$$DNA \text{ 浓度}(μg/ml) = OD_{260} × 50 × L × \text{稀释倍数}$$

(L 为比色杯的厚度,标准为 1cm)

【注意事项】

(1) 紫外分光光度法只用于测定浓度大于 0.25μg/ml 的核酸溶液。尽量将浓度稀释到该范围。

(2) 通常蛋白质的吸收高峰在 280nm 处,在 260nm 处的吸收值仅为核酸的十分之一或更低,故核酸样品中蛋白质含量较低时对核酸的紫外测定影响不大。

【思考题】

DNA 提取有几种方法?有何优缺点?

【试剂配制】

1. 50×TAE　2mol/L Tris 溶液,1mol/L NaAc 溶液,50mmol/L EDTA 溶液,pH 8.0。

2. 10×TBE　1mol/L Tris 溶液,0.83mol/L 硼酸溶液,10mmol/L EDTA 溶液,pH 8.3。

3. 6×DNA 琼脂糖凝胶电泳上样缓冲液　0.25% 溴酚蓝,30% 甘油溶液。

4. 10mg/ml 溴化乙锭溶液　戴手套谨慎称取溴化乙锭约 200mg 于棕色瓶内,加 20ml 双蒸水溶解,置 4℃ 冰箱储存备用。

(孙洪亮)

实验二十四　质粒 DNA 的提取与酶切

【实验目的】

(1) 掌握质粒 DNA 的提取及酶切的方法及原理。

（2）了解质粒 DNA 的构建及应用。

【实验原理】

质粒是细胞内的一种环状的小分子 DNA，是进行 DNA 重组的常用载体。作为一个具有自身复制起点的复制单位独立于细胞的主染色体之外，质粒 DNA 上携带了部分的基因信息，经过基因表达后使其宿主细胞表现相应的性状。在 DNA 重组中，质粒或经过改造后的质粒载体可通过连接外源基因构成重组体。

从宿主细胞中提取质粒 DNA，是 DNA 重组技术中最基础的实验技能。分离质粒 DNA 有三个步骤：培养细菌使质粒扩增，收集和裂解细菌，分离和纯化质粒 DNA。

在质粒提取过程中，由于机械力、酸碱度、试剂等的原因，可能使质粒 DNA 链发生断裂。所以，多数质粒粗提取物中含有三种构型的质粒：共价闭合环形 DNA，两条多核苷酸链均保持着完整的环形结构，即 SC 构型；开环 DNA，两条多核苷酸链中只有一条保持着完整的环形结构，另一条链出现有一至数个缺口，即 OC 构型；松弛的线状 DNA，质粒的两条链均断裂，即 L 构型。

电泳时，由于琼脂糖中加有嵌入型染料溴化乙锭，因此，在紫外线照射下 DNA 电泳带成橘黄色。道中的 SC DNA 走在最前沿，OC DNA 则位于凝胶的最后边；L DNA 的位置介于 OC DNA 和 SC DNA 之间。

【材料、试剂与仪器】

（1）材料：含提取质粒的大肠杆菌菌株（潍坊医学院生物化学与分子生物学实验室保存），10μl Tip 头，100μl Tip 头，1000μl Tip 头，EP 管。

（2）试剂：LB 培养液，氨苄青霉素，限制内切酶（*Nde*I），吸附柱式质粒小抽试剂盒（上海博光科技公司）。

（3）仪器：高速冷冻离心机，0.5～10μl 微量移液器，10～100μl 微量移液器，100～1000μl 微量移液器。

【步骤与方法】

1. 吸附柱式质粒 DNA 小量抽提纯化

（1）将菌株接种到 LB 培养液，37℃振荡培养 12h。

（2）取细菌培养液 3ml，12 000×*g* 离心 2min，彻底弃去上清液，并用滤纸吸干。沉淀加 250μl Solution I，悬浮沉淀（可用枪头吹打），加入预冷的 250μl Solution Ⅱ，小心颠倒 5～10 次混匀，室温 3～5min 孵育，加预冷的 350μl Solution Ⅲ，立即小心温和颠倒 5～10 次混匀，冰上放 3min，4℃，13 000×*g* 离心 10min。取 700μl 上清液，转至 2ml 收集管中的吸附柱内，小心切勿吸入絮状蛋白，于 13 000×*g* 离心 30s；倒掉收集管中的液体，将吸附柱放入同一个收集管中，在吸附柱中加入 500μl Solution Ⅳ，静置 1min，13 000×*g* 离心 1min，倒掉收集管中的液体，重复加入 500μl Solution Ⅳ，静置 1min，13 000×*g* 离心 1min，倒掉收集管中的液体，将吸附柱放入同一个收集管中，13 000×*g* 空柱离心 1min，将吸附柱放入一个干净的 1.5ml 离心管中，在吸附膜中加入 40μl Solution Ⅴ，室温静置 1min，13 000×*g* 离心 1min，洗脱下来溶液为 DNA 溶液。

2. 单酶切 质粒采用单酶切，体系为 50μl：质粒 20μl，限制内切酶 *Nde*I 10μl，*Nde*I 酶切缓冲液 5μl，双蒸水 15μl，共 50μl，37℃酶切 2h，电泳鉴定条带。

3. 电泳鉴定

（1）加电泳缓冲液：50×TAE 稀释为 1×TAE。

（2）铺板：取电泳缓冲液 50ml 1×TAE，加 0.4g（0.8%）琼脂糖，微波炉加热 10min 使琼脂糖熔化，冷却至 50℃左右（略烫手）加 1 滴 EB 混匀，铺板 3~5mm 厚，冷却 30min，拔梳子。

（3）上样：5μl 样品（DNA），用微量加样器垂直加入到琼脂糖凝胶梳孔中。

（4）电泳：电泳条件电压 120V，电流 120mA，电泳时间 30min。

（5）观察：暗室内紫外灯下观察。

【结果与分析】

记录电泳条带图谱。质粒和酶切后质粒电泳结果分析。

【注意事项】

（1）酶切注意避免酶的星号活性，否则得不到单一线性质粒 DNA。

（2）注意酶切条件。

【思考题】

（1）采用紫外光吸收法测定样品的核酸含量，有何优点及缺点？

（2）如何用电泳分析质粒大小？质粒提取实验注意的问题有哪些？

【试剂配制】

1. LB（Luria-Bertani）培养液　胰蛋白胨 10g，酵母提取物 5g，NaCl 10g，双蒸水定容至 1L，5mol/L NaOH 溶液调 pH 至 7.0，121℃灭菌 15min，加入抗生素（氨苄青霉素或卡那霉素，100mg/ml）。

2. LB 固体培养基　LB 培养液中加入 1.5% 琼脂，高压灭菌，冷却至 55℃，加入抗生素（氨苄青霉素或卡那霉素，100mg/ml），终浓度为 100μg/ml。

3. 氨苄青霉素 100mg/ml　称取 500mg 氨苄青霉素溶于 5ml 双蒸水小玻瓶中，溶解澄清，过滤除菌，分装于灭菌的 EP 管中，-20 ℃ 保存。

（孙洪亮）

实验二十五　PCR 技术扩增 GAPDH 基因

【实验目的】

（1）掌握 PCR 基因扩增技术原理。

（2）熟悉 PCR 基因扩增技术的应用。

【实验原理】

聚合酶链反应（polymerase chain reaction，PCR）又称无细胞分子克隆系统或特异性 DNA 序列体外引物定向酶促扩增法，是基因扩增技术的重大革新。可将极微量的靶 DNA 特异扩增上百万倍，从而大大提高对 DNA 分子的分析和检测能力，能检测单分子 DNA 或对每 10 万个细胞中仅含 1 个靶 DNA 分子的样品，因而此方法在分子生物学、微生物学及遗传学等多领域广泛应用和迅速发展。

PCR 扩增 DNA 的原理是：先将含有所需扩增分析序列的靶 DNA 双链经热变性处理解开为两条寡聚核苷酸单链，然后加入一对根据已知 DNA 序列由人工合成的与所扩增的 DNA 两端邻近序列互补的寡聚核苷酸片段作为引物，即左右引物。此引物范围就在包括所欲扩增的 DNA 片段，一般需 20~30 个碱基对，过少则难保持与 DNA 单链的结合。引物与互补 DNA 结合后，以靶 DNA 单链为模板，经反链杂交复性（退火），在 *Taq* DNA 聚合酶的作用下以 4 种三磷酸脱氧核苷(dNTP)为原料按 5′→3′方向将引物延伸、自动合成新的 DNA链、使 DNA 重新复制成双链。然后又开始第二次循环扩增。引物在反应中不仅起引导作用,而且起着特异性的限制扩增 DNA 片段范围大小的作用。新合成的 DNA 链含有引物的互补序列,并又可作为下一轮聚合反应的模板。如此重复上述 DNA 模板加热变性双链解开——引物退火复性——在 DNA 聚合酶作用下的引物延伸的循环过程,使每次循环延伸的模板又增加 1 倍,亦即扩增 DNA 产物增加 1 倍,经反复循环,使靶 DNA 片段指数性扩增。

本实验扩增的是内参 GAPDH 基因。

【材料、试剂与仪器】

(1) 材料:DNA 样本(人肝细胞株 L-02)

上游引物:5′ AGAAGGCTGGGGCTCAACCC 3′

下游引物:5′ AGGGGCCATCCACAGTCTTC 3′

(2) 试剂:耐热的 DNA 聚合酶(1 U/μl),dNTP 溶液为商品化产品(上海生工),10×PCR 缓冲液,10 pmol/μl 引物溶液。

(3) 仪器:PCR 扩增仪,0.5~10μl 微量移液器,10~100μl 微量移液器,琼脂糖凝胶电泳系统。

【步骤与方法】

1. PCR 反应

(1) PCR 反应体系(50μl):无菌水 37μl,dNTP-mix 2μl,10×PCR buffer 5μl,cDNA 模板 1μl,上游引物 2μl,下游引物 2μl,DNA 聚合酶 1μl。依次加入,低速离心混匀。

(2) PCR 的循环程序为:95℃预变性 5min;95℃变性 60s;57.5℃退火 60s;72℃延伸 90s。循环 30 次。最后一个循环 72℃延伸 10min。

2. PCR 产物鉴定 配制 1.5%琼脂糖凝胶,取 10μl 扩增产物电泳。保持电流 40mA 电泳结束后,用 EB 染色 15min,紫外灯下观察。

【结果与分析】

记录电泳条带图谱。根据琼脂糖凝胶电泳结果分析获得的目的基因(片段长度 258bp),测序进行序列比对,确定实验结果。

【注意事项】

要扩增模板 DNA,首先要设计两条寡核苷酸引物,两引物间距离决定扩增片段的长度,两引物的 5′端决定扩增产物的两个 5′端位置。由此可见,引物是决定 PCR 扩增片段长度、位置和结果的关键,引物设计也就更为重要。引物设计是否合理可用 PCRDESN 软件和美国 PRIMER 软件进行计算机检索来核定。

【思考题】

(1) PCR 扩增 DNA 的原理?常用的 PCR 技术种类有哪些?

(2) 设计 PCR 引物遵循的原则有哪些?PCR 实验注意的关键问题有哪些?

【试剂配制】

1. 10×PCR 缓冲液 内含 500mmol/L KCl 溶液;100mmol/L Tris-HCl 溶液(pH 8.4);150mmol/L $MgCl_2$ 溶液;1mg/ml 明胶。

2. 50×TAE 2.0mmol/L Tris 溶液,1.0mol/L NaAc 溶液,50mmol/L EDTA 溶液,pH 8.0。

3. 10×TBE 1.0mmol/L Tris 溶液,0.83mmol/L 硼酸溶液,10mmol/L EDTA 溶液,pH 8.3。

(孙洪亮)

实验二十六　血清苯丙氨酸含量测定

【实验目的】

(1) 掌握测定血清苯丙氨酸的方法及原理。

(2) 熟悉测定血清苯丙氨酸的临床意义。

【实验原理】

体内苯丙氨酸转变为酪氨酸，必须有苯丙氨酸羟化酶的参与，若体内缺乏苯丙氨酸羟化酶，就会出现苯丙酸代谢紊乱，使苯丙氨酸不能转变为酪氨酸，转变为苯丙酮酸由尿中排出，称为苯丙酮尿症。此时，患者血浆苯丙氨酸升高，酪氨酸降低，苯丙酮尿症(PKU)为常染色体隐性遗传病。

样本中的苯丙氨酸在外加苯丙氨酸脱氢酶的作用下转化成苯丙酮酸盐，此反应使存在于反应混合物中的辅酶 NAD^+ 再生。产生的 NADH 使加入的黄色四氮杂茂(tetrazalium)盐发生氧化还原反应生成紫色物质甲䐶(formazane)，在570nm波长测定 OD 值，OD 值与病人样本中的苯丙氨酸浓度成正比。

【材料、试剂与仪器】

(1) 材料：静脉血。

(2) 试剂：血清苯丙氨酸测定试剂盒(深圳科润达生物工程有限公司)。

(3) 仪器：721可见紫外分光光度计，$0.5\sim10\mu l$ 微量移液器，$10\sim100\mu l$ 微量移液器。

【步骤与方法】

1. 样品收集、处理　血清操作过程中避免任何细胞刺激。使用不含热原和内毒素的试管。收集血液后，$1000\times g$ 离心10min将血清和红细胞迅速小心地分离，避免溶血和脂血。

质控品和样品血清各取 $100\mu l$，分别加到血斑纸片。用打孔器打下标准品、质控品和样品血斑纸片(直径5mm)，分别放到相应的聚苯乙烯试管中，标上标签。每一试管中加入 $100\mu l$ 3%三氯乙酸，确保每一纸片都被溶液浸没。振荡器(300～500r/min，振幅：1.5～3mm)上室温孵育30～60min。

2. 苯丙氨酸含量测定

(1) 在微孔板的每一微孔中加入 $25\mu l$ 0.5mmol/L 的 NaOH 溶液；将 $75\mu l$ 质控品和血斑样品洗提液分别加入到相应微孔中，稍振板以便混合均匀。

(2) 在每一微孔中加入 $100\mu l$ 临时配制好的酶溶液。

(3) 室温下孵育30min。

(4) 在每一微孔中加入 $100\mu l$ 底物溶液，在振荡器(300～500r/min，振幅：1.5～3mm)上振荡3min。

(5) 加入底物后3～5min内570nm处读取 OD 值。

3. 标准曲线绘制　试剂盒中所提供标准品浓度分别为 0.5ml/dl；1ml/dl；3ml/dl；6ml/dl；12ml/dl；18mg/dl，各取 $100\mu l$，分别加到血斑纸片。按步骤1、步骤2打下纸片并测定标准液 OD 值。以标准品 OD 值为 Y 轴，标准品浓度对数为 X 轴做标准曲线。

【结果与分析】

1. 数据记录　记录测定 OD_{570} 和标准 OD_{570} 的数值。

2. 计算与分析　样品的浓度可以从标准曲线上直接读取。

参考范围 成人:0.8~1.8mg/dl;新生儿:1.2~3.4mg/dl。

【注意事项】

(1) 样品的不合理处理及实验操作的任何改动都将影响实验的结果。取样体积、温育时间、预处理步骤都必须严格按说明进行。

(2) 一旦实验开始,所有的步骤都必须完整的进行下去,不允许中断。在使用前,轻轻摇动液体试剂和样品,试剂混合过程中要避免气泡。

(3) 请勿接触试剂、取样器、微孔/试管。加试剂和样本时,请使用新的取样吸头,以避免交叉污染。不用的试剂应用盖子盖好,以免重复使用。

(4) 为了消除潜在的加样误差,每份样品都做双份检测。

(5) 用加液记录表格核对反应板上的排列顺序。

(6) 温育时间会影响实验结果。微孔加样的顺序和时间都必须一致。

【思考题】

(1) 血清苯丙氨酸升高的原因有哪些?

(2) 目前临床上血清苯丙氨酸测定的其他方法有哪些?

(孙洪亮)

第二部分 医学免疫学实验

实验一 直接凝集反应

【实验目的】

掌握凝集反应的原理、方法及用途。

【实验原理】

玻片凝集反应(slide agglutination)是以载玻片为载体,将已知的抗体直接与未知的颗粒性抗原物质(如细菌、立克次体、钩端螺旋体等)在载玻片上混合,在有适当电解质存在的条件下,若两者对应则发生特异性结合,形成肉眼可见的凝集物,即为结果阳性;若两者不发生特异性结合便无凝集物出现,即为结果阴性。此法属定性试验,主要用于细菌鉴定和分型等。

【材料、试剂与仪器】

(1) 材料:伤寒杆菌和大肠埃希菌的 18~24h 固体琼脂培养物。洁净载玻片、接种环、酒精灯、特种铅笔、试管、试管架、吸管(带乳胶吸头)。

(2) 试剂:1:10 稀释的伤寒杆菌诊断血清、生理盐水。

(3) 仪器:光学显微镜。

【步骤与方法】

(1) 取清洁载玻片一张,用特种铅笔划为三格,并标明 1、2、3。

(2) 用吸管在第 1 格内加生理盐水 1 滴,第 2、第 3 格内加 1:10 稀释伤寒杆菌诊断血清各 1 滴。

(3) 将接菌环在酒精灯火焰上烧灼灭菌,冷却后取伤寒杆菌培养物少许,与第 1 格中的生理盐水混合,并涂抹成均匀悬液。然后用同法取少许伤寒杆菌培养物与第 2 格内的诊断血清混合,并涂抹均匀。灼烧接种环,待冷却后取少许大肠埃希菌培养物与第 3 格内的诊断血清混合并涂抹成均匀悬液。取菌量不可过多,使悬液呈轻度乳浊即可。

【结果分析】

轻轻摇动载玻片,1~2min 后肉眼观察,混合液由均匀混浊变为澄清透明,并出现乳白色凝集块者为阳性,仍为均匀混浊液者则为阴性反应。如肉眼观察不够清楚,可将玻片置于显微镜下用低倍镜观察。

本次试验结果第 2 格内应出现大小不等的乳白色凝集物,第 1 格、3 格内无凝集物,仍呈混浊状态。

【注意事项】

(1) 伤寒杆菌为肠道致病菌,在试验中务必严格无菌操作,遵守实验规则,用后的载玻片应立即放入盛有消毒剂的容器内,接种环必须作灼烧灭菌处理。

(2) 取细菌培养物时,不宜过多,与诊断血清混合涂抹时,必须将细菌涂散,涂均匀,但不宜涂得太宽,以免很快干涸而影响结果观察。

【思考题】

细菌的鉴定常用什么方法？其原理和注意事项是什么？

（鞠吉雨）

实验二　试管凝集反应

【实验目的】

掌握凝集反应的原理、倍比稀释的操作。

【实验原理】

试管凝集反应(tube agglutination)为一种定性、定量试验,是用已知抗原检测血清中有无特异性抗体,并测定其相对含量。方法是用生理盐水将待测血清在试管中作连续倍比稀释,然后于各管中加入等量的已知抗原悬液,经一定时间后,观察有无凝集并根据凝集程度判定血清抗体的效价(滴度)。

【材料、试剂与仪器】

(1) 材料:生理盐水,5ml 试管、试管架、吸管等。

(2) 试剂:1∶10 稀释伤寒杆菌"H"诊断血清,1∶10 稀释伤寒杆菌"O"诊断血清。伤寒杆菌抗原:H 及 O 两种。

(3) 仪器:微量移液器。

【步骤与方法】

(1) 取洁净 5ml 试管 12 支,分两排排列于试管架上,每排 6 支依次用记号笔编码,每管中分别加入 0.5ml 生理盐水。

(2) 在第 1 排 1 号管中加入 1∶10 稀释伤寒杆菌"H"诊断血清 0.5ml,充分混合后(连续吹吸 3 次),吸出 0.5ml 注入第 2 管,同样予以混匀后吸出 0.5ml 注入第 3 管。依次类推,稀释到第 5 管,自第 5 管吸出 0.5ml 弃去。此时,每管内液体含量均为 0.5ml,自第 1 管至第 5 管的血清稀释倍数依次为 1∶20,1∶40,1∶80,1∶160,1∶320。第 6 管仅含有生理盐水作为对照,见图 1-2-1。

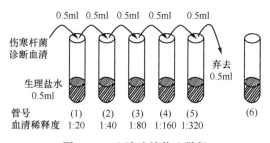

图 1-2-1　血清连续倍比稀释

(3) 同法用吸管吸取 1∶10 稀释伤寒杆菌"O"诊断血清加入第 2 排第 1 管,并依次如上法予以稀释。

(4) 用微量移液器吸取伤寒杆菌 H 菌液,加到第 1 排各管中,每管 0.5ml(由对照管开始,依次由后向前加入)此时血清稀释倍数又增加了一倍。同法于第 2 排各管中加入伤寒杆菌 O 菌液 0.5ml。

(5) 将各管振荡混匀,放 37℃ 水浴箱中 2~4h,或次日取出观察结果。

【结果分析】

(1) 先观察生理盐水对照管,管底沉淀物成圆形,边缘整齐,轻轻震荡,细菌即分散而成混浊状态,此为不凝集。

(2) 观察各试验管,应自第 1 管看起,如有凝集时则于管底有不同大小的圆片状边缘不整齐的凝集物,上清液则澄清透明或不同程度混浊。区分"H"及"O"凝集,"H"凝集呈疏松絮片状,轻轻震摇时,细菌凝块即升起,容易摇散。"O"凝集呈致密的颗粒状,不易摇散。

(3) 判断 "H""O" 诊断血清的效价(滴度)

1) 凝集程度的记录

(++++):细菌完全凝集,管内液体完全澄清,凝集块完全沉于管底。

(+++):绝大部分细菌凝集,管内液体轻度混浊,凝集块较小。

(++):约 50% 细菌发生凝集,凝集块较前两者少,呈颗粒状,液体半澄清。

(+):细菌仅少量凝集,管内液体混浊,凝集不明显。

(−):不凝集,与阴性对照管相同。

2) 凝集效价(滴度)的判定:凡血清最高稀释度与抗原产生明显凝集现象者(++),即为该血清之效价(滴度)。

【注意事项】

(1) 操作中取样、加样应准确;稀释血清时应仔细且逐管进行,以防跳管。

(2) 观察结果时,切勿摇动试管,以免将凝集块摇散而影响观察。

(3) 实验中应注意反应体系的温度、电解质浓度及酸碱度(pH)。

【思考题】

何谓免疫血清的效价(滴度),如何来测定免疫血清的效价(滴度)?

(牟东珍)

实验三　ABO 血型鉴定与交叉配血

第一部分　ABO 血型鉴定

【实验目的】

掌握血型鉴定和交叉配血的原理及结果判断,熟悉末梢采血的操作步骤。

【实验原理】

人类 ABO 血型抗原有 A 和 B 两种,A 型红细胞上有 A 抗原,B 型红细胞上有 B 抗原,AB 型红细胞上有 A,B 抗原,而 O 型血则不含 A 和 B 抗原。抗 A 和抗 B 分型试剂(抗血清)是分别针对 A 抗原和 B 抗原的特异性抗体。当将已知的抗 A 或抗 B 试剂与受检者红细胞混合时,相应抗原、抗体结合可引起红细胞凝集,根据其凝集状况便可判断受试者的血型。

【材料、试剂与仪器】

(1) 材料:载玻片、采血针、消毒棉球、滴管、5ml 试管、特种铅笔(记号笔)、牙签等。

(2) 试剂:抗 A 及抗 B 标准血清、生理盐水。

（3）仪器:光学显微镜。

【步骤与方法】

（1）取清洁载玻片一张,用记号笔划为二格,并注明 A、B,分别加一滴抗 A、抗 B 标准血清。

（2）用酒精棉球消毒无名指端皮肤或耳垂,待酒精干后,用无菌采血针刺破指尖或耳垂,取血一滴放入盛有 1ml 生理盐水的试管中,混匀,即成待检红细胞悬液(约 2%)。

（3）用滴管取受检者红细胞悬液 1 滴分别加入两个格内。然后分别用牙签将抗血清与红细胞搅拌均匀(也可轻轻晃动载玻片以促其充分混匀),以加速反应。

（4）轻轻摇动玻片,经 3~5min 后用肉眼观察结果,如结果不够清晰,可将玻片放于低倍显微镜下观察。

【结果分析】

如混合液由均匀红色混浊变为透明,并出现大小不等红色凝集块即为红细胞凝集,若混合液仍呈均匀混浊状,则表明红细胞未发生凝集。血型鉴定及结果判定见图 1-2-2。

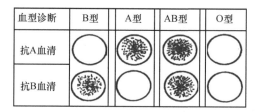

图 1-2-2 血型鉴定及结果判定

【注意事项】

（1）载玻片要洁净,采血过程中注意力度且要严格消毒。

（2）所用抗 A 血清、抗 B 血清必须在有效期内使用。

（3）要及时观察结果,以防时间过长使标本干涸而影响结果观察和判定。

【思考题】

ABO 血型鉴定如何进行结果判断?

第二部分 交 叉 配 血

【实验目的】

掌握交叉配血的原理及结果判断。

【实验原理】

将受血者的红细胞与血清分别同供血者的血清和红细胞混合,观察有无凝集现象的发生叫交叉配血。

在人类 ABO 血型系统中,A 型血红细胞上有 A 抗原,B 型血红细胞上有 B 抗原,AB 型血红细胞上有 A 和 B 两种抗原,而 O 型血者两种抗原均无。由于自身免疫耐受机制,人体内不存在其自身血型抗原的抗体。所以,A 型血者血清中含有抗 B 抗体,B 型血者血清中含有抗 A 抗体,AB 型血者血清中既无抗 A 抗体也无抗 B 抗体,而 O 型血者既有抗 A、又有抗 B 抗体。

输血前,在血型鉴定之后,需要将同血型血进行交叉配血。如无凝集,方可进行输血。

【材料、试剂与仪器】

（1）材料：玻片，5ml 试管，滴管，无菌注射器，75%乙醇溶液棉球，碘酒棉球。

（2）试剂：生理盐水。

（3）仪器：低速离心机。

【步骤与方法】

1. 玻片法

（1）取小试管 1 支，加入 2ml 生理盐水。

（2）以碘酒、酒精棉球消毒受血者肘部皮肤后，用无菌注射器抽取 1 名志愿受血者静脉血 2ml。取其 1~2 滴加入上述生理盐水之试管中，制成红细胞悬液。其余血液装入另一干燥试管中，37℃大约 30min 待其凝固，3500r/min 离心取血清备用。

（3）以同样的方法制成另一名志愿供血者红细胞悬液与血清。

（4）于玻片一端加一滴受血者血清，另一端加一滴受血者红细胞悬液。然后，将供血者之红细胞悬液滴于受血者血清中，将供血者血清滴于受血者红细胞悬液内，分别用牙签混匀，15min 后观察结果。

结果判断：如果两端均无凝集，表明供、受两者之间红细胞上的抗原及血清中的抗体相同，即血型相同，初步确定供血者可以为受血者进行输血。

2. 试管法

（1）取两支试管，分别标明"主""次"。

（2）制备供血者和受血者的红细胞悬液和血清，方法同玻片法。

（3）在"主"管中加入受血者的血清和供血者的红细胞各 3 滴；在"次"管中加入受血者的红细胞和供血者的血清各 3 滴，震荡均匀，立即 500r/min 离心 1min，取出后观察结果（图 1-2-3）。

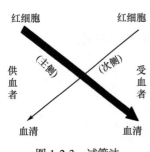

图 1-2-3　试管法

结果判断：同血型鉴定的试管法。若两支试管均无凝集发生，可以初步确定供血者可以为受血者进行输血。

【注意事项】

（1）试管法交叉配血法比玻片法快。

（2）离心时间不要过长，否则沉淀物不易弹起。

【思考题】

交叉配血有何临床意义？

（肖伟玲）

实验四　补体介导的溶血反应

【实验目的】

掌握补体介导的溶血反应的原理。

【实验原理】

只有在固相表面如细胞表面形成的抗原抗体复合物才能触发补体化的经典途径，而由 C_1~C_9 参与的一系列的酶促反应，其结果是靶细胞因细胞膜受攻击复合物作用而被裂解。

绵羊血红细胞（sheep red blood cell，SRBC）作为抗原和抗绵羊血红细胞抗体（溶血素）

特异性结合后,通过经典途径激活补体,形成膜攻击复合物,最后导致 SRBC 溶解,发生溶血反应。

【材料、试剂与仪器】

(1) 材料:试管架、试管、吸管等。

(2) 试剂:抗原:2% SRBC 悬液;溶血素(2U/ml);补体:健康豚鼠新鲜血清(2U/ml),生理盐水。

(3) 仪器:水浴箱等。

【步骤与方法】

(1) 取试管 4 支,按表 1-2-1 加入各成分(容量单位为 ml)。

(2) 将上述 4 试管放在 37℃水浴箱内放置 15~30min,观察并记录结果。

表 1-2-1 补体溶血反应

管号	2% SRBC/ml	溶血素/(2U/ml)	补体/(2U/ml)	生理盐水/ml	总体积/ml
1	0.25	0.25	0.25	0.25	1.0
2	0.25	0.25	—	0.5	1.0
3	0.25	—	0.25	0.5	1.0
4	0.25	—	—	0.75	1.0

【结果分析】

(1) 管内液体呈透明红色为溶血反应阳性。

(2) 管内液体呈浅红色混浊状态为溶血反应阴性。

(3) 根据所学知识分析各管结果出现的原因。

【注意事项】

(1) 所用玻璃器皿一定要清洁。

(2) 吸管不能混用,加量要准确。

(3) 补体、SRBC、溶血素要新鲜或在有效期内。

【思考题】

(1) 用所学知识分析各反应管出现的现象,并解释其原因。

(2) 人类血型不符的输血,发生的溶血反应与本实验有何异同？为什么？

(林志娟)

实验五　环状沉淀试验

【实验目的】

掌握环状沉淀试验的原理、结果判定,熟悉其步骤。

【实验原理】

此法系 Ascoli 于 1902 年建立,其方法是先将将少量高浓度的抗血清(抗体)加入内径 2mm 左右的小试管中,约为 1/3 高度,再用细长的滴管将抗原沿管壁徐徐加入,使之重叠于抗体上面。因抗血清蛋白浓度高,相对密度较抗原大,经数分钟或稍长时间,此处抗原抗体反应后生成的沉淀在一定时间内不下沉,在接触面上可形成一个乳白色的沉淀环,为环状沉淀阳性反应。

此试验常用于可溶性微量抗原的定性试验。

【材料、试剂与仪器】

(1) 材料:小试管,长细吸管,橡皮头,生理盐水。

(2) 试剂:人血清,免疫血清(抗体):兔抗人血清。

【步骤与方法】

(1) 取小沉淀反应管 2 支,取兔抗人血清约 0.2ml 加入各管,加时注意不能有气泡产生。

(2) 用毛细吸管吸取稀释人血清 0.2ml 加入第一管,加时应注意使抗原溶液缓缓由管壁流下,轻浮于兔抗人血清面上,使成一明显界面,切勿使之相混。

(3) 以毛细吸管吸取生理盐水 0.2ml 加入第二管。

(4) 置室温中 10~20min,观察结果。

【结果分析】

观察两液面交界处有无乳白色沉淀环出现,有乳白色沉淀环出现者为阳性(图 1-2-4)。

【注意事项】

加入抗原时,长细吸管的尖部切勿触及下面的抗体部分,否则不仅使抗原抗体混合,也不能形成清晰界面。

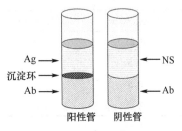

图 1-2-4 环状沉淀

【思考题】

1. 环状沉淀试验的原理是什么?结果如何判定?

2. 该实验在操作过程中要注意哪些问题?

(刘艳菲)

实验六 单向免疫扩散试验

【实验目的】

掌握单向免疫扩散(single diffusion)的原理、用途,熟悉其步骤。

【实验原理】

将特异性抗体预先混合于琼脂中,制成含抗体的琼脂凝胶板,抗体与琼脂混合后,不会再扩散。在琼脂凝胶板上打孔,并将待测抗原加入孔中,待测抗原从局部含有定量抗体的凝胶内自由向周围扩散,如抗原与已知的抗体相对应,则抗原抗体特异性结合,在两者比例合适的部位出现免疫复合物形成的沉淀环,沉淀环的大小(直径和面积)与抗原浓度呈正比。

以不同浓度的标准抗原与固定浓度的抗血清反应后测得沉淀环的直径为纵坐标,以抗原浓度为横坐标可绘制标准曲线,待测抗原可在同样条件下测得沉淀环直径,然后从标准曲线中求得其含量。该试验系定量试验,主要用于测定血清中的 IgG、IgM、IgA 和补体成分的含量(图 1-2-5)。

【材料、试剂与仪器】

(1) 材料:生理盐水、1.5% 的含抗人 IgG 的琼脂凝胶、4.5cm×10cm 塑料板(40 孔酶标板的盖板)、直径 3mm 打孔器、玻璃板、湿盒、半对数坐标纸等。

（2）试剂：参考血清：全国统一人血清免疫球蛋白参考血清（批号不同，免疫球蛋白含量不同，其中 IgG 含量为经标准标定的已知量，用以制作标准曲线）。诊断血清（抗体：抗人 IgG 免疫血清）；待检血清（抗原）：人血清。

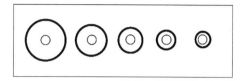

图 1-2-5　单向免疫扩散示意图

（3）仪器：25 μl 微量加样器。

【步骤与方法】

（1）首先配制 3% 琼脂，降温至 60℃，与等量 55~60℃ 预温的适当稀释（事先滴定）的诊断血清（Ab）混合均匀后铺于塑料板上，厚度约为 1~1.5mm，制成含抗体的 1.5% 琼脂凝胶板，共制备两个。

（2）打孔：用打孔器在凝胶板上打孔，孔径 3mm，孔间距 15mm，用于绘制标准曲线的凝胶版至少打 10 孔。在另一个凝胶板上根据样需要确定打孔数量。

（3）加样：打孔后立即加样。用微量加样器分别吸取各种稀释度的参考血清（Ag）10μl/孔，准确地加到琼脂板孔中，每种稀释度设两孔，用于制作标准曲线。用同样方法吸取 10μl 适当稀释的待检血清，每份标本设两孔，作为检测孔。注意，加入的抗原液面应与琼脂板相平，不得外溢。

（4）已经加样的琼脂凝胶板置湿盒中 37℃ 温箱扩散 24h。

（5）测定各孔形成的沉淀环直径（mm），用参考血清各稀释度测定值绘出标准曲线，再由标准曲线查出被检血清中免疫球蛋白的含量。

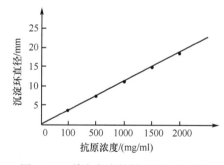

图 1-2-6　单向免疫扩散试验标准曲线

【结果分析】

（1）取出琼脂板，即可见清晰的乳白色沉淀环。用标尺测定其沉淀环直径并记录。

（2）标准曲线的绘制：以所加各种浓度参考血清的沉淀环直径为纵坐标，相应孔中 IgG 浓度为横坐标，在半对数纸上作图，绘制标准曲线（图 1-2-6）

（3）待测标本 IgG 含量的计算：以待测标本孔的沉淀环直径查标准曲线，将获得的 IgG 含量乘以标本的稀释倍数，即得该标本 IgG 的含量。

【注意事项】

（1）该试验为定量试验，因此各种影响因素，如参考蛋白的标准、抗体的浓度、琼脂的质量与浓度、免疫琼脂板的厚度与均匀程度等，必须严格控制。

（2）浇制琼脂凝胶板时要均匀、浇板要均匀、平整、薄厚一致，无气泡。

（3）制备琼脂板时，温度不宜过高，不得高于 56℃ 以免使抗体变性失活，但亦不宜太低，以免使琼脂凝固不匀。

（4）孔要打得圆整光滑，边缘不要破裂，底部勿与载玻片脱离。

（5）测量沉淀环直径务必准确。

【思考题】

（1）单向免疫扩散试验有哪些影响因素？如何减少试验误差？

（2）单向免疫扩散试验为什么要设定参考血清？有何意义？

（邱大琳）

实验七　双向免疫扩散试验

【实验目的】

掌握双向免疫扩散试验（double diffusion）的原理、用途，熟悉其步骤。

【实验原理】

将可溶性抗原和抗体分别加到琼脂板上的小孔中，使两者各自向四周扩散，如抗原与抗体相对应，两者相遇即发生特异性结合，并在比例适合处形成白色沉淀线（图1-2-7）。这组沉淀线是一组抗原、抗体的特异性复合物。当琼脂中有多组不同的抗原、抗体存在时，便各自依其扩散速度和各对抗原抗体间的最适比例不同，以及琼脂对抗原抗体复合物所形成的沉淀线具有选择性渗透屏障作用，扩散后可以形成若干条沉淀线，一条沉淀线代表一对相应的抗原抗体。因此，通过双向免疫扩散试验，用已知抗体（或抗原）检测未知抗原（或抗体），可鉴定抗原性物质或免疫血清的浓度、纯度及比较抗原之间的异同点。该法不仅用于疾病的诊断，也可用于抗原成分的分析。本实验以检测甲胎蛋白（AFP）为例。

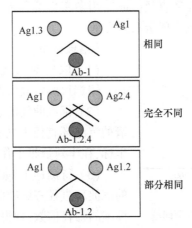

图1-2-7　双向免疫扩散试验示意图

上图，两个抗原孔里含有相同的抗原，沉淀线是不分叉的。

中图，两个抗原孔里的抗原完全不同，沉淀线分叉。

下图，两个抗原孔里的抗原部分相同，沉淀线部分交叉。

【材料、试剂与仪器】

（1）材料：载玻片、打孔器、微量移液器、吸管等。

（2）试剂：1.2%盐水琼脂。待检血清、AFP阳性肝癌患者血清；AFP诊断血清（含抗AFP抗体）。

（3）仪器：37℃温箱。

【步骤与方法】

（1）琼脂板的制备：将载玻片置于水平桌面上，取已溶化的盐水琼脂 4ml，倾注于载玻片上，使其自然流成水平面。待琼脂凝固后，用打孔器按图 1-2-8 打孔，孔径 3mm，孔距 5mm。

（2）加样：中央孔加入抗体 10μl/孔（AFP 诊断血清），1 孔、4 孔加 AFP 阳性血清 10μl/孔（阳性对照），2 孔、3 孔、5 孔、6 孔加相应待检抗原血清 10μl/孔。加样时勿使样品外溢或在边缘残存小气泡，以免影响扩散结果。

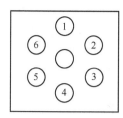

图 1-2-8 双向免疫扩散抗原抗体孔位置示意图

（3）扩散：加样后的琼脂板收入湿盒内置 37℃温箱中扩散 24h。

【结果分析】

观察孔间沉淀线的数目及特征。若凝胶中抗原抗体是特异性的，则形成抗原-抗体复合物，在两孔之间出现一清晰致密白色的沉淀线，为阳性反应。若 72h 仍未出现沉淀线则为阴性反应。实验时至少要做一孔阳性对照。出现阳性对照与被检样品的沉淀线发生融合，才能确定待检样品为真正阳性。

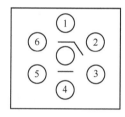

图 1-2-9 双向免疫扩散试验结果示意图

本试验 1 孔、4 孔与中央孔之间可出现清晰的乳白色沉淀线，其余各孔根据与中央孔之间有无沉淀线及沉淀线的特征判断结果，2 孔与中央孔之间出现沉淀线，并与 1 孔沉淀线融合，为阳性，其余无沉淀线，为阴性。（图 1-2-9）。

【注意事项】

（1）加样时不要将琼脂划破，以免影响沉淀线的形成。

（2）反应时间要适宜，时间过长，沉淀线可解离而导致假阴性，时间过短，则沉淀线不出现或不清楚。

（3）加样时抗体、阳性血清及每份待测标本之间不要混淆，以免影响结果。

（4）试验前应做预试验，确定抗体的稀释度。

（5）其他注意事项同"实验六 单向免疫扩散试验"。

【思考题】

（1）双向免疫扩散有哪些用途？

（2）为什么双向免疫扩散实验可以用于抗原成分的分析？

（王丽娜）

实验八 对流免疫电泳试验

【实验目的】

掌握对流免疫电泳（counter immunoelectrophoresis）的原理、用途，熟悉其步骤。

【实验原理】

对流免疫电泳是在琼脂扩散基础上结合电泳技术而建立的一种简便而快速的方法。此方法在短时间内出现结果，故可用于快速诊断，敏感性比双向扩散高 10~15 倍。

带电的胶体颗粒在电场中移动的方向与其所带电荷及相对分子质量有关。抗原在 pH 8.6 的缓冲溶液中带大量负电荷，又因其相对分子质量较小，受电渗的力量较小，故由阴极向阳极移动。抗体为球蛋白,只带微弱的负电荷,相对分子质量又大,因电渗作用反而向负极移动,当抗原与抗体在琼脂两孔间相遇时,在两者比例适当处形成白色沉淀线。由于抗原、抗体在电场中定向移动,被限制了多方向自由扩散的倾向,因而提高了实验敏感度,而且沉淀线出现较快,可在 1h 之内观察结果,所以可用于快速诊断。

> **附**
>
> 电泳:是指带电质粒在电场中向异极方向移动。移动的速度与质粒相对分子质量大小、所带电荷多少有关。
>
> 电渗作用:是指在电场中溶液对于一个固相载体的相对移动。琼脂是一种酸性物质,在碱性缓冲液中进行电泳,它带有负电荷,而与琼脂相接触的水溶液就带正电荷,这样的液体便向负极移动,带动液相中的质粒向负极移动。

本试验以检测甲胎蛋白(AFP)为例。

【材料、试剂与仪器】

(1) 材料:载玻片、吸管、打孔器、毛细滴管、微量移液器。

(2) 试剂:pH 8.6,0.075mol/L 巴比妥缓冲液,抗 AFP 血清,已知 AFP 阳性血清,待检血清。

(3) 仪器:电泳仪,电泳槽等。

【步骤与方法】

(1) 制备琼脂板:将用巴比妥缓冲液配制好的 1.2% 琼脂隔水加热溶化,趁热吸取 3.5ml 加于干净载玻片上,冷凝后打孔,孔直径 3mm,二孔间距离 4~5mm。

(2) 加样:分别向 1 孔、3 孔内加入抗 AFP 血清;向 2 孔内加肝癌病人 AFP 阳性血清作为阳性对照,4 孔内加待检病人血清。各孔加满为度,勿使外溢。

(3) 将琼脂板置于电泳槽内,抗原端放阴极侧,抗体放阳极侧,二端用浸透电泳缓冲液的 4 层纱布条连接。

(4) 电泳:调整电压为 5~6v/cm(载玻片宽 2.5cm,应控制电流不高于 10mA),电泳45~60min(图 1-2-10)。

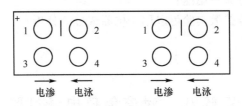

图 1-2-10 对流免疫电泳示意图

【结果分析】

电泳完毕,关闭电源,取出琼脂板,观察二孔间白色沉淀线的产生,出现沉淀线为阳性反应。若沉淀线不够清晰,可 37℃ 放置数小时,以增强线条清晰度。

【注意事项】

(1) 对流免疫电泳试验的灵敏度较双向免疫扩散高,但由于电泳时缓冲液的离子强度、pH、端电压和电泳时间等因素的影响,有时可能出现假阳性反应。

(2) 电泳时间随着空间距的增大,需要适当延长。

（3）抗原与抗体量应相近,如抗原量过多,可造成假阴性结果,需通过稀释抗原加以解决。

【思考题】

（1）为什么对流免疫电泳可以用于快速诊断?

（2）对流免疫电泳中为什么抗原要置于阴极,抗体置阳极?

（梁淑娟）

实验九　巨噬细胞吞噬功能试验(表皮葡萄球菌吞噬试验)

【实验目的】

掌握巨噬细胞吞噬(phagocytosis)功能试验(表皮葡萄球菌吞噬试验)的原理及结果分析;熟悉本试验的基本操作手法。

【实验原理】

巨噬细胞为一类常见的吞噬细胞,能通过趋化、调理、吞噬和杀菌等几个步骤,吞噬和消化衰老、死亡细胞及病原微生物等异物,是机体非特异性免疫的重要组成部分。本试验通过淀粉肉汤诱导小鼠腹腔吞噬细胞渗出并大量聚集,然后注射表皮葡萄球菌菌液,观察巨噬细胞对表皮葡萄球菌的吞噬作用。

【材料、试剂与仪器】

（1）材料:Balb/C 小鼠;剪刀、镊子、无菌注射器、解剖板;载玻片、染色缸、染色架。

（2）试剂:瑞氏染液、蒸馏水、6% 无菌淀粉肉汤;表皮葡萄球菌菌液;香柏油、二甲苯等。

（3）仪器:光学显微镜。

【步骤与方法】

（1）试验前 2~3d 小鼠腹腔注射 6% 无菌淀粉肉汤 0.7ml,诱导小鼠吞噬细胞渗出。

（2）实验当日取已经注射过淀粉肉汤的小鼠一只,用注射器吸取菌液 1ml 注入其左下腹腔,轻揉腹部,使菌液分布均匀。

（3）30min 后,将小鼠颈椎脱臼处死,固定,打开腹腔,用玻片在暴露的肠管上印片,自然晾干。

（4）滴加 3~5 滴瑞氏染液于印片上,半分钟后加等量蒸馏水,混匀染色 5min。自来水冲洗,滤纸吸干。

（5）显微镜下观察吞噬现象。

【结果分析】

（1）巨噬细胞的吞噬现象:由于淀粉肉汤已经注射 2~3d,游走至肠管外的中性粒细胞因为寿命短多已死亡,油镜下可见大量巨噬细胞,胞质内吞噬有数量不等的蓝紫色细菌,另外镜下也可见少量的红细胞及淋巴细胞,见图 1-2-11。

（2）计算吞噬细胞的吞噬百分率和吞噬指数。

1）吞噬百分率:观察 100 个巨噬细胞,计数

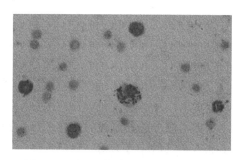

图 1-2-11　巨噬细胞吞噬表皮葡萄球菌
（瑞氏染色）

其中吞噬有细菌的细胞数,计算出吞噬百分率。

$$吞噬百分率(\%) = \frac{吞噬有细菌的巨噬细胞数}{100 个巨噬细胞} \times 100\%$$

2) 吞噬指数:观察 100 个巨噬细胞,计算其中被吞噬的细菌总数,平均每个巨噬细胞吞噬的细菌数即为吞噬指数。

$$吞噬指数 = \frac{100 个巨噬细胞中所吞噬的细菌总数}{100}$$

【注意事项】

(1) 小鼠腹腔注射时注意不要刺伤内脏。

(2) 用过的带菌材料和器材,应放于指定的消毒缸内,防止污染。

(3) 进行瑞氏染色时,一定要掌握好染色时间,所加入的蒸馏水要与瑞氏染液等量,并且在加水后一定要混匀。

【思考题】

如何对巨噬细胞吞噬试验作结果分析?

(付晓燕)

实验十　免疫酶技术——间接 ELISA 检测兔抗 SRBC 抗体

【实验目的】

掌握 ELISA 的原理、用途及结果分析;熟悉间接 ELISA 检测方法的原理、操作步骤。

【实验原理】

免疫标记技术是指用放射性同位素、酶、发光剂、荧光素或电子致密物质等作为标记或示踪剂,对抗原或抗体进行标记,以此监测抗原抗体特异性反应的技术。该技术的主要目的是提高检测的灵敏度,快速对抗原或抗体进行定性、定量、定位。

免疫酶技术是目前应用最为广泛的是免疫标记技术之一。该技术是将酶标记到抗原或抗体上,将其与待检物中相应的抗体或抗原相互作用,利用酶催化底物反应的生物放大效应,提高抗原-抗体特异性反应的检测灵敏度。实验过程中,当酶标记的抗原或抗体与相应的抗体或抗原形成复合物后,在反应体系中加入酶的底物,酶能催化底物反应生成带颜色的产物,使反应体系显色,根据反应体系的颜色变化及深浅,可对待测抗体或抗原进行定性、定量及定位。

免疫酶技术中最常用的是酶联免疫吸附实验(enzyme linked immuno sorbent assay,ELISA),其原理是使抗原或抗体结合到固相载体(如聚苯乙烯塑料)表面并保持其活性,此后将待测样本中的抗体或抗原及酶底物按不同方法要求的步骤与固相载体表面的物质进行反应,在酶催化底物反应产生颜色后,根据显色深浅结合标准品曲线对待测物质进行定性和定量。

根据检测方法和原理的差异,常用的 ELISA 检测可以分为间接 ELISA、夹心 ELISA 和竞争 ELISA 等三种主要方法。

间接 ELISA(indirect ELISA):主要用于检测抗体,是测定样本中抗体水平的最常用的方法。首先将抗原吸附到固相载体表面,洗涤去除未结合的抗原后,加入待检样本,经过一段时间的反应后,洗涤去除未结合的抗体,加入酶标记的第二抗体,充分反应后,洗涤去除游离的酶标二抗体,加入底物显色,根据显色深浅判断待检样本中抗体的水平(图1-2-12)。

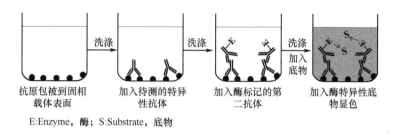

E:Enzyme,酶;S:Substrate,底物

图 1-2-12　间接 ELISA 检测原理示意图

夹心 ELISA(sandwich ELISA):主要用于抗原的检测,由于是利用两个抗体夹心的方法检测抗原,通常也称为双抗体夹心 ELISA。首先将已知抗体包被到固相载体表面,去除未结合的抗体后,加入待检样本,经过一段时间的反应后,洗涤去除未结合的抗原,加入酶标记的能与抗原特异性结合的抗体,充分反应后,洗涤去除游离的酶标抗体,加入底物显色,根据显色深浅判断待检样本中抗原的水平(图1-2-13)。

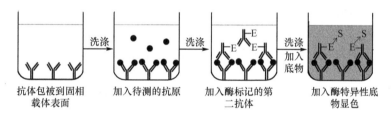

图 1-2-13　夹心 ELISA 检测原理示意图

竞争 ELISA(competitive ELISA):主要用于抗原或半抗原的检测,也称为抗原竞争 ELISA。小分子抗原如激素、药物等,因为缺乏可供两个抗体结合的位点,因此不能用双抗体夹心 ELISA 的方法检测,可以考虑用竞争 ELISA 的方法进行分析。将待检样本(含有待检抗原)与一定量的抗体首先在加入反应孔之间在孔外反应一定的时间,然后将抗原抗体反应的混合物加入已经在表面包被了抗原的固相载体孔中,反应一段时间后,洗涤后加入酶标记的第二抗体,再次洗涤去除未结合的酶标二抗后,加入底物显色,根据显色深浅判断抗原的量。竞争 ELISA 在孔中的反应原理与间接 ELISA 相同。不同之处在于,由于只有游离的抗体能够与抗原结合,因此样本中抗原的水平越高,在孔外结合的过程中与抗体结合的就越多,游离抗体的量就越少,当将混合物加入反应孔中后,能够与固相表面包被的抗原结合的游离抗体就越少,反应体系显色就越浅,反之则显色越深,即反应体系显色深浅与样本中待检抗原的量呈反比(图1-2-14)。

本实验以间接 ELISA 方法检测制备的兔抗 SRBC 抗体为例。

【材料、试剂与仪器】

(1)材料:聚乙烯塑料酶标板、吸水纸、湿盒、微量移液器吸头、Ep 管、5ml 试管等。

(2)试剂:包被用抗原(脱纤维棉 SRBC)、实验室制备的待检的兔抗 SRBC 抗体(免疫血清)、辣根过氧化物酶(horseradish peroxidase,HRP)标记的羊抗兔 IgG、正常兔血清、

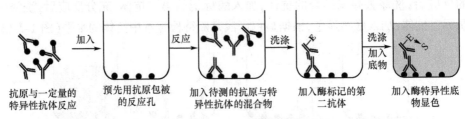

图 1-2-14 竞争 ELISA 检测原理示意图

0.05mol/L pH 9.8 的苯酚盐缓冲包被液、无菌去离子水、洗涤液、终止液（2mol/L H_2SO_4 溶液）、TMB 底物溶液、底物缓冲液等。

（3）仪器：微量移液器、酶标仪、冰箱、37℃温箱等。

【步骤与方法】

（1）抗原的制备及包被：无菌取脱纤维棉 SRBC 适量加入试管中，离心后加入 PBS 洗涤至少两次，每次离心速度为 1500r/min，时间 5min。取 SRBC 压积 2ml 加入等体积无菌去离子水，充分震荡破碎 SRBC。加入苯酚盐缓冲液稀释后，取 100μl/孔加入聚乙烯塑料酶标板中，置湿盒中 4℃包被过夜。第二天取出酶标板，加洗涤液 150μl/孔，洗涤 2~3 次。用玻璃纸封存酶标板，4℃冰箱保存备用。

（2）取制备的待检兔抗 SRBC 抗体（免疫血清）500μl，用洗涤液自 1：250 至 1：2000进行倍比稀释，同时取正常兔血清 500μl，同样进行倍比稀释，最高至 1：800。每个稀释度设三复孔。

（3）取出包被好的酶标板，将上述稀释的血清 100μl/孔加入板中，其中一孔加入 100μl洗涤液作为阴性对照（调零孔），然后将酶标板置湿盒中 37℃孵育 45~60min。

（4）取出酶标板，倾去孔中的液体，轻轻用吸水纸吸干，加入洗涤液 150μl/孔，洗涤 3~4 次，每次洗涤 3min，最后用吸水纸吸干孔中残余液体。

（5）HRP 标记的羊抗兔 IgG 用洗涤液进行 1：1000 稀释，取 100μl/孔加入酶标板中，置湿盒中 37℃孵育 30~45min。

（6）倾去孔中的液体，加入洗涤液 150μl/孔，洗涤 3~4 次，最后用吸水纸吸干孔中残余液体。

（7）按照说明书的要求用底物缓冲液将 TMB 底物溶液进行 1：50 稀释后，取 100μl/孔加入酶标板的孔中，避光显色 10~20min，显色过程中应及时观察颜色变化及显色进程，最后加入 50μl/孔终止液终止显色。

（8）将酶标板放入酶标仪中，测定 450nm 处的吸光度，记录结果并进行数据分析。

【结果分析】

（1）阴性对照孔（调零孔）应为无色，正常兔血清组的显色结果应为淡黄色，而加入免疫血清的孔显色结果应为橙色或深黄色。正常血清组和免疫血清组各液的颜色随着稀释度的增加逐渐变浅。

（2）计算各复孔 OD_{450} 的均值，在 Excel 表中计算 $x±s$，并制作图表进行统计学分析。

【注意事项】

（1）包被抗原的时间一般不少于 18h，包被完毕一定进行充分的洗涤。

（2）包被好的酶标板加盖玻璃纸封存后，4℃冰箱保存不宜过长。

（3）抗原的包被和抗体孵育均应在湿盒内进行,在孵育过程中一定不要使酶标板的孔干燥。

（4）各环节的洗涤过程一定洗涤充分,以免残余抗体影响结果。

【思考题】

（1）简述间接 ELISA 的原理及基本操作过程?

（2）思考 ELISA 操作过程中哪些因素会影响实验结果。

（鞠吉雨）

实验十一　金免疫标记技术——斑点免疫层析试验

【实验目的】

熟悉金免疫技术的原理及操作步骤。

【实验原理】

金免疫技术:1971 年由 Faulk 和 Taylor 始创,是一种以胶体金作为标记物的新型免疫标记技术,是继放射标记、酶标记、荧光标记技术之后的一种新检验技术。胶体金是指金微小粒子(1~100nm)分散在另一种物质中所形成的体系,通常指金微小粒子分散在溶液中所形成的金溶胶,用金溶胶标记蛋白质(抗原、抗体或 SPA、SPG)后,由于胶体金颗粒具有高电子密度的特性,故在金标蛋白的抗原抗体结合处,显微镜下可见黑褐色颗粒;当这些标记物在相应的标记处大量聚集时,可在载体膜上呈现肉眼可见红色或粉红色斑点,因此反应后可根据在膜上的颜色判断结果,从而对抗原或抗体物质进行定位或定性。由于金标记常与膜载体配合,形成特定的测定模式,因此典型的如斑点免疫渗滤试验和斑点免疫层析试验等,成为目前临床上广泛应用的简便、快速检验方法。

斑点免疫层析试验(dot immunochromatographic assay, DICA):简称免疫层析试验(ICA),以硝酸纤维素膜为载体,利用了微孔膜的毛细血管作用,滴加在膜条一端的液体慢慢向另一端渗移,犹如层析一般。在移动过程中被分析物与固定于固相载体上的抗原或抗体结合而被固相化,然后根据胶体金的呈色条带来判断实验结果。

DICA 根据检测原理的不同可以分为双抗体夹心法、间接法和竞争法,其反应原理与 ELISA 中的相应方法基本一致。这里以单克隆双抗体夹心法检测绒毛膜促性腺激素(HCG)为例简单阐述其原理。

试验所用试剂全部为干试剂,多个试剂被组合在一个约 6mm×70mm 的塑料板条上,成为一条试剂条。试纸条 A 端和 B 端分别粘贴吸水材料,金标记抗人抗体干片粘贴在近下端 C 区,紧贴其上为硝酸纤维素膜条。硝酸纤维素膜条上有两个反应区域,测试区 T 区包被有抗人 HCG 特异性抗体,阳性质控区 R 区包被有抗小鼠 IgG。

测定时将试纸条 B 端浸入液体标本中,吸水材料即吸取液体向 A 端移动,液体流经 C 区时使干片上的金标记抗体复融,若标本中有待测抗原,可与金标抗体结合形成免疫金抗原抗体复合物,并继续向膜条 A 端渗移,至 T 区时免疫金抗原抗体复合物被固相化的抗人 HCG 抗体俘获(双抗体夹心),在膜上显出红色反应线条。过剩的免疫金抗原抗体复合物继续前行,至 R 区与固相小鼠 IgG 结合,显出红色质控线条。见图 1-2-15。

本试验以临床常用的 HCG 早孕检测金标试纸条为例。

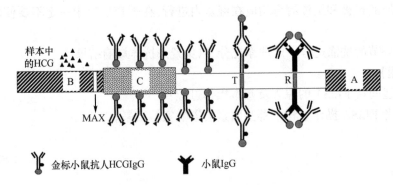

图 1-2-15 斑点免疫层析试验原理

【材料、试剂与仪器】

（1）材料：妊娠者尿液，正常人尿液。

（2）试剂：HCG 金标检测试纸条。

【步骤与方法】

（1）使用一次性尿杯或洁净容器收集中段尿液。

（2）沿 HCG 金标检测试纸条包装铝袋沿切口撕开，取出试纸条。

（3）将试纸条标 MAX 一端浸入到尿液中，液面请勿超过 MAX 标志线，约 3s 后取出试纸条平放。

（4）5min 内观察结果，5min 后显示的结果无效。

（5）阳性：试纸条 T 区和 R 区均有红色指示带出现，HCG 检测结果为阳性。

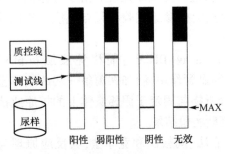

图 1-2-16 斑点免疫层析结果判断

【结果分析】

测试线和质控线均出现红色，检测样本结果为阳性；测试线比质控线的红色浅，则样本弱或微弱阳性；仅质控线出现红色，则样本结果为阴性；若测试线和质控线均无显色，则提示试剂条失效，见图 1-2-16。

【注意事项】

（1）在试剂条的有效期内使用。

（2）切勿用手持握试纸条下端标志 MAX 线的部分。

（3）一般应采用清晨第一次尿液进行检测。

【思考题】

如何对试验作结果进行分析？

（彭美玉）

第三部分　医学微生物学实验

实验一　实验的目的要求及实验室规则

【实验目的】

医学微生物学实验教学是医学微生物学的重要组成部分,是医学微生物学教学过程中的重要环节之一,是理论与实验研究的技术基础。通过实验课教学可以培养学生实事求是的科学的态度和独立操作能力,使学生了解和掌握医学微生物学的基本实验技能、基本操作方法,树立无菌的观念,获取相应的感性知识,为有关疾病的诊断与防治及科学研究工作打下一定的基础。为培养学生的独立分析问题与解决问题的能力,在进行实验课教学设计时,采用三种不同的实验教学即基础验证性实验,综合性实验,创新性实验。

为了保证实验课效果,提高实验课质量,避免实验室污染的发生要求学生做到:

（1）实验前必须做好预习,以了解实验的内容、目的、理论依据、操作方法及注意事项,避免或减少错误的发生。

（2）实验过程中坚持严肃性,严格性与严密性,对操作的实验要在全面理解的基础上,按步骤依次进行操作,并进行积极地思考;对示教内容要仔细观察并与有关理论密切联系。

（3）如实记录,分析结果,得出结论。如结果与理论不符,应尽量分析,探讨其原因以培养训练自己的思维能力,最后写出实验报告。

【实验室规则】

为防止实验室感染的发生及病原微生物污染周围环境,确保实验室生物安全性,所有工作人员及学生必须遵守以下规则:

（1）进实验室要穿隔离衣,随身只带必要的实习指导、笔记本和文具,进入实验室后放入抽屉内。不必需的物品勿携入室内。

（2）实验室要保持安静,不得高声喧哗及随处走动,严禁在实验室内饮食。实验室中物品未经许可不准带出室外。

（3）实验室安静,实验进行时不准随意进出。

（4）如发生感染或污染等意外时,应立即报告指导老师,进行紧急处理。

（5）用过的有菌器材或培养物等,应放于指定的地点,不得随意抛置。接种环用后应立即于酒精灯火焰上烧灼灭菌。

（6）注意节约实验试剂,爱护实验器材,不得随意拆卸显微镜。

（7）易燃物品(酒精、二甲苯等)不准接近火源。一旦起火,应迅速用沾水的布类和沙土覆盖扑火。

（8）实验结束,要清理桌面,整理好实验台,并将实验器材放回原处,用消毒液洗手后离去。值日同学要搞好实验室的清洁卫生,离开实验室前要关好门窗、水、电。

（吴晓燕）

实验二　细菌基本形态、基本结构观察

【实验目的】

掌握细菌的基本形态与基本结构。

【材料、试剂与仪器】

(1) 材料:革兰染色法标本片(葡萄球菌、链球菌、大肠埃希菌、霍乱弧菌);单宁酸染色法标本片[细胞壁(枯草芽胞杆菌)];Feulgen 染色法标本片[核质(枯草芽胞杆菌)]。

(2) 试剂:香柏油,二甲苯。

(3) 仪器:光学显微镜。

【步骤与方法】

油镜观察上述染色标本片,认识细菌的基本形态与基本结构。观察时要注意细菌的形态、大小、排列方式及染色性。

【结果分析】

1. 形态观察　葡萄球菌、链球菌呈球形,二者均为革兰染色阳性细菌,染色后为蓝紫色,结果见图 1-3-1 与图 1-3-2;大肠埃希菌呈杆状,霍乱弧菌呈弧形,二者均为革兰染色阴性细菌,染色后为红色,结果见图 1-3-3 与图 1-3-4。

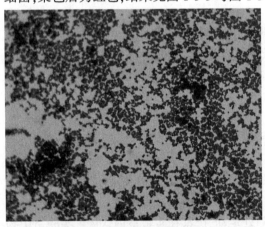

图 1-3-1　葡萄球菌(革兰染色)

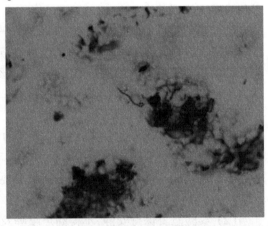

图 1-3-2　链球菌(革兰染色)

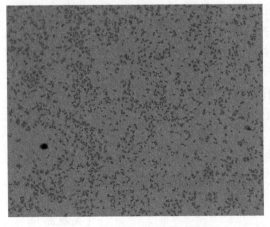

图 1-3-3　大肠埃希菌(革兰染色)

图 1-3-4　霍乱弧菌(革兰染色)

2. 基本结构观察　单宁酸染色法细胞壁为紫色,细胞质淡紫色,见图 1-3-5。Feulgen 染色法核质为深蓝色,胞质淡蓝色,见图 1-3-6。

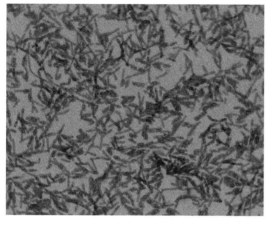 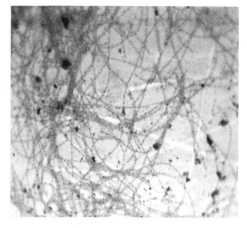

图 1-3-5　枯草芽胞杆菌细胞壁(单宁酸染色)　　图 1-3-6　枯草芽胞杆菌核质(Feulgen 染色)

【注意事项】

(1) 油镜浸入油中接近玻片为止,调节粗螺旋时不要用力过猛、过急、以免损坏镜头或压碎标本片。

(2) 标本片观察完后,要擦拭干净。

【思考题】

(1) 用油镜观察标本时应注意哪些问题? 载玻片与镜头之间滴加的香柏油起什么作用?

(2) 你认为哪些环节会影响革兰染色的正确性?

(3) 细菌基本形态和基本结构有哪几种?

(吴晓燕)

实验三　细菌不染色标本观察法

【实验目的】

(1) 直接观察活细菌的形态和运动。

(2) 熟悉细菌不染色标本的观察方法。

(3) 了解有鞭毛与无鞭毛菌运动的特点。

【实验原理】

不染色的细菌标本镜检,可观察细菌在自然生活状态下的大小、形态、运动等,且能避免由于染色操作而引起的细菌变形,但是这种镜检方法主要用于观察细菌的动力。有鞭毛细菌的运动叫固有运动,其特点是细菌可以从一个地方运动到另外一个地方,可以改变其自身的位置。无鞭毛的细菌运动叫布朗运动,是细菌受液体分子的冲击,在局部颤动,不能改变其自身的位置,这种运动方式也称分子运动。

【材料与仪器】

(1) 材料:菌种(变形杆菌、葡萄球菌 8~12h 培养物),凹玻片,接种环,盖玻片,凡士林等。

(2) 仪器:光学显微镜。

【步骤与方法】

1. 悬滴法

(1) 取洁净凹面玻片一张,在凹窝周围涂少许凡士林(图 1-3-7)。

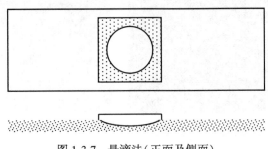

图 1-3-7 悬滴法(正面及侧面)

(2) 取一环变形杆菌或葡萄坏菌培养物,放于干净的盖玻片中央。

(3) 反转凹玻片,使凹窝对准盖玻片中央,盖于其上,轻压后,迅速翻转玻片,使盖破片面向上,并与凹窝边缘黏紧。

(4) 标本片置于显微镜载物台上,先用弱光线低倍镜找物象,再改换高倍镜观察,密切注意,勿压破盖玻片。

(5) 观察:细菌在镜下为灰色半透明体。变形杆菌有鞭毛,可向不同方向运动,速度较快,相互间的位移很大。葡萄球菌无鞭毛,只在一定范围内作往复颤动。按细菌运动性的不同,可以推知细菌有无鞭毛,这是鉴别菌种的要点之一。

2. 压滴法

(1) 用接种环分别取变形杆菌和葡萄球菌培养物,放于载物片中央。

(2) 将洁净的盖玻片置于菌液上,覆盖时,先用盖片一边接触菌液(或先使中央与液滴接触)缓缓放下盖片,防止玻片间产生气泡,滴加菌液量以覆加盖片后无菌液溢出盖片为度。

(3) 标本片置于显微镜载物台上,先用弱光线低倍镜找物象,再改换高倍镜观察,密切注意,勿压破盖片。

(4) 结果观察同悬滴法。

【结果分析】

无论悬滴法还是压滴法,均可见到有鞭毛的细菌(变形杆菌)发生移位现象,而无鞭毛的细菌(葡萄球菌)不发生位置变化。

【注意事项】

(1) 悬滴法盖片要与凹窝边缘黏紧。

(2) 压滴法滴加菌液量以覆加盖片后无菌液溢出盖片为度,不要多加,防止污染的发生。

【思考题】

（1）细菌的运动器官是什么？

（2）细菌的鞭毛有几种类型？

（吴晓燕）

实验四　细菌涂片标本的制备及常用染色法

形态学检查是鉴定细菌的重要一环，但细菌个体小，无色透明，不染色在显微镜下不易观察，菌体着色后，在镜下可清晰地观察其形态特征，有助于细菌的鉴定。细菌染色时，因其等电点低（pH 2~5），常用亚甲蓝、复红、结晶紫等碱性染料，易于着色。染色方法有单染色与复染色。只用一种染料使细菌着色的方法称单染色法，用两种以上染料染色的方法叫复染色法，主要有革兰染色法、抗酸染色法，此外还有多种特殊染色法。

（一）细菌涂片标本的制备

【实验目的】

（1）熟练掌握细菌涂片标本的制备方法。

（2）熟悉涂片固定的目的和注意事项。

【材料】

葡萄球菌、大肠埃希菌 24h 普通琼脂斜面培养物，载玻片，接种环，生理盐水。

【步骤与方法】

1. 涂片　按无菌操作取材法进行，具体步骤如下：

（1）取洁净载玻片一张，于玻片两端各加生理盐水一滴。

（2）左手托持试管，右手拿接种环的黑色塑料柄部分，将接种环按 15°角放在酒精灯的外焰中烧灼灭菌，接种环冷却后，沾取葡萄球菌或大肠埃希菌菌苔少许，在生理盐水内轻轻研磨将细菌制成菌悬液，再涂成均匀薄膜（涂面直径 1cm 左右）。接种环于火焰上再次烧灼灭菌后放还原处。

2. 干燥　涂片最好在空气中自然干燥，如欲加速干燥，可将涂面向上，距酒精灯火焰稍远处微加温干燥，切忌紧靠火焰，造成菌体变形，无法正确观察细菌形态。

3. 固定　涂片干燥后，涂面向上在火焰最热处连续通过三次（一般钟摆速度）即可。固定的目的是杀死细菌，使菌体蛋白凝固与玻片黏附较牢，改变对染料的通透性（一般染料难于进入活细胞内）容易着色。

【注意事项】

（1）接种环沾取细菌培养物时，勿使沾有细菌的接种环触碰试管壁及试管口。

（2）涂片要厚度适宜均匀，不可过厚（以透过涂面能看清字迹为宜）。

（二）亚甲蓝染色法

【实验目的】

熟悉细菌单染色法。

【实验原理】

亚甲蓝染色法为单染色法，菌体和细胞均染成蓝色。常用于脑膜炎球菌及白喉棒状杆菌等细菌染色。

【材料、试剂与仪器】

（1）材料：细菌培养物，载玻片，接种环，酒精灯，吸水纸，香柏油，擦镜纸。

（2）试剂：吕氏碱性亚甲蓝染色液（亚甲蓝、95%乙醇溶液、10%氢氧化钾溶液）。

（3）仪器：光学显微镜。

【步骤与方法】

（1）涂片标本的制备：方法同前。

（2）染色：涂片滴加亚甲蓝染液数滴，时间2min，水洗、干燥、镜检。

【结果分析】

菌体呈蓝色。

（三）革兰染色法

【实验目的】

（1）掌握革兰染色的方法。

（2）熟悉革兰染色的意义。

【实验原理】

革兰染色原理尚未完全阐明，但与细菌细胞壁结构密切相关，去除细胞壁后的革兰阳性菌染色结果同阴性一样。革兰染色原理可能与以下三个方面有关：

（1）等电点：革兰阳性菌等电点（pH 2~3）比阴性菌等电点（pH 4~5）低，一般染色时染液的酸碱度在pH 7.0左右，电离后阳性菌所带负电荷比阴性菌多，与带正电荷的碱性染料结合力较强，结合的染料较多，不易脱色。

（2）通透性：革兰阳性菌细胞壁肽聚糖层数多，脂质含量少，脱色剂（乙醇溶液）不易渗入，染料复合物不易从细胞内透出。革兰阴性菌细胞壁疏松，肽聚糖层数少，脂质含量高，易被乙醇溶液溶解，使细胞壁通透性增高，细胞内的结晶紫-碘复合物易被乙醇溶液溶解而脱出。

（3）化学成分：革兰阳性菌细胞内有某种特殊的化学成分，一般认为是核糖核酸镁盐与多糖的复合物，它与媒染剂结合，使已着色的细菌不易脱色。

【材料、试剂与仪器】

（1）材料：葡萄球菌、大肠埃希菌18~24h普通琼脂斜面培养物，载玻片、接种环、酒精灯、吸水纸，香柏油，擦镜纸，生理盐水。

（2）试剂：革兰染色液（结晶紫、碘液、95%乙醇溶液、稀释复红）。

（3）仪器：光学显微镜。

【步骤与方法】

（1）涂片标本的制备：方法同前。

（2）初染：制备好的细菌涂片上滴加结晶紫染液数滴，覆盖整个涂面，室温作用1min。用自来水轻轻冲洗，甩干水分。

（3）媒染：滴加媒染剂碘液数滴，室温作用1min，自来水冲洗，甩干水分。

（4）脱色：滴加95%乙醇溶液2~3滴，轻轻晃动玻片，使得脱色均匀，直到无紫色脱落为止（约30s），自来水冲洗，甩干水分。

（5）复染：滴加稀释复红染液数滴，室温作用30s，自来水冲洗，吸水纸吸干玻片水分。

【结果分析】

使用油镜观察,注意标本中两种细菌的形态、大小、排列方式。葡萄球菌分裂后菌体无一定规则地排列在一起,革兰阳性菌(蓝紫色),见图1-3-1。大肠埃希菌革兰阴性菌(红色),见图1-3-3。

【注意事项】

(1)革兰染色中的重要环节是乙醇溶液脱色,如脱色时间过长,革兰阳性菌也可能被误染为革兰阴性菌,如脱色时间不够,则革兰阴性菌可能被误染为革兰阳性菌,所以脱色时间至关重要。另外脱色时间的长短还受涂片厚薄的影响,一般涂片时取菌要少,涂片薄而均匀为好。

(2)被染色细菌的培养条件、培养基成分、菌龄等因素也会影响染色结果,如革兰阳性菌的陈旧培养物也可能会出现革兰阴性的结果,所以被检菌的菌龄一般在18~24h为好。

(四)荚膜染色法

【实验目的】

了解荚膜染色法并认识细菌的这种特殊结构。

【实验原理】

细菌的荚膜(capsule)具有保护细菌抵抗吞噬和消化的作用,可增加细菌的侵袭力。荚膜对染料的亲和力低,用一般染色法不易着色,需经特殊的荚膜染色方可清晰的辨认出荚膜。

【材料、试剂与仪器】

(1)材料:菌种:肺炎链球菌(腹腔接种小白鼠),解剖器材,滤纸片。

(2)试剂:荚膜染色液。

(3)仪器:光学显微镜。

【步骤与方法】

1.黑斯(Hiss)荚膜染色法

(1)涂片:取死于感染肺炎链球菌的小白鼠腹腔液涂片,空气中自然干燥(无需加热固定)。

(2)染色

1)取一滤纸片覆盖于涂膜上,滴加结晶紫溶液,并在火焰上微微加热至出现蒸气为止(约1min)。

2)倾去染液,除去滤纸片,用20%硫酸铜溶液冲洗。用滤纸吸干后镜检。

2.密尔(Muir)荚膜染色法

(1)涂片:取死于感染肺炎链球菌的小白鼠腹腔液涂片,空气中自然干燥,加热固定。

(2)染色

1)初染:涂膜处滴加苯酚复红液,微加热1min,水洗,甩干水分。

2)媒染:媒染剂作用30s,水洗,甩干水分。

3)复染:碱性亚甲蓝液染色1min,水洗,用滤纸吸干后镜检。

【结果分析】

(1)黑斯染色法,菌体呈紫色,荚膜呈淡紫色(在小白鼠组织细胞周围,有散在成对的小尖矛形的紫色细菌,细菌周围有一淡紫色的圈,即为荚膜,见图1-3-8。

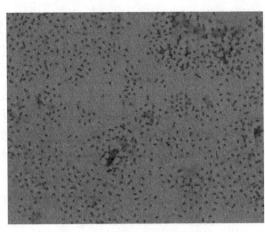

图 1-3-8 肺炎链球菌(黑斯染色)

（2）密尔荚膜染色法,菌体呈鲜红色,荚膜呈蓝色。

【注意事项】

载玻片必须洁净无油渍,以免涂片时腹腔液不能均匀散开。

（五）鞭毛染色法

【实验目的】

了解鞭毛染色法的原理,认识这种细菌特殊构造。

【实验原理】

鞭毛(flagella)是细菌的运动器官。细菌是否有鞭毛,鞭毛的数目和附着于细菌的位置,是细菌的一项重要形态特征。细菌的鞭毛很纤细,直径约 10~20nm,不能用普通光学显微镜直接观察,只有经特殊染色处理,增加鞭毛直径,才能在光学显微镜下观察。

【材料、试剂与仪器】

（1）材料:菌种:变形杆菌 6~8h 琼脂培养物,蒸馏水,载玻片,接种环,吸管。

（2）试剂:鞭毛染色液(饱和钾明矾液、苯酸、鞣酸液、碱性复红乙醇饱和液)。

（3）仪器:光学显微镜。

【步骤与方法】

（1）载玻片的处理:新的载玻片,肥皂水洗净,自来水反复冲洗,蒸馏水冲洗 3 次,晾干,置于无水乙醇中,过夜。将载玻片从无水乙醇中取出,直立于吸水纸上,吸去多余的乙醇,并在酒精灯火焰上经过 2~3 次即可使用(注意不能用手触摸载玻片表面)。

（2）菌种活化:冰箱保藏菌种接种于肉汤培养基,连续传代 4~5 次。活化后的变形杆菌接种在琼脂斜面培养基中(表面较湿润,基部有冷凝水),37℃培养 10~14h,挑取斜面和冷凝水交接处培养物点种于营养琼脂平板(含 8~10g/L 的琼脂)中央,37℃培养 18~30h,让变形杆菌迁徙生长。

（3）菌悬液制备:挑取培养基中迁徙生长边缘的菌苔少许,加入盛有适量无菌蒸馏水的试管中,制成菌悬液(菌悬液浓度应控制在 1.5×10^{12}/L),并把菌悬液放在 37℃温箱孵育 10min,用于涂片。

（4）涂片:接种环取菌悬液 2~3 环于载玻片一端,用接种环镶铬丝的伸直段接触载玻片上液体菌种的前缘,顺势轻轻地、慢慢地将其完全展向载玻片另一端(切勿研磨),室温自然干燥。

（5）染色:滴加鞭毛染色液数滴覆盖有菌处,作用 10~15min,轻轻水洗,干后镜检。

【实验结果】

菌体红色,鞭毛淡红色,背景清晰。鞭毛很细,但经染色处理后,鞭毛和菌体都比实际粗大,见图 1-3-9。

【注意事项】

（1）冰箱保藏菌种要进行活化,且选取生长繁殖处于对数期的幼龄菌,老龄菌鞭毛易脱落。

（2）取菌时,尽量取固体斜面底部的少量菌液,这样染出的鞭毛清楚。

（3）载玻片需高度洁净无油污,以在载玻片上滴加水滴后立即均匀散开为洁净可用,否则不可使用。

（4）染色液的新鲜度也决定实验的成功与否,染色液宜临用前按比例新鲜配制。

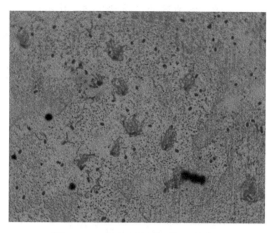

图1-3-9 伤寒沙门菌(鞭毛染色)

（六）芽胞染色法

细菌的芽胞是细菌的特殊结构,是某些细菌生长到一定阶段在体内形成的一个圆形或椭圆形的休眠体,它对不良环境具有很强的抗性。在合适条件下,可吸水萌发,重新形成一个新的菌体。芽胞的大小、形状及其在菌体内的位置是鉴定细菌的重要依据。在一般实验室中通常用芽胞染色法来观察其形态。由于芽胞抵抗力很强,因此,在实际应用中,以杀死芽胞作为高压蒸汽灭菌及某些化学消毒剂灭菌效果的指标。

【实验目的】

（1）学习并了解芽胞染色法。

（2）熟悉芽胞杆菌的形态特征。

（3）巩固显微镜操作技术及无菌操作技术。

【实验原理】

芽胞壁厚,折光性强,透性低,普通的染色法很难使其着色,但是芽胞一旦着色就很难被脱色。利用这一特点,首先用着色能力较强的染料,在加热条件下进行染色时,此染料不仅可以进入菌体,而且也可以进入芽胞,进入菌体的染料可经水洗脱色,而进入芽胞的染料则难以透出。再用对比度大的复染剂染色,菌体染上复染剂颜色,而芽胞仍为原来的颜色,这样就可以将两者区别开来。

【材料、试剂与仪器】

（1）材料:菌种(破伤风芽胞梭菌48~72h培养物),载玻片,接种环,酒精灯,木夹,吸水纸,显微镜,香柏油,擦镜纸。

（2）试剂:芽胞染色液(苯酚复红染液、碱性亚甲蓝液、5%孔雀绿溶液、95%乙醇溶液)。

（3）仪器:光学显微镜。

【步骤与方法】

（1）芽胞染色法

1）涂片:取芽胞菌常规涂片,室温自然干燥,加热固定。

2）染色:取一滤纸片覆盖于涂膜上,滴加苯酚复红液,微加热温染5min,冷却后缓流水冲洗,直至流出的水无色,95%乙醇溶液脱色2min,缓流水冲洗,碱性亚甲蓝液复染1min,水洗,吸干水分,镜检。

（2）改良Schaeffer-Fulton芽胞染色法

1）制备菌悬液:加1~2滴无菌蒸馏水于试管中,用接种环挑取2~3环菌苔于试管中,搅拌均匀,制成1.5×10^{12}/L的菌悬液。

2）染色:将菌悬液与等量的 5%孔雀绿染液混合,沸水浴作用 15~20min。

3）涂片、固定:接种环挑取试管底部菌液数环于洁净的载玻片上,涂成薄膜,干燥,温热固定。

4）脱色:缓流水冲洗,直至流出的水无绿色为止。

5）复染:苯酚复红复染 2~3min,倾去染液,缓流水冲洗,干燥,镜检。

【结果分析】

（1）芽胞染色法:芽胞呈红色,菌体为蓝色。苯酚复红受热的驱动渗入了芽胞,而芽胞不易脱色,故与菌体对比性较大。

（2）改良 Schaeffer-Fulton 芽胞染色法:芽胞呈绿色,菌体为红色。用着色力强的染色剂孔雀绿,在加热条件下染色,染料进入菌体及芽胞内,进入菌体的染料经水洗后被脱去,而芽胞一经染色便难以脱色。破伤风芽胞梭菌芽胞呈圆形,比菌体粗,位于菌体顶端,使细菌呈鼓槌状,见图 1-3-10。

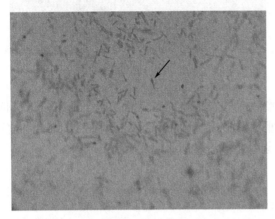

图 1-3-10　破伤风芽胞梭菌(改良 Schaeffer-Fulton 芽胞染色法张行润提供)

【注意事项】

（1）应选用适当菌龄的菌种,以大部分菌形成芽胞时为宜。

（2）加热染色时要及时补充染色,以防染液干涸,影响镜检结果。

（3）加热染色时必须维持在染液微冒蒸气的状态,加热沸腾会导致菌体或芽胞破裂,加热不够则芽胞难以着色。

（4）加热染色后,必须冷却、缓流水冲洗。

（七）抗酸染色

【实验目的】

（1）掌握齐-尼(Ziehl-Neelsen)抗酸染色法的基本操作技术。

（2）熟悉抗酸染色法在分枝杆菌属鉴别上的重要意义。

【实验原理】

分枝杆菌的细胞壁内含有大量脂质包围在肽聚糖的外面,所以分枝杆菌一般不易着色。传统的染色方法要经过加热和延长染色时间来促使其着色。分枝杆菌中的分枝菌酸与染料一旦结合后,就很难被酸性脱色液脱色,故名抗酸染色。其中最具代表性的是 Ziehl-Neelsen 抗酸染色法,该法是 WHO 推荐热染的方法。

Kinyoun 抗酸染色法属于冷染法,无需加热,其染色原理是在室温条件下,分枝菌酸与苯酚复红结合成复合物,经碱性亚甲蓝溶液复染后,分枝杆菌仍然为红色,而其他细菌及背景中的物质为蓝色。

【材料、试剂与仪器】

（1）材料:结核患者痰液,抗酸染色用卡介苗(冻干品)1 支,载玻片,玻片夹,酒精灯,蜡笔。

（2）试剂：染色液（苯酚复红、Kinyoun 抗酸染色试剂盒），3% 盐酸乙醇溶液、碱性亚甲蓝溶液。

（3）仪器：光学显微镜。

【步骤与方法】

1. 齐-尼抗酸染色法

（1）结核杆菌沉淀集菌法（以处理痰液标本为例）：取痰液 2 至 3ml 加入，加入 2 倍量的 40g/L NaOH 溶液，混合均匀，103.4kPa 高压蒸汽灭菌 20～30min，加入 0.02% 酚红指示剂 0.1ml，37℃ 水浴消化 30min。矫正 pH 为 7.0，3000r/min 离心 30min，弃上清液，沉淀物可用于涂片。

（2）标本片制备：用牙签沾取痰液、干酪样坏死痰块或浓缩集落菌处理过的痰液标本，于载玻片上涂成薄而均匀的膜，干燥，加热固定。

（3）染色

1）初染：用玻片夹夹持涂片标本，滴加苯酚复红，覆盖整个涂面，在火焰高处徐徐加热，切勿沸腾，出现蒸气即暂时离开，若染液蒸发减少，应再加染液，以免干涸，加热 5min，待标本冷却后用水冲洗。

2）脱色：3% 盐酸乙醇溶液脱色 30～60s，轻轻摇动玻片直到流下的液体无色为止，冲洗。

3）复染：碱性亚甲蓝溶液复染 30～60s，水洗，干燥，镜检。

2. 卡介苗-Kinyoun 抗酸染色实验教学法

（1）标本片制备：取冻干品一支加入蒸馏水 1ml 混匀，用细菌接种环取 1～2 环涂布于载玻片上，干燥，加热固定。

（2）染色

1）初染：制备好的卡介苗涂片滴加适量的 Kinyoun 苯酚复红染色液，室温下静置 5～10min，水洗。

2）脱色：3% 盐酸乙醇溶液脱色 30～60s，轻轻摇动玻片直到流下的液体无色为止，水洗。

3）复染：碱性亚甲蓝溶液复染 30～60s，水洗，干燥，镜检。

【结果分析】

（1）齐-尼抗酸染色法：该法标本取自临床结核患者痰液，镜检显示结核杆菌呈现细长，略有弯曲的红色菌体，有的可表现出分枝特征，结核杆菌大多分散排列，亦可以见到有纵行条索状排列（图 1-3-11）。若涂片染色能查到结核杆菌，一般每毫升痰液内含菌量至少应有 500 个以上（否则在标本片观察中，不一定每个视野都能看到结核杆菌），故痰液多进行浓缩集菌处理，以提高检出阳性率。学生实验标本应采用高压蒸汽灭菌处理过的浓缩集菌痰液，以保证操作者的安全。

图 1-3-11　结核分枝杆菌（抗酸染色）

（2）卡介苗-Kinyoun 抗酸染色实验教学法：该法利用抗酸染色用卡介苗（不结球，易操作，结果好）代替结核杆菌阳性痰液标本，进行抗酸染色，光学显微镜下可见堆积成团、成束或单个的细长而微弯的亮红色抗酸杆菌,菌体清晰,立体感强,而非抗酸菌及其他成分则呈淡蓝色。细菌的颜色与背景着色对比明显,染色效果良好。

在医学微生物学实验教学中,都涉及用抗酸染色方法检查鉴别细菌的教学内容。在传统的教学过程中,一般课前需到医院采集结核分枝杆菌阳性患者的痰液作为标本以供实验课抗酸染色用。但此法存在两大弊端,一是随着我国防痨工作的普及和对结核患者的及时有效治疗,结核排菌阳性患者较少见,不易及时获得排菌阳性标本,影响实验教学正常进行;二是结核排菌阳性患者的痰液标本具有传染性。

【注意事项】

(1) 痰液涂片时,厚薄要均匀,接种环灼烧灭菌时,要防止痰中的细菌溅出。

(2) 齐-尼染色法初染时,应及时添加染液,防止将染液烘干。

【思考题】

(1) 荚膜、鞭毛、芽胞的功能及医学意义是什么?

(2) 细菌结构中与消毒灭菌有密切关系的是什么?

(3) 高压蒸汽灭菌以杀死什么作为判断灭菌效果的指标?

(吴晓燕)

实验五　细菌的培养及生长现象观察

(一) 细菌分离及培养法

【实验目的】

(1) 掌握细菌的分离方法及无菌操作技术。

(2) 熟悉细菌的培养方法。

(3) 了解细菌的生长现象。

【实验原理】

将实验材料接种于适当的培养基进行孵育、分离、纯种培养及扩大培养。

【材料与试剂】

(1) 材料:菌种(葡萄球菌、大肠埃希菌24h培养物混合液);大肠埃希菌及痢疾杆菌琼脂斜面18~24h培养物,接种环,酒精灯,试管架。

(2) 试剂:普通琼脂培养基(平板),琼脂斜面培养基,肉膏汤液体培养基,半固体琼脂培养基(配制方法见附录)。

【步骤与方法】

(1) 平板划线法:平板划线法是将临床材料接种于适当的培养基上进行孵育,分离获得纯种细菌的方法。只有获得纯种细菌才能鉴定细菌,研究细菌的生物学特性、致病性及对药物的敏感性,为临床治疗提供依据。

1) 右手持接种环在火焰上烧灼灭菌、待冷后,取一接种环混合菌液。

2) 左手持平板培养基,靠近火焰,左母指打开平板盖约3~4cm,右手持接种环在平板的上端涂开并密集来回划线,划线约占平板面积的1/4。注意,划线时接种环与平板面成约30°角,以腕力在平板表面行轻而快的来回滑动,接种环不应嵌进培养基内。

3）烧灼接种环,以杀灭环上的细菌,转换平板约 70°角,用冷却后的接种环通过第一次划线区继续进行第二区的平行划线以占平板面积的 1/4 为止(图 1-3-12)。

4）重复第 3 步,划出第三区、第四区(图 1-3-12)。分离培养结果见图 1-3-13。

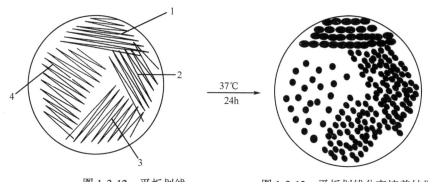

图 1-3-12　平板划线　　　　　图 1-3-13　平板划线分离培养结果

5）划线完毕,将接种环烧灼灭菌,将培养基盖好后倒放(盖在下,底在上)。

用玻璃铅笔注明接种菌名,接种者姓名、班级、组、日期,放 37℃温箱培养 24h。

(2) 琼脂斜面培养基接种法:琼脂斜面培养基接种法常用于扩大纯种细菌培养、保存菌种或观察细菌某些生化特性。

1）用玻璃铅笔在试管上端标记接种菌名、日期。

2）左手拇指和食指、中指及无名指握持菌种管(大肠埃希菌琼脂斜面 18～24h 培养物)及待接种的培养基管,使菌种管位左,培养基管位右,斜面部均向上。

3）右手持接种环烧灼灭菌,待冷。

4）右手手掌与小指、小指与无名指分别拔起并挟持两管棉塞,将两管口迅速通过火焰灭菌。

5）将已冷却的接种环伸入菌种管内,从斜面上轻轻挑取少许细菌退出菌种管,再伸进待接种的培养基管底的凝结水中并从管底部向上在斜面上划一直线,然后再从底部向上连续蜿蜒划线(见图 1-3-14),也可以不划直线只蜿蜒划线。

6）管口通过火焰再度灭菌,塞好棉塞。接种环烧灼灭菌后放下。

7）斜面接种后放 37℃温箱中培养。

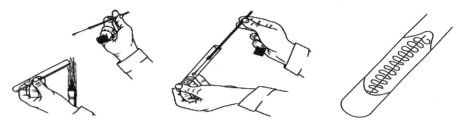

图 1-3-14　琼脂斜面培养基接种法

(3) 液体培养基接种法:接种液体培养基主要用于纯种细菌的增殖培养,也可用于观察细菌的不同生长状态,如均匀混浊生长、沉淀生长、膜状生长等,另外还可以供测定细菌生长特性使用。凡是肉膏汤、葡萄糖、蛋白胨水以及各种单糖发酵管等液体培养基都用此方法接种。

沾菌的接种环在此处管内壁上轻轻研磨 →

图 1-3-15　液体培养基接种法

操作方法与斜面培养基相同,但要使液体培养基向右侧倾斜 45°角,接种环在接近液面管壁上轻轻研磨,并沾取少量肉汤调和,使菌混合于肉汤中(图 1-3-15)。接种后放入 37℃温箱中培养,18~24h 后观察生长情况。

(4)半固体培养基接种法(穿刺接种法):半固体培养基接种法主要用于保存菌种,观察细菌的运动力,以及某些细菌的生化特性的观察等。

1)用玻璃铅笔在试管上端标记接种菌名、日期。

2)左手握持菌种管(大肠埃希菌或痢疾杆菌琼脂斜面,一次接种一种细菌)和待接种的半固体培养基。

3)右手持接种针,灭菌冷却后,以针挑取菌落,垂直刺入半固体琼脂培养基的中心,可刺达近管底约 3~5mm,但不要刺至管底,然后循原路退出,注意刺入及退出时不可晃动接种针(图 1-3-16)。

4)接种完毕,将接种针重新灭菌后放试管架上,塞好棉塞,37℃孵育 18~24h 后取出观察结果。

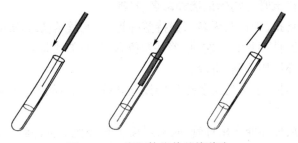

图 1-3-16　半固体培养基接种法

【注意事项】

(1)平板划线分离细菌时,应注意接种环与培养基表面成约 30°角,以腕力在平板表面行轻而快的来回滑动,接种环不应嵌进培养基内。培养皿盖好后倒放(盖在下,底在上),以免冷凝水滴落到菌落表面。

(2)培养箱内培养物不宜过多,以保证培养物均匀受热。

(3)液体培养基接种细菌时,沾菌的接种环应在培养管内壁上轻轻研磨,使细菌分离。

(4)半固体培养基接种细菌观察动力时,要垂直刺入半固体琼脂培养基的中心,而后原路轻轻退出,刺入及退出时不可晃动接种针,以免穿刺线模糊。

(二)细菌生长现象观察

1. 细菌在普通琼脂培养基(平板)上的生长观察

(1)观察是否得到单个菌落。

(2)观察细菌菌落生长特征。

1)菌落直径大小:小于 2mm 者为小菌落;在 2~4mm 者为中等菌落;4mm 以上者为大菌落。

2）形状：圆形或不规则。

3）透明度：要对光观察,分为透明、半透明或不透明。

4）表面：光滑、粗糙、湿润、有光泽、干燥、凸起、凹下、平坦等。

5）边缘：整齐、不整齐（波浪状、锯齿状、毛发状）。

6）颜色：有无特殊颜色,无特殊颜色者一般呈灰色或无色。

2. 细菌在琼脂斜面培养基上的生长观察　斜面应有均匀一致的菌苔,如有不同的菌落出现,则表明菌种不纯或被其他杂菌污染。

3. 细菌在液体培养基中的生长观察　观察时注意细菌是否在液体表面形成菌膜（如枯草芽胞杆菌）,菌膜的特征；培养基是否变混浊（如大肠埃希菌）；是否形成沉淀生长（如链球菌）,沉淀的性质是絮状、颗粒状或其他。

4. 细菌在半固体培养基中的的生长观察　无鞭毛的细菌沿穿刺线生长,穿刺线清晰呈白色,培养基的其余部分透明。有鞭毛的细菌有运动力,自原接种部位向四周弥散生长,穿刺线模糊。

【思考题】

（1）无菌操作时应注意哪些事项？

（2）细菌在液体培养基中有哪几种生长现象？

（3）穿刺接种如何观察细菌有无动力？

（吴晓燕）

实验六　细菌代谢产物的检查

【实验目的】

（1）掌握常用细菌代谢产物检查的实验原理、结果判定及意义。

（2）熟悉细菌常用代谢产物检查所用的培养基、方法及意义。

（3）了解细菌碳、氮代谢类型的多样性。

（一）糖类发酵试验

【实验原理】

不同细菌含有分解不同糖（醇）的酶,对糖（醇）的分解能力各不相同,产生的代谢产物也不相同（有的不分解；对于能分解的有的产酸产气,有的产酸不产气）。在配制培养基时预先加入溴甲酚紫[pH 5.2（黄色）~6.8（紫色）],当发酵产酸时,可使培养基由紫色变为黄色。气体产生可由发酵管中有无气泡来证明。该试验常用于肠杆菌科不同细菌的鉴别。

【材料、试剂与仪器】

（1）材料：大肠埃希菌,伤寒沙门菌,痢疾志贺菌,接种环,酒精灯。

（2）试剂：无菌葡萄糖发酵管,无菌乳糖发酵管。

（3）仪器：恒温培养箱。

【步骤与方法】

将被检细菌大肠埃希菌、伤寒沙门菌与痢疾志贺菌分别接种到葡萄糖发酵管与乳糖发酵管中,置于37℃培养箱内培养24h,观察结果。

【结果分析】

大肠埃希菌:分解葡萄糖与乳糖产酸并产气(培养基为黄色且有气泡)。

伤寒沙门菌:分解葡萄糖产酸但不产气(培养基为黄色但无气泡),不分解乳糖(培养基为紫色且无气泡)。

痢疾志贺菌:分解葡萄糖产酸但不产气(培养基为黄色但无气泡),不分解乳糖(培养基为紫色且无气泡)。

【注意事项】

在培养基接种细菌前应观察有无气泡的存在,若有气泡不宜接种细菌。注意无菌操作。

(二) 甲基红试验(metyl red test,MR)

【实验原理】

有些细菌可分解葡萄糖产生丙酮酸,丙酮酸再进一步被分解,产生甲酸、乙酸与乳酸等,使培养基 pH<4.2,加入甲基红指示剂[pH 4.5(红色)~pH 6.2(黄色)],培养基呈现红色(阳性反应)。而有些细菌可分解葡萄糖产生丙酮酸,丙酮酸很快脱羧,转化成醇等产物,使培养基 pH>6.2,加入甲基红指示剂后,培养基呈现黄色(阴性反应)。该试验常用于肠杆菌科不同细菌的鉴别。

【材料、试剂与仪器】

(1) 材料:大肠埃希菌,产气肠杆菌,5ml 试管,1ml 移液管,接种环,酒精灯。

(2) 试剂:无菌葡萄糖蛋白胨水,甲基红试剂。

(3) 仪器:恒温培养箱。

【步骤与方法】

将被检细菌大肠埃希菌与产气肠杆菌分别接种到葡萄糖蛋白胨水中,37℃培养 48h,加入甲基红指示剂,观察结果。

【结果分析】

大肠埃希菌阳性(葡萄糖蛋白胨水为红色);产气肠杆菌阴性(葡萄糖蛋白胨水为黄色)。

【注意事项】

应注意无菌操作。

(三) 伏-普二氏试验(Voges-Proskauer,VP)

【实验原理】

某些细菌分解葡萄糖产生丙酮酸后,丙酮酸能被进一步羧变为中性的乙酰甲基甲醇。在碱性条件下,乙酰甲基甲醇能被氧化为二乙酰,后者与培养基所含的精氨酸中的胍基发生反应,生成红色化合物(阳性反应)。该试验与甲基红试验结合使用,可鉴别肠道杆菌科中的细菌种类。

【材料、试剂与仪器】

(1) 材料:大肠埃希菌,产气肠杆菌,5ml 试管,3ml 移液管,接种环,酒精灯。

(2) 试剂:无菌葡萄糖蛋白胨水,40% KOH 溶液,6% α-萘酚乙醇溶液。

(3) 仪器:恒温培养箱。

【步骤与方法】

将被检细菌大肠埃希菌与产气肠杆菌接种到葡萄糖蛋白胨水中,37℃培养 48h,加入

6% a-萘酚溶液 1ml,然后再加入等量的 40%KOH 溶液,用力振荡,再放入 37℃温箱中保温 30min,以加快反应速度。摇匀,静止 10min,观察结果。

【结果分析】

大肠埃希菌阴性(葡萄糖蛋白胨水为无色);产气肠杆菌阳性(葡萄糖蛋白胨水为红色)。

【注意事项】

在做 VP 试验时,加入试剂后需要静置 10min 才能看到红色化合物。注意无菌操作。

(四) 吲哚(indol test,靛基质)试验

【实验原理】

某些细菌具有色氨酸酶,能分解蛋白质中的色氨酸,产生吲哚(靛基质)。加入吲哚试剂(对二甲基氨基苯甲醛)后,与吲哚结合可形成肉眼可见的玫瑰色吲哚,为红色化合物(阳性反应)。

【材料、试剂与仪器】

(1) 材料:大肠埃希菌,伤寒沙门菌,5ml 试管,3ml 移液管,接种环,酒精灯。

(2) 试剂:无菌胰蛋白胨水,吲哚试剂(对二甲基氨基苯甲醛)。

(3) 仪器:恒温培养箱。

【步骤与方法】

将被检细菌大肠埃希菌与伤寒沙门菌接种到胰蛋白胨水培养基中,37℃培养 24h 后,沿管壁缓慢滴加 5 滴吲哚试剂于培养物液面,观察结果。

【结果分析】

大肠埃希菌为阳性(胰蛋白胨水液面为红色);伤寒沙门菌为阴性(胰蛋白胨水液面为黄色)。

【注意事项】

滴加吲哚试剂时需沿管壁缓缓加入,片刻后立即观察液面上是否变红(随着时间延长,红色会扩散导致不清晰)。注意无菌操作。

(五) 硫化氢试验

【实验原理】

某些细菌能分解含硫的氨基酸如胱氨酸、半胱氨酸等,产生的硫化氢可与培养基中的铁盐或铅盐发生反应,形成黑色的硫化亚铁或硫化铅沉淀。为硫化氢试验阳性,可借以鉴别细菌。

【材料、试剂与仪器】

(1) 材料:大肠埃希菌,普通变形杆菌,接种环,酒精灯。

(2) 试剂:无菌乙酸铅培养基,无菌枸橼酸铁氨培养基。

(3) 仪器:恒温培养箱。

【步骤与方法】

将待检细菌大肠埃希菌与普通变形杆菌以接种针穿刺接种到乙酸铅或枸橼酸铁氨培养基中,37℃培养 24h,观察结果。

【结果分析】

大肠埃希菌为阴性(培养基不变色);普通变形杆菌为阳性(培养基变黑)。

【注意事项】

应注意无菌操作。

(六) 枸橼酸盐利用试验

【实验原理】

枸橼酸盐培养基中唯一的碳源为枸橼酸钠,唯一氮源为磷酸二氢铵。某些细菌如产气肠杆菌能在枸橼酸盐培养基生长,可以利用枸橼酸钠为碳源,分解枸橼酸盐产生苯酚盐,培养基变为碱性,培养基中的溴麝香草酚蓝指示剂由绿色变为深蓝色。不能利用枸橼酸盐为碳源的细菌,在该培养基不生长,培养基不变色。

【材料、试剂与仪器】

(1) 材料:大肠埃希菌,福氏志贺菌,黏质沙雷菌,产酸克雷伯菌,接种环,酒精灯。

(2) 试剂:无菌枸橼酸盐培养基。

(3) 仪器:恒温培养箱。

【步骤与方法】

取待检细菌大肠埃希菌、福氏志贺菌、黏质沙雷菌、产酸克雷伯菌分别接种到枸橼酸盐培养基上,37℃培养 24h 后,观察结果。

【结果分析】

培养基变深蓝色者为阳性。培养基不变色,则继续培养 7d,培养基仍不变色者为阴性。大肠埃希菌:阴性;福氏志贺菌:阴性;黏质沙雷菌:阳性;产酸克雷伯菌:阳性。

【注意事项】

应注意无菌操作。

(七) 尿素酶试验

【实验原理】

某些细菌含有尿素酶,能分解尿素产生氨,使培养基变碱性,培养基中的酚红指示剂变红色。

【材料、试剂与仪器】

(1) 材料:大肠埃希菌,普通变形杆菌,接种环,酒精灯。

(2) 试剂:无菌尿素培养基。

(3) 仪器:恒温培养箱。

【步骤与方法】

将被检细菌大肠埃希菌与普通变形杆菌分别接种到尿素培养基中,37℃培养 24h。

【结果分析】

大肠埃希菌:阴性(培养基不变色);普通变形杆菌:阳性(培养基变红色)。

【注意事项】

应注意无菌操作。

(八) 三糖铁试验

【实验原理】

三糖铁培养基含有乳糖、蔗糖和葡萄糖的比例为 10:10:1 与酚红指示剂,只能利用葡萄糖的细菌,葡萄糖被分解产酸可使斜面先变黄(酚红指示剂酸性为黄色,碱性为红色),但因葡萄糖含量少,生成的酸量少,因接触空气而氧化,加之细菌利用培养基中含氮物质,生成碱性产物,使斜面又变红。底部由于是在厌氧状态下,酸类不被氧化,所以仍保持黄色。而发酵乳糖的细菌,则产生大量的酸,使整个培养基呈现黄色。如培养基接种后产生黑色沉淀,是因为某些细菌能分解含硫氨基酸(胱氨酸、半胱氨酸等),生成硫化氢,硫化氢和培养基中的铁盐反应,生成黑色的硫化亚铁沉淀。

【材料、试剂与仪器】

(1) 材料:大肠埃希菌,痢疾志贺菌,伤寒沙门菌,接种环,酒精灯。

(2) 试剂:无菌三糖铁培养基。

(3) 仪器:恒温培养箱。

【步骤与方法】

以接种针挑取待检细菌大肠埃希菌、痢疾志贺菌与伤寒沙门菌接种于三糖铁培养基:先底层穿刺,再涂布于培养基斜面,置37℃培养24h,观察结果。

【结果分析】

大肠埃希菌:上层为黄色,底层为黄色,并且有气泡生成。

痢疾志贺菌:上层为红色,底层为黄色。

伤寒沙门菌:上层为红色,底层为黄色,底层变黑。

【注意事项】

在培养基接种细菌前应观察有无气泡的存在,若有气泡不宜接种细菌。注意无菌操作。

【思考题】

(1) 细菌代谢产物检查的临床意义是什么?

(2) 在判定细菌代谢产物检查实验的结果时应注意什么?

(付玉荣)

实验七 细菌分布及人体细菌的检查

【实验目的】

了解细菌的分布与人体细菌的常用检查方法。

【实验原理】

细菌在自然界的分布非常广泛,空气、水、土壤等和正常人体的体表及与外界相通的腔道中都存在着大量的细菌。通过对这些环境中细菌的检查,认识无菌操作对于医学实践的重要性。

(一) 实验室空气中细菌的检查

【材料与仪器】

(1) 材料:普通琼脂平板。

(2) 仪器:恒温培养箱。

【步骤与方法】

将打开盖子的无菌普通琼脂平板在实验室空气中暴露10min后盖上盖子,放37℃温箱中培养24h,观察结果。

【结果分析】

培养基表面有或多或少的菌落生长,比较菌落性状的差异,并分析原因。

(二) 自来水中细菌的检查

【材料与仪器】

(1) 材料:实验室自来水,普通琼脂平板,无菌滴管,5ml 无菌试管,接种环,酒精灯。

(2) 仪器:恒温培养箱。

【步骤与方法】

将实验室自来水水龙头用酒精灯烧灼约 1min,开放水龙头 3min,用无菌试管接 2ml 自来水;用无菌滴管取 2 滴自来水滴在普通琼脂平板上,用灭菌接种环划线分离;将上述接种好的培养基放在放 37℃ 温箱中培养 24h,观察结果。

【结果分析】

培养基表面有或多或少的菌落生长,比较菌落性状的差异,并分析原因。

(三) 皮肤上细菌的检查

【材料、试剂与仪器】

(1) 材料:普通琼脂平扳。

(2) 试剂:2.5%碘酒,75%乙醇溶液。

(3) 仪器:恒温培养箱。

【步骤与方法】

取一个普通琼脂平板,用铅笔将其平板均分为 5 格,标明 1、2、3、4、5,第 1 格做空白对照,第 2 格用未洗手的手指、第 3 格用洗过手的手指、第 4 格用 2.5% 碘酒消毒的手指、第 5 格用 75% 乙醇溶液消毒的手指分别涂抹局部,在 37℃ 温箱中孵育 24h 后观察结果。

【结果分析】

培养基表面有几种大小及形态不同的菌落生长,比较菌落性状的差异,并分析原因。

(四) 咽喉部细菌的检查

【材料与仪器】

(1) 材料:普通琼脂平板,无菌棉拭子,接种环,酒精灯。

(2) 仪器:恒温培养箱。

【步骤与方法】

在正常人咽喉部用无菌棉拭子取材;无菌操作涂在普通琼脂平板上,用灭菌的接种环划线分离;置 37℃ 温箱培养 24h 观察结果。

【结果分析】

培养基表面有几种大小及形态不同的菌落生长,比较菌落性状的差异,并分析原因。

(五) 鼻腔中细菌的检查

【材料与仪器】

(1) 材料:普通琼脂平板,无菌棉拭子,5ml 试管,3ml 移液管,无菌滴管,接种环,酒精灯,无菌生理盐水。

(2) 仪器:恒温培养箱。

【步骤与方法】

取 2ml 无菌生理盐水加入试管中,将无菌棉拭子在生理盐水中蘸湿;用湿棉拭子在鼻腔内缓慢滚动 4 次;将棉拭子浸入试管中搅拌 3~5 下;用无菌滴管吸 2 滴加入普通琼脂平板中,用划线法分离;将上述接种好的培养基放在放 37℃ 温箱中培养 24h,次日观察结果。

【结果分析】

培养基表面有几种大小及形态不同的菌落生长,比较菌落性状的差异,并分析原因。

【思考题】

(1) 人体不同部位常见的正常菌群种类有哪些?

(2) 正常菌群对人体健康的意义是什么?

(付玉荣)

实验八　消毒与灭菌方法

【实验目的】

掌握常用消毒与灭菌方法的原理与步骤。

(一) 高压蒸汽灭菌法

【实验原理】

高压蒸汽灭菌是将待灭菌物品放在一个密闭的加压灭菌锅内,通过加热,使灭菌锅隔套间的水沸腾而产生蒸汽。待水蒸气将锅内的冷空气从排气阀中驱尽后,关闭排气阀,继续加热,不能溢出的蒸气增加了灭菌器内的压力,从而使沸点增高(高于 100℃),导致菌体蛋白质凝固变性而达到灭菌的目的(常用灭菌条件:103.4kPa,121.3℃,20min)。不仅可杀死一般细菌,对细菌芽胞也有杀灭效果,是最可靠、应用最普遍的物理灭菌法。适用于耐热物品的灭菌。

【材料与仪器】

(1) 材料:待灭菌物品、化学指示剂(用于灭菌效果分析)。

(2) 仪器:高压蒸汽灭菌器。

【步骤与方法】

(1) 首先将内层灭菌桶取出,再向外层锅内加入适量的水,使水面与三角搁架相平为宜。放回灭菌桶,并装入待灭菌物品。

(2) 加盖,并将盖上的排气软管插入内层灭菌桶的排气槽内。再以两两对称的方式同时旋紧相对的两个螺栓,使螺栓松紧一致,勿使漏气。

(3) 插上电源加热,并同时打开排气阀,使水沸腾以排除锅内的冷空气。待冷空气完全排尽后,关上排气阀,让锅内的温度随蒸汽压力增加而逐渐上升。当锅内压力升到所需压力 103.4kPa 时,维持 121.3℃,灭菌 20min。

(4) 灭菌所需时间到后,切断电源,让灭菌锅内温度自然下降,当压力表的压力降至 0 时,打开排气阀,旋松螺栓,打开盖子,取出灭菌物品。如果压力未降到 0 时打开排气阀,就会因锅内压力突然下降,使容器内的液体由于内外压力不平衡而冲出烧瓶口或试管口而发生污染。

【结果分析】

压力、温度和时间达到要求时,指示带上和化学指示剂即应出现已灭菌的色泽或状态。此方法不仅可杀死一般细菌,对细菌芽胞也有杀灭效果。

【注意事项】

灭菌物品不要装得太挤,以免妨碍蒸汽流通而影响灭菌效果。应每次检查高压蒸汽灭菌器安全阀的性能,确保安全使用。

(二) 紫外线消毒法

【实验原理】

细菌吸收紫外线后,一条 DNA 链上两相邻的胸腺嘧啶以共价键结合,形成二聚体,干扰DNA 的复制与转录,达到杀菌的目的。紫外线的杀菌波长范围一般为 $240\sim300nm$,其中 $260\sim266nm$ 时 DNA 吸收最多,杀菌能力最强,但是由于紫外线的穿透能力很弱,所以只适于空气和物体表面的灭菌,而且要求距照射物以不超过 $1.2m$ 为宜。

【材料、试剂与仪器】

(1) 材料:大肠埃希菌,普通琼脂平扳,无菌镊子,无菌"H"形黑纸片,接种环,酒精灯。

(2) 试剂:75%乙醇溶液。

(3) 仪器:紫外线灯,恒温培养箱。

【步骤与方法】

(1) 密集划线接种大肠埃希菌于无菌普通琼脂平板表面。

(2) 用无菌镊子轻轻将无菌"H"形黑纸片贴在平板中央部分。

(3) 打开平板盖子,将普通琼脂平板表面置于紫外灯下约 50cm 处,照射 30min。

(4) 把"H"形黑纸片取出放入 75% 乙醇溶液中,将平板盖盖好放入 37℃ 温箱中孵育 24h 后,观察结果。

【结果分析】

紫外线穿透力不强,任何纸片、塑料等都会大幅降低照射强度。"H"形黑纸片遮盖部位有细菌生长(图 1-3-17)。

【注意事项】

紫外线对人体有害,在进行紫外线消毒时,应做好个体防护,特别是眼睛部位的防护。

图 1-3-17 紫外线消毒效果

(三) 碘酒消毒法

【实验原理】

碘酒是游离状态的碘和乙醇溶液的混合物。游离状态的碘原子是络合碘,有超强氧化作用,可以破坏病原体的细胞膜结构及蛋白质分子。乙醇溶液具有较强的穿透力和杀菌力,它使细菌蛋白质变性,使用浓度一般为 75%。处理时间 $15\sim30s$,不宜太长,因为细胞容易收缩脱水。它具有浸润和灭菌的双重作用,适用于表面消毒,但不能达到彻底的灭菌,必须结合其他药剂灭菌。

【材料、试剂与仪器】

(1) 材料:普通琼脂平扳。

(2) 试剂:2.5%碘酒。

(3) 仪器:恒温培养箱。

【步骤与方法】

将一个普通琼脂平板分为 4 格,第 1 格做空白对照,第 2 格用未洗手的手指、第 3 格用洗过手的手指、第 4 格用 2.5% 碘酒消毒的手指分别涂抹平板培养基的局部,在 37℃ 温箱中孵育 24h 后观察结果。

【结果分析】

培养基表面有几种大小及形态不同的菌落生长,比较菌落性状的差异,并分析原因。

【注意事项】

(1) 如手指有伤口,伤口内部的脂肪会与碘起反应,生成化学合成物而使其失效,因此不可直接使用碘酒。

(2) 对碘过敏的人可引起严重的发热与全身性皮疹反应,应禁止使用碘酒。

【思考题】

(1) 不同消毒与灭菌方法杀菌的机制是什么?

(2) 适用于人体体表消毒的方法有哪些?

(付玉荣)

实验九　细菌药物敏感性试验与耐药性检测

【实验目的】

掌握测定细菌对药物的敏感程度的实验方法,并能判定该细菌对某种药物的敏感程度。

【实验原理】

本实验所用的方法为 Bauer-Kirby 法,即常用的纸片法,是美国 NCCLS(nationalcommittee for clinical laboratory standards)纸片扩散法敏感实验分委会所推荐的标准方法,此法是目前公认的标准实验方法。其原理是将干燥的含有定量抗菌药物的纸片(药敏纸片)贴在已接种待检菌的琼脂平板表面特定部位,该点称为抗菌药源。经培养后,可在纸片周围出现无细菌生长区,称抑菌环。抑菌圈的大小可以反映待检菌对测定药物的敏感程度,并与该药对待检菌的最低抑菌浓度(minimal inhibitory concentration, MIC)呈负相关,即抑菌圈越大,MIC 越小。测量抑菌环的大小,即可判定该细菌对某种药物的敏感程度。

【材料、试剂与仪器】

(1) 材料:分别含各种抗生素的直径 0.6cm 的圆形纸片(青霉素、链霉素、红霉素、庆大霉素、卡那霉素),金黄色葡萄球菌分离培养物,大肠埃希菌分离培养物,普通琼脂平板培养基(pH 7.2,90mm 内径的平板须倾注 25~30ml,使琼脂厚度为 4mm)。

(2) 试剂:乙醇溶液。

(3) 仪器:恒温培养箱。

【步骤与方法】

(1) 取琼脂平板两个,每个平板分为五等份,做好相应标记。

(2) 在两个琼脂平板培养基表面,用接种环分别密涂金黄色葡萄球菌和大肠埃希菌,以便生长出均匀的菌苔(注意不要划破培养基)。涂布三次,每次平板旋转 60°角,最后沿平板内缘涂抹一周,盖上皿盖,置室温干燥 3~5min。

(3) 用小镊子以无菌操作技术先夹取一无菌不含抗生素的滤纸片平贴于平板中央,再分别夹取含抗生素的各种滤纸片平贴于各相应区中央,并轻轻按压贴紧。各纸片中心距离不小于 24mm,纸片距平板内缘应大于 15mm,纸片贴牢后避免移动,因为有些药物立即就可扩散于琼脂内。盖上皿盖,做好标记(注明班级、姓名、日期等),放于 35℃ 培养箱中培养 18h。

(4) 平板经室温放置 15min,再置 37℃ 温箱培养 24h,阅读结果,观察各种抗生素的抑菌情况。

【结果分析】

抑菌程度判定:依照滤纸片周围细菌的生长与抑菌圈直径大小来判定,见表 1-3-1 与表 1-3-2。

表 1-3-1　抑菌程度判定表

对药物的敏感度	抑菌环直径/mm	对药物的敏感度	抑菌环直径/mm
高度敏感	>15	轻度敏感	<10
中度敏感	10~15	不敏感(耐药)	无抑菌环

表 1-3-2　常用几种抗生素的浓度表

抗生素名称	浓度/每 ml	标记字样/符号
青霉素	200U	青(P)
链霉素	1mg	链(S)
红霉素	1mg	红(E)
卡那霉素	200U	卡(K)
庆大霉素	40U	庆(G)

【注意事项】

(1) 制备的平板培养基使用时应放于 35℃ 温箱中 30min 去除过多的水分,以免影响抗菌药物的扩散。平皿中培养基的厚度要固定,以 4mm 深度为宜。培养基的酸碱度以 pH 7.2~7.4 为最适宜。

(2) 接种细菌后应在室温放置片刻,待菌液被培养基吸收后,再贴纸片;但不宜放置太久,否则在贴纸片前细菌已开始生长可使抑菌圈缩小。培养温度为 35℃ 为宜。堆放实验平板不超过两个,使其受热均匀。

(3) 测量抑菌量应仔细、精确,从生长刺激带测量。

【思考题】

培养基的厚度和酸碱度对抑菌圈的大小有什么影响?

(孙秀宁)

实验十　细菌的遗传变异检测

【实验目的】

(1) 了解细菌变异的现象。

（2）了解细菌质粒与细菌变异及医学实践的关系。

细菌的变异现象观察

（一）细菌的鞭毛变异

【实验原理】

细菌的鞭毛变异属于形态变异的一种,有鞭毛的细菌,如变形杆菌在含有 0.1% 苯酚的培养基中能够生长,但其鞭毛的形成受到抑制。

有鞭毛的变形杆菌在琼脂平板表面生长时,向四周扩散生长,形成一接种部位为中心的厚薄交替,同心圆型的层层波浪状菌苔,称为迁徙生长现象。根据这一特征,很容易判断其是否发生了鞭毛变异。

细菌的这种鞭毛变异属于非遗传变异,如将失去鞭毛的变形杆菌重新接种在无苯酚的培养基中,又可形成鞭毛。

【材料】

0.1% 苯酚,变形杆菌在琼脂斜面 18~24h 培养物,普通琼脂平板(含 0.1% 苯酚的琼脂平板各一块),接种环,酒精灯。

【步骤与方法】

（1）分别在琼脂平板和 0.1% 苯酚的琼脂平板中央点变形杆菌。

（2）37℃ 孵箱孵育 24h 后观察有无迁徙生长现象。

（二）细菌的耐药性变异

【实验原理】

细菌的耐药性变异可由非遗传性生理适应引起,当药物出去后,细菌的耐药性消失,也可通过基因突变、重组或获得带有耐药基因的质粒这三种遗传性机制中的任何一种获得耐药性。这三种类型除去药物后,细菌仍然获得耐药性,而且可以遗传。

【材料】

金黄色葡萄球菌对青霉素敏感株和耐药株 18~24h 培养物,普通琼脂平板,含青霉素无菌滤纸片。

【步骤与方法】

（1）将耐药株和敏感株金黄色葡萄球菌分别均匀接种在两块普通琼脂平板上。

（2）将无菌的含青霉素滤纸片分别置于两块平板中央。

（3）置 37℃ 培养 24h 后,观察滤纸片周围抑菌环的大小情况。

（三）细菌的 L 型变异

【实验原理】

细菌在溶菌酶或抗生素等作用下,可失去部分或全部细胞壁成分而继续存活,称为细菌的 L 型。典型的 L 型菌落呈油煎蛋状,细菌形成 L 型后其形态、结构、抗原性、生化反应及致病性等方面均发生明显变异。

【材料】

L 型培养基,金黄色葡萄球菌肉汤培养基,新青霉素 Ⅱ 药物滤纸片(每片含药物为

40μg),革兰染液和细胞壁染液。

【步骤与方法】

(1) 吸取金黄色葡萄球菌菌液 0.05ml 涂布于 L 型平板表面,取青霉素Ⅱ药物滤纸片一张贴于平板中央,置 37℃ 培养。

(2) 低倍镜下逐日观察滤纸片周围抑菌环内有无油煎蛋状小菌落出现。

(3) 取 L 型菌落涂片,分别做革兰染色和细胞壁染色,油镜观察,同时,以原菌作为对照,比较有何差异。

(四) R 质粒接合传递试验

【实验原理】

某些已获得耐药性的细菌(如痢疾杆菌)带有可传递的耐药性质粒-R 质粒。通过接合可将此质粒传递给敏感菌(如大肠杆菌),使后者也获得耐药性。本试验的供、受体菌各自单独在含有氯霉素+利福平两种药物的中国蓝平板上均不能生长。只有经接合,痢疾杆菌将耐药性质粒传给大肠杆菌后,受体菌获得了供体菌的耐药性,才能在含药物的中国蓝平板上长出菌落。

【材料】

耐药痢疾杆菌 Di5 菌株(耐四环素、氯霉素、链霉素),大肠杆菌(耐利福平),肉汤培养基,中国蓝平板,含有药物的中国蓝平板,内含氯霉素 20μg/ml,利福平 100μg/ml。

【步骤与方法】

(1) 细菌的活化:①将供、受体菌分别接种于中国蓝平板上,37℃ 过夜;②再将中国蓝平板上的两种菌分别转种于 1ml 肉汤中,37℃ 培养 5~6h。

(2) 接合:①吸取供、受体菌各 0.1ml 于 1ml 肉汤中混匀,37℃ 水浴中接合 2h;②在含氯霉素+利福平的中国蓝平板上,按图 1-3-18 涂开 0.05ml 接合菌、受体菌和供体菌,置 37℃ 培养过夜。观察并记录生长情况。

图 1-3-18　R 质粒接合传递试验接种范围

【结果分析】

细菌的变异现象可能属遗传变异,也可能属表型变异。判断究竟是何种型别的变异必须通过对遗传物质的分析以及传代后才能区别。一般如属表型变异,培养环境条件改变后也会发生改变;如属基因型变异则不易随环境变化而变化。例如细菌的鞭毛变异属于非遗传变异,如将失去鞭毛的变形杆菌重新接种在无苯酚的培养基中,又可形成鞭毛。

【注意事项】

细菌形成 L 型后其形态、结构、抗原性、生化反应及致病性等方面均发生明显变异。

【思考题】

(1) 有一名临床怀疑为败血症的患者,反复常规细菌培养阴性,从变异的角度应考虑哪些问题?

(2) 在医疗工作中如何预防细菌耐药性的产生?

(王红艳)

实验十一 化脓性球菌的检测

【实验目的】

（1）掌握葡萄球菌、链球菌、肺炎链球菌、脑膜炎球菌形态及染色性。

（2）掌握葡萄球菌、链球菌在普通平板及血平板上的培养特性。

（3）掌握血浆凝固酶实验、抗链球菌溶血素 O 实验的原理及意义。

（4）了解脓汁标本中病原球菌的分离与鉴定方法。

（一）球菌的形态观察

显微镜下观察葡萄球菌（图 1-3-19）、链球菌（图 1-3-20）、肺炎链球菌（图 1-3-21）、脑膜炎球菌（图 1-3-22）的革兰染色标本片，注意其形态、大小、染色性及排列特征。

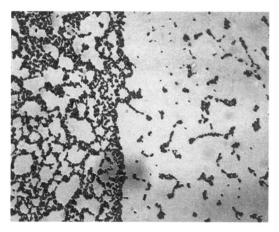

图 1-3-19 葡萄球菌（革兰染色）

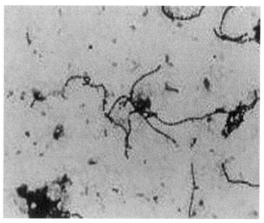

图 1-3-20 链球菌（革兰染色）

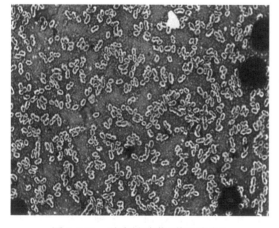

图 1-3-21 肺炎链球菌（革兰染色）

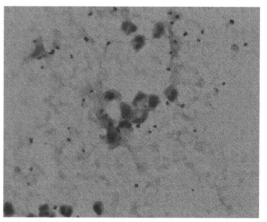

图 1-3-22 脑膜炎球菌（革兰染色）

（二）球菌的菌落观察

（1）葡萄球菌在普通平板上的菌落观察。

（2）链球菌在血平板上的菌落观察。

(三) 凝固酶试验

【实验原理】

能使含有枸橼酸钠或肝素抗凝剂的人或兔血浆发生凝固的酶类物质。凝固酶有两种：一种是分泌至菌体外的蛋白质称为游离凝固酶,作用类似凝血酶原物质,当被人或兔血浆中的协同因子激活后,成为凝血酶样物质,从而使液态的纤维蛋白原变为固态的纤维蛋白,导致血浆凝固;另一种是凝聚因子又称结合凝固酶,不释放、结合于菌体表面,是该菌株的表面纤维蛋白原受体,当细菌混悬于人或兔血浆时,血浆的纤维蛋白原与细菌的受体交联而使细菌凝聚。致病性葡萄球菌能产生凝固酶,检测此种酶的试验,常用于鉴定葡萄球菌的致病力,以区别非致病性葡萄球菌。

A. 玻片法

【材料】

金黄色葡萄球菌、表皮葡萄球菌琼脂斜面 18~24h 培养物,1:2 人或兔血浆,生理盐水、玻片、接种环。

【步骤与方法】

(1) 取载玻片一张,用蜡笔分成三等份。

(2) 于第一格、二格内滴加入血浆各 1 滴,于第三格内滴加生理盐水 1 滴。

(3) 取金黄色葡萄球菌斜面培养物少许,分别混悬于第三格及第一格内,取表皮葡萄球菌混悬于第二格内,分别研磨混匀,静置 2~3min(图 1-3-23)。

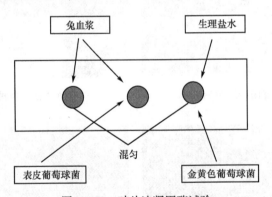

图 1-3-23　玻片法凝固酶试验

【结果分析】

第三格和第二格中细菌呈出均匀混浊,而第一格中细菌呈现块装或颗粒状凝固现象,即判定为血浆凝固酶阳性。

B. 试管法

【材料】

金黄色、表皮葡萄球菌琼脂斜面 18~24h 培养物,1:2 人或兔血浆,生理盐水、试管、接种环。

【步骤与方法】

(1) 吸取 1:4 稀释的兔血浆放于两支灭菌小试管中,每管 0.5ml。

(2) 用灭菌接种环沾取葡萄球菌培养物一满环,在一小试管内壁徐徐研磨使成均匀悬液;另一试管作为对照。

（3）将两试管放在37℃水浴箱中,每0.5h观察一次结果,观察至4h。

【结果分析】

观察时试管倾斜,凡血浆呈现胶冻样凝集者即为阳性,仍呈液状者为阴性。

（四）触酶试验

【实验原理】

触酶又称过氧化氢酶,具有过氧化氢酶的细菌,能催化过氧化氢成为水和原子态氧,继而形成氧分子,出现气泡。

【材料】

3%过氧化氢水溶液(新鲜配制),载玻片。

【步骤与方法】

用接种环挑取固体培养基上的菌落,置于洁净的试管内或载玻片上,加过氧化氢溶液数滴,观察结果。

【结果分析】

于半分钟内有大量气泡产生者为阳性,不产生气泡者为阴性。绝大多数细菌均产生过氧化氢酶,但链球菌属的触酶试验为阴性,故常用此实验来鉴别葡萄球菌和链球菌。

【注意事项】

此试验不宜用血平板上的菌落,因红细胞内含有此酶,会出现假阳性。此外,陈旧培养物可丢失触酶活性。

（五）抗链球菌溶血素O试验(简称抗O试验)

【实验原理】

乙型溶血性链球菌产生溶血毒素O(streptolysin O,SLO)是一种含—SH基的蛋白质,能溶解红细胞,不耐热,对氧敏感,如与空气接触稍久,即失去溶血能力,借还原剂的作用,将氧除去,可重新恢复溶血能力。SLO具有很强的抗原性。人受溶血性链球菌感染后2~3周就能产生抗SLO(anti-SLO,ASO)抗体。此种抗体能中和SLO,直至病愈后数月至年余才消失。因此凡查见患者血清中SLO的抗体效价显著增高者,可认为最近受过或反复受过溶血性链球菌的感染,如患风湿及急性肾小球肾炎等。本试验要求掌握抗O试验的原理及其在临床检验中的意义。

【材料】

待检患者血清(56℃灭活30min,按照试剂盒要求用生理盐水稀释),抗链O试剂盒一套,黑色反应板。

【步骤与方法】

（1）在黑色反应板的三个凹中分别滴加待检患者血清、阴性和阳性对照血清各一滴,再各滴加SLO一滴,轻轻敲打约2min,使其充分混匀。

（2）各凹分别滴加溶血素O胶乳一滴,敲打混匀,约7~10min观察结果。

【结果分析】

出现清晰凝集者为阳性,相当于1∶400单位以上,不出现凝集者为阴性。

（六）胆汁(胆盐)溶菌试验

【实验原理】

肺炎链球菌可以自身产生自溶酶,一般培养 24h 后菌体可以发生自溶形成脐状菌落。自溶酶可以被胆汁所激活加速细菌的自溶速度使菌群自溶消失。

【材料】

10% 去氧胆酸钠或纯牛胆汁,生理盐水,无菌 5ml 试管,无菌 1ml 移液管,接种环,酒精灯。

【步骤与方法】

(1) 取灭菌小试管两支,每管加生理盐水 0.9ml,用灭菌接种环沾取试验菌 18~24h 培养物分别在两支小试管内制成均匀的菌悬液。然后,其中一支加 10% 去氧胆酸钠溶液 0.1ml(或纯牛胆汁 0.2ml),另一支再加生理盐水 0.1ml 作为对照。

(2) 摇匀,置 37℃ 水浴箱,10~15min 观察结果。若加胆酸盐(或加牛胆汁)管内的菌悬液变成透明,对照管仍混浊者为阳性。

【结果分析】

若加胆酸盐(或加牛胆汁)管内的菌悬液变成透明,对照管仍混浊者为阳性。

（七）脓汁中病原球菌的检查程序

【材料与试剂】

(1) 材料:脓汁(取自可疑化脓性球菌感染患者)或血液(取自可疑为败血症患者),血琼脂平板,家兔血清,生理盐水,载物玻片,小试管。

(2) 试剂:革兰染色液,去氧胆酸钠溶液(10%)。

【步骤与方法】

1. 标本采集

(1) 一般用无菌棉棒(拭子)采取脓汁及病灶分泌物。

(2) 取材如遇深部脓肿时,用碘酒及酒精棉球消毒患部皮肤,然后再以无菌棉拭子采取溃疡深处的分泌物。

(3) 采取脓肿处的脓汁,如怀疑有厌氧菌,最好用注射器抽取脓汁立即送检。

(4) 标本采取后应及时检查,如不能立即检验应置冰箱中保存,以防杂菌污染。

(5) 对可疑为败血症的患者,按无菌操作采血 5ml,立即注入葡萄糖肉汤培养基内增菌,12~18h 后再作分离培养。

2. 肉眼观察　观察脓汁性状、色调、有无恶臭气味等,如脓汁带绿色时,可能有绿脓杆菌的感染,如有恶臭气味可能有厌氧菌感染。

3. 染色镜检　将脓汁直接涂片用革兰染色观察细菌形态、排列及染色性,在涂片上通常可见到革兰阳性暗紫色的球菌散在于蔷薇色的白细胞之间或其中。

4. 分离培养　将脓汁(或血液增菌材料)划线接种于血琼脂平板上,置 37℃ 培养 18~24h,观察划线上的菌落是一种或几种,有无溶血环。用接种环选取典型菌落作涂片,革兰染色,镜检,观察形态及染色性,结合菌落特点及涂片检查,即可初步识别。将菌落的剩余部分移种于普通琼脂(或血液琼脂)斜面上,以便获得大量纯种细菌做进一步的检查。

(1) 若菌落较大(2~3mm),溶血、不透明、产生金黄色色素,涂片染色呈革兰阳性,中等大小球菌,葡萄状排列(或散在)则疑有葡萄球菌。然后再经纯种移植,做血浆凝固酶试验和甘露醇发酵试验,确定其致病力。

(2)若菌落较小(<1mm),半透明,完全溶血,涂片染色革兰阳性,散在或呈链状排列的球菌,为溶血性链球菌。

(3)若呈草绿色溶血时,为甲型溶血性链球菌,但应做胆汁(胆盐)溶解试验和菊糖发酵试验与肺炎球菌相鉴别。

【思考题】

(1)如何分离鉴定脓汁中的病原性球菌?

(2)比较肺炎链球菌与甲型溶血性链球菌的异同点。

(王红艳)

实验十二 肠道杆菌的检测

【实验目的】

(1)掌握肠道杆菌肠道鉴别培养基上菌落的特征。

(2)熟悉肠道杆菌的生化反应及动力情况。

(3)掌握伤寒杆菌的血清学诊断方法。

(一)常用肠道杆菌鉴别培养基及主要生化反应培养基

1. 肠道杆菌鉴别培养基 根据肠道致病菌一般不分解乳糖这一特点,在肠道鉴别培养基中加有乳糖及指示剂,发酵乳糖的细菌产酸,使 pH 降低,指示剂改变颜色,有利于鉴别细菌。

(1)麦康克培养基:呈微红色,指示剂是中性红,大肠杆菌在此培养基上因发酵乳糖菌落呈红色,致病菌菌落为无色透明。

(2)伊红亚甲蓝培养基:指示剂是伊红与亚甲蓝,大肠杆菌因能分解乳糖产酸,使培养基 pH 下降,伊红与亚甲蓝相结合成一种复合物,故菌落呈紫黑色或紫红色,并有金属光泽。碱性环境中伊红与亚甲蓝不结合,病原菌不分解乳糖,不产酸故菌落为无色半透明。其次,伊红、亚甲蓝有抑制革兰阳性菌生长的作用。

(3)志沙(salmonella shigella agar,SS)培养基:中性红在培养基中起指示剂作用,大肠杆菌能迅速分解乳糖产酸与胆盐结合成胆酸,故菌落是红色;病原菌不分解乳糖,故菌落为微黄色或无色。硫代硫酸钠有缓和胆盐对志贺菌及沙门菌的有害作用并中和煌绿、中性红染料的毒性。胆盐、枸橼酸盐对革兰阳性细菌及多数大肠埃希菌有较强的抑制作用。

(4)中国蓝培养基:指示剂是中国蓝,在碱性时菌落呈红色,酸性时菌落呈深蓝色。

2. 主要生化反应培养基

(1)单糖发酵管指示剂是溴甲酚紫,单糖为葡萄糖、乳糖、麦芽糖、甘露醇和蔗糖,常用红、黄、蓝、白、黑五种颜色代表以上五种糖。若细菌分解糖类产酸时,培养基由紫色变黄色。

(2)双糖铁培养基(图 1-3-24)培养基的下层为含有葡萄糖和硫酸亚铁的半固体培养基,可以观察细菌的动力、对葡萄糖的分解能力及是否产生硫化氢(H_2S),若产生 H_2S,硫酸亚铁可与产生的 H_2S 作用,生成 FeS 使培养基变黑色。

上层为含有乳糖的固体斜面培养基,主要观察细菌对乳糖的分解能力;培养基的上层

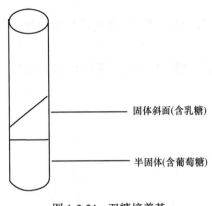

图 1-3-24 双糖培养基

和下层的指示剂均为酸性复红,酸性时呈红色,碱性时呈微黄色。

(二) 肥达试验

【实验原理】

人患伤寒或副伤寒后,血清中产生特异性抗体,此抗体在体外与相应细菌结合时,能使细菌发生凝集,肥达试验就是根据凝集反应的原理,用已知的伤寒沙门菌的鞭毛和菌体抗原(O 与 H)、甲型副伤寒沙门菌鞭毛抗原(PA)、乙型副伤寒菌鞭毛抗原(PB)与不同稀释度的患者血清做定量凝集反应,测定患者血清抗体的含量,协助诊断伤寒和副伤寒。

【材料】

患者血清,已知抗原菌液:伤寒沙门菌 H、O 抗原菌液,甲型副伤寒沙门菌鞭毛抗原(PA),乙型副伤寒菌鞭毛抗原(PB),有机玻璃凹板、生理盐水、小瓶、滴管、试管架等。

【步骤与方法】

(1) 稀释患者血清

1) 小瓶内加入 1:10 稀释的待检患者血清 12 滴,再加生理盐水 12 滴,混匀后加入第一列,每凹各 3 滴。

2) 再向小瓶内加生理盐水 12 滴,混匀后加入第二列,每凹各 3 滴。

3) 重复以上做法,直到第五列。

(2) 第六列每凹加入生理盐水各 3 滴。

(3) 每一排各凹加同一种抗原 3 滴(图 1-3-25)。

(4) 摇匀后放入 45℃ 孵育箱 1.5h。

(5) 静置实验台上 10min 后观察结果。

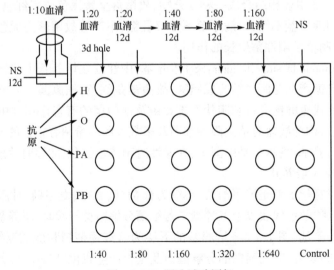

图 1-3-25 肥达试验图解

【结果分析】

(1) 观察前切勿摇动凹板,以免凝块分散。先看对照凹,此凹应无凝集现象,凹内溶液仍呈混浊状态(但如放置时间较长,细菌自然下沉,上清液也呈透明,轻轻摇动即呈现混浊状)。

(2) 试验凹自第 1 凹看起,如有凝集(阳性反应)可呈絮状或颗粒状。其凝集的强弱可用抗原"+ ~++++"号表示如下:

(++++):细菌全部凝集,液体澄清,有大片状,边缘不整齐的凝集块。

(+++):细菌绝大部分凝集,液体有轻度混浊,凝集块较小些。

(++):细菌部分沉淀于管底,液体半澄清,凝集块呈颗粒状。

(+):细菌仅少量凝集,液体混浊。

(-):不凝集,液体混浊与对照凹相似。

(3) 记录结果并判定凝集效价。通常以能产生明显凝集(++)的血清最大稀释倍数做为该血清的凝集效价。

【注意事项】

(1) 首先应了解当地正常人效价,凝集价超过正常凝集价才有诊断意义。

(2) 曾接种过伤寒菌苗者,血清中含有凝集素。由于 H 凝集素在血内保持时间较久,O 凝集素较短,所以曾注射菌苗者 O 凝集价在诊断上比较重要。

(3) 真正的伤寒患者 O 凝集素出现常较 H 凝集素为早,存在于血清内时间较短;H 凝集素产生较慢但效价较高,存在时间较长,可达数年。

(4) 过去曾接种过伤寒菌苗或患过伤寒病,近期又感染流感或布鲁菌病时,可产生高效价的 H 凝集素及较低的 O 凝集素,此种反应称为非特异回忆反应,其他如结核病、败血症、斑疹伤寒、肝炎等也可出现类似反应。

(5) 确诊为伤寒的患者中,约有 10% 肥达试验始终为阴性,故阴性结果不能完全排除伤寒的诊断。

(6) 采血时间不同,肥达试验的阳性率也不同,发病第一周 50%,第二周 80%,第四周90% 以上。恢复期凝集价最高,以后逐渐下降。一般以双份血清(急性期和恢复期)对比,凝集价有明显上升者(4 倍以上)作为新近感染的指征。

【思考题】

(1) 将肠道杆菌在鉴别培养基和生化反应培养基中的生长情况记录在下列表中。

肠道杆菌	鉴别培养基	双糖	葡萄糖	乳糖	麦芽糖	甘露醇	蔗糖	H_2S

(2) 什么叫肥达试验? 分析并解释下面肥达试验结果:甲、乙二患者,病程 12d,其中甲患者今年未进行预防接种,见下表。

患者	伤寒 H	伤寒 O	副伤寒甲	副伤寒乙
甲	1∶1280	1∶640	1∶40	1∶20
乙	1∶40	1∶40	1∶20	1∶20
丙	1∶160	1∶160	1∶80	1∶40

（王红艳）

实验十三　厌氧培养法及厌氧芽胞梭菌的检测

【实验目的】

（1）了解厌氧培养法及其原理。

（2）认识破伤风梭菌、产气荚膜梭菌和肉毒梭菌形态特点。

（3）产气荚膜梭菌在牛奶培养基中的"汹涌发酵"现象。

【实验原理】

（1）疱肉培养基厌氧培养法：培养基中的肉渣含有不饱和脂肪酸和谷胱甘肽，具有还原性，能吸收培养基中的氧，使氧化还原电势下降；又因以凡士林封闭培养基液面，可隔绝空气中的游离氧进入培养基内，形成良好的厌氧条件，故适于培养厌氧菌。

（2）碱性焦性没食子酸厌氧培养法：焦性没食子酸是还原剂，在碱性溶液中能迅速吸收氧气，生成深棕色的焦性没食子橙，使培养皿内造成厌氧环境。

（3）破伤风杆菌为细长杆菌，芽胞正圆形，直径比菌体宽度大，位于菌体顶端。使细菌呈鼓槌状，革兰染色阳性。破伤风梭菌为专性厌氧菌，是破伤风的病原菌。

产气荚膜杆菌为革兰阳性粗大杆菌，单独存在或成双排列，菌体周围有明显荚膜（机体内标本）。产气荚膜梭菌是气性坏疽的主要病原菌，多与其他病原梭菌混合感染导致气性坏疽；也可污染肉类，引起食物中毒。

肉毒梭菌菌体粗大，芽胞椭圆形，大于菌体，位于次极端，使呈典型的网球拍形，革兰染色阳性。

（4）产气荚膜梭菌在牛奶培养基中能分解乳糖产酸，使酪蛋白凝固，同时产生大量气体，出现"汹涌发酵"现象。

【材料与试剂】

（1）材料：培养皿，接种环，无菌纱布块，脱脂棉。

（2）试剂：破伤风梭菌疱肉培养物，血琼脂平板培养基，焦性没食子酸，10% NaOH 溶液，石蜡等。

【步骤与方法】

1. 疱肉培养基厌氧培养法

（1）用接种环挑取破伤风梭菌疱肉培养物两环，接种于疱肉培养基中。

（2）放 37℃温箱中培养 24h，观察细菌生长情况，注意培养基的浑浊度，肉渣有无变化，有无气体产生。

2. 碱性焦性没食子酸厌氧培养法

（1）将细菌划线接种于琼脂平板上。

（2）取方形玻璃一块，中央置脱脂棉一片，放 1g 焦性没食子酸于脱脂棉上，然后覆盖一小块无菌纱布,再向纱布上滴加 10% NaOH 溶液约 1ml。

(3) 立即将种有细菌之平板反盖于方形玻璃上,并在平板周围速用熔化石蜡密封。

(4) 置 37℃ 温箱中培养 24h,取出观察菌落特点及有无溶血现象等。

【结果分析与注意事项】

(1) 破伤风梭菌使肉汤混沌,肉渣部分被消化,微变黑,产生气体(图 1-3-26)。

(2) 破伤风梭菌在血琼脂平板上形成中心紧密,周边疏松,边缘不整齐呈羊齿状、羽毛状菌落,菌落周围有溶血环(图 1-3-27)。

图 1-3-26 破伤风梭菌在疱肉培养基中的
生长现象

左管:破伤风梭菌管;右管:阴性对照管

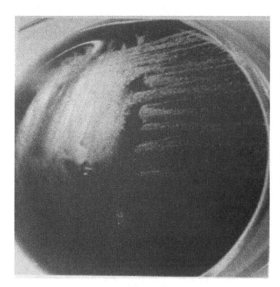

图 1-3-27 破伤风梭菌在血平板上的生长

【思考题】

(1) 破伤风梭菌、产气荚膜梭菌在疱肉培养基中的生长特点和血平板上的菌落特点分别是什么?

(2) 什么是"汹涌发酵"现象?

(刘志军)

实验十四 分枝杆菌的培养及分离鉴定

【目的要求】

(1) 学习并观察结核分枝杆菌形态。

(2) 了解结核杆菌的培养特性,掌握结核分枝杆菌的菌落形态。

(3) 掌握结核病人痰液标本的检查。

【实验原理】

(1) 结核分枝杆菌为细长略带弯曲的杆菌。分枝杆菌属的细菌细胞壁脂质含量较高,约占干重的 60%,特别是有大量分枝菌酸(mycolic acid)包围在肽聚糖层的外面,可影响染料的穿入。分枝杆菌一般用齐尼(Ziehl-Neelsen)抗酸染色法,以 5% 苯酚复红加温染色后可以染上,但用3%盐酸乙醇溶液不易脱色。若再加用亚甲蓝复染,则分枝杆菌呈红色,而其他细菌和背景中的物质为蓝色。

(2)结核分枝杆菌专性需氧。最适温度为37℃,低于30℃不生长。结核分枝杆菌细胞壁的脂质含量较高,影响营养物质的吸收,故生长缓慢。在一般培养基中每分裂1代需时18~24h,营养丰富时只需5h。初次分离需要营养丰富的培养基。常用的有罗氏(Lowenstein-Jensen)固体培养基,内含蛋黄、甘油、马铃薯、无机盐和孔雀绿等。孔雀绿可抑制杂菌生长,便于分离和长期培养。蛋黄含脂质生长因子,能刺激生长。根据接种菌多少,一般2~4周可见菌落生长。菌落呈颗粒、结节或花菜状,乳白色或米黄色,不透明。

(3)结核分枝杆菌在液体培养基中可能由于接触营养面大,细菌生长较为迅速。一般1~2周即可生长。临床标本检查液体培养比固体培养的阳性率高数倍。

【材料、试剂与仪器】

(1)材料:结核病人痰液标本,玻片,木夹,试管,接种环,酒精灯。

(2)试剂:0.5% NaOH 溶液。

(3)仪器:光学显微镜,离心机。

【步骤与方法】

1. 观察示教的经抗酸染色结核分枝杆菌玻片标本和培养的菌落。

2. 结核病人痰液标本的检查

(1)浓缩集菌

1)取结核病人痰液约2~5ml,装入试管中,将等量5% NaOH 溶液加入其中,震荡数分钟后,置于37℃水浴箱内30min。

2)取出后以2500r/min的速度离心20min。弃上清液,在用无菌生理盐水洗涤一次,离心后,弃上清液。

(2)直接涂片

1)制片:无菌条件下用接种环取浓缩集菌后的病人痰液,在玻片上均匀涂片,干燥后固定加热。

2)染色:滴加苯酚复红液于制备好的玻片上,在火焰上缓缓加热,直到冒气为止(不可煮沸),维持5min。在加热过程中,如果染色液减少,可以继续滴加,以防染液干燥。玻片冷却后,用水冲洗。

3)脱色:用3%的盐酸乙醇溶液脱色半分钟左右,脱色时应轻轻摇动玻片,直至红色脱下为止,水冲洗。

4)复染:用亚甲蓝液复染0.5~1min,水冲洗。

【结果分析】

(1)在固体培养基上根据接种菌多少,一般2~6周可见菌落生长;菌落呈颗粒、结节或花菜状,乳白色或米黄色,不透明。在液体培养基中可能由于接触营养面大,细菌生长较为迅速。一般1~2周即可生长;呈皱褶膜状生长(图1-3-28)。

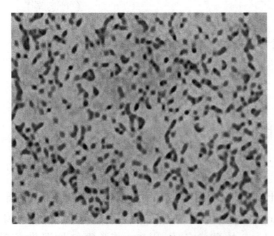

图1-3-28 结核分枝杆菌在固体培养基上的生长

（2）结核分枝杆菌（属于抗酸杆菌）呈红色，其他细菌及视野背景呈蓝色。

【思考题】

（1）抗酸染色的原理及注意事项是什么？

（2）结核分枝杆菌是如何传播的，所致病菌是什么？

（刘志军）

实验十五　不发酵菌革兰阴性菌的检测

铜绿假单胞菌、鲍曼不动杆菌、嗜麦芽窄食单胞菌

【实验目的】

掌握不发酵革兰阴性杆菌的菌落形态特性、镜下革兰染色特点及生化特点。

【实验原理】

根据不发酵革兰阴性杆菌的特点，采用不同的实验方法鉴定和识别三种杆菌。氧化酶试验原理：氧化酶（细胞色素氧化酶）是细胞色素呼吸酶系统的最终呼吸酶，具有氧化酶的细菌，首先使细胞色素 c 氧化，再由氧化型细胞色素 c 使对苯二胺氧化，生成有色的醌类化合物。氧化-发酵试验（O/F 试验）原理：细菌在分解葡萄糖的过程中，必须有分子氧参加的，称为氧化型，氧化型细菌在无氧环境中不能分解葡萄糖。细菌在分解葡萄糖的过程中，可以进行无氧降解的，称为发酵型。发酵型细菌无论在有氧或无氧的环境中都能分解葡萄糖。不分解葡萄糖的细菌称为产碱型，利用此实验可区分细菌的代谢类型。

【材料、试剂与仪器】

（1）材料：菌种（铜绿假单胞菌、鲍曼不动杆菌、嗜麦芽窄食单胞菌），普通琼脂平板，血平板。

（2）试剂：革兰染液，1%盐酸四甲基对苯二胺，非发酵菌生化编码鉴定管，生理盐水。

（3）仪器：光学显微镜。

【步骤与方法】

1. 观察菌落形态　将铜绿假单胞菌、鲍曼不动杆菌和嗜麦芽窄食单胞菌分别接种在三个在血平板上，35℃培养 18~24h 后，观察菌落形态。

2. 革兰染色后观察三种细菌的染色性　取清洁无油污载物玻片一张，将玻片分为三个区域，并分别标记，将铜绿假单胞菌、鲍曼不动杆菌和嗜麦芽窄食单胞菌分别在三个区域内的生理盐水中研磨，待其自然干燥后固定，采用"改良快速法"进行革兰染色。

3. 生化试验

（1）氧化酶试验（滤纸法）：取洁净滤纸一小块，用无菌接种环沾取菌少许，然后滴加 1%盐酸四甲基对苯二胺试剂，滤纸变为红色则为阳性，不变色为阴性。

（2）氧化-发酵试验（O/F 实验）：将待测菌同时穿刺接种两支 HL 培养基，其中一支滴加无菌液状石蜡（高度不少于 1cm），35℃培养 48h。

（3）接种微量生化管：按常规操作将三种细菌接种微量生化管，根据试验结果填写非发酵菌生化编码鉴定记录单。

【结果分析】

1. 观察菌落形态

（1）铜绿假单胞菌：在血平板上 35℃培养 18~24h 后，形成大小不一的扁平、湿润、光滑、有金属光泽，有特殊气味的灰绿色或蓝绿色菌落，菌落周围有透明溶血环，边缘不整齐。

（2）鲍曼不动杆菌：在血平板上 35℃培养 18~24h 后，可形成较大的圆形、灰白色、凸起、光滑、湿润、边缘整齐、直径 2~3mm 的菌落。

（3）嗜麦芽窄食单胞菌：在血平板上 35℃培养 18~24h 后，生长良好，菌落中等大小、圆形光滑、湿润，产生不溶血的黄色色素，边缘不整齐。

2. 革兰染色观察三种细菌的染色性

（1）铜绿假单胞菌：革兰阴性杆菌，长短不一，多数短杆状，也有球杆状或线状，见图 1-3-29（引自：江西师范大学公共教学素材资源库图 9-92）。

（2）鲍曼不动杆菌：革兰阴性菌，球状或球杆状，成堆聚集排列，见图 1-3-30（引自：江西师范大学公共教学素材资源库图 9-108）。

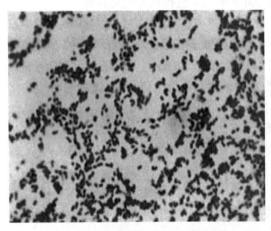

图 1-3-29　铜绿假单胞菌（革兰染色）

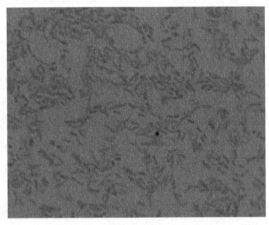

图 1-3-30　鲍曼不动杆菌（革兰染色）

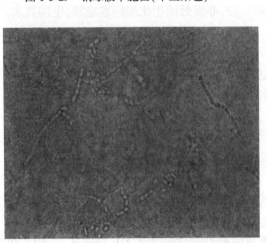

图 1-3-31　嗜麦芽窄食单胞菌（革兰染色）

（3）嗜麦芽窄食单胞菌：革兰阴性杆菌，菌体稍小，多数呈杆状或线状，见图 1-3-31（引自：刘如林，南开大学微生物资源数据库共享平台）。

3. 生化试验

（1）氧化酶试验（滤纸法）：实验结果：铜绿假单胞菌（阳性），鲍曼不动杆菌（阴性），嗜麦芽窄食单胞菌（阴性）。

（2）氧化-发酵试验（O/F 实验）：三种菌都是未加石蜡的变黄，加石蜡的不变黄，说明三种菌都在氧气参与时分解葡萄糖。通过以上实验表明：铜绿假单胞菌、鲍曼不动杆菌、嗜麦芽窄食单胞菌氧化发酵实验均为氧化型。

（3）接种微量生化管：根据实验结果，查《非发酵细菌生化鉴定编码册》对应的编码检索表，填写非发酵菌生化编码鉴定记录单。

【注意事项】

（1）本次实验的三种非发酵菌革兰染色均为阴性，不易区分，主要靠生化实验来鉴别。

（2）氧化酶试验中，应特别注意挑完铜绿假单胞菌的接种环应绝对严格烧灼灭菌，否则会造成鲍曼不动杆菌和嗜麦芽窄食单胞菌的假阳性出现。或先检验鲍曼不动杆菌和嗜麦芽窄食单胞菌，最后检验铜绿假单胞菌，也可避免铜绿假单胞菌对另外两种菌的影响。

（3）O/F试验中，由于嗜麦芽窄食单胞菌对葡萄糖氧化不明显，过夜培养可成中性或弱碱性，黄色很不明显，可继续培养至48h后呈酸性，见明显黄色出现。

【思考题】

铜绿假单胞菌培养可见菌落和培养基都呈绿色，说明该菌产生绿色色素，该色素为水溶性还是脂溶性？为什么？

（孙秀宁）

实验十六　支原体、螺旋体、立克次体与衣原体的检测

一、支原体的检测

【实验目的】

（1）掌握支原体"油煎蛋"样菌落的特点。

（2）掌握常用的肺炎支原体的实验室检测方法。

【实验原理】

（1）支原体是能独立生活的微小生物，在营养高的人工培养基上培养，形成微小菌落、需用显微镜观察。其菌落呈"油煎蛋样"，中心部分长入培养基中，较密，着色深；周边一层薄的透明颗粒区，色浅淡。将培养物平板，倒置于显微镜台上，用低倍镜观察菌落。

（2）由肺炎支原体感染引起的原发性非典型性肺炎患者的血清中常含有较高的寒冷红细胞凝集素，简称冷凝集素，它能与患者自身红细胞或"O"型人红细胞于4℃条件下发生凝集，在37℃时又呈可逆性完全散开。75%的支原体肺炎病人，于发病后第二周血清中冷凝集素效价达1：32以上，一次检查凝集价>1：64或动态检查升高4倍以上时，有诊断意义。本试验协助诊断肺炎支原体肺炎（原发性非典型肺炎）。其冷凝集素一般在发病后第2w开始出现增高。患支原体肺炎后，病人血清中可出现一种叫做冷凝集素的物质，这种物质是一种红细胞膜抗原的抗体。这种抗体在摄氏零度环境中，能和病人自身的红细胞，或"O"型人的红细胞结合，发生抗原抗体反应，引起红细胞凝集，甚至引起溶血。

【材料、试剂与仪器】

（1）材料：待测血清，载玻片，滴管，烧瓶，三脚架，石棉板，小刀和5ml玻璃试管，100～1000μl无菌Tip头。

（2）试剂：支原体常用培养基，生理盐水与2%"O"型红细胞。

（3）仪器：光学显微镜，100～1000μl微量移液器。

【步骤与方法】

（1）支原体菌落观察

1）用低倍镜在平板上固定一个菌落，用小刀切下菌落的琼脂块。

2）将有菌落的一面连同琼脂覆盖于载玻片上。

3）把载玻片放置于 80~85℃ 水中，见琼脂发白、脱落后取出。

4）再用滴管吸取 100℃ 左右的水冲洗载玻片，直至载玻片无琼脂为止。

5）自然干燥，Giemsa 染色（染料 1：20 稀释）3h 以上。

6）低倍镜观察，可见菌落被染上蓝色，中间深，四周较浅。

（2）冷凝集试验

1）玻璃试管 10 支，分别加入生理盐水 200μl，第一支加入待测血清 200μl，混匀后取出 200μl 加入第二支试管，依次倍比稀释到第九支试管，取出 200μl 弃去；

2）同时准备好 2% "O" 型红细胞 500μl，操作离心后 "O" 型红细胞用生理盐水洗涤 3 次，取离心洗涤后的红细胞 100μl 加入 4.9ml 的生理盐水中即可。

3）最后加入 200μl 配好的红细胞到 10 支试管中，混合后放入 4℃ 冰箱中 3h 后判断凝集现象。

【结果分析】

75% 的支原体肺炎病人，于发病后第二周血清中冷凝集素效价达 1：32 以上，一次检查凝集价>1：64 或动态检查升高 4 倍以上时，有诊断意义。

【思考题】

（1）支原体的菌落在低倍镜下观察有何特点？

（2）冷凝集试验的原理是什么？

（刘志军）

二、螺旋体的检测

【实验目的】

（1）掌握梅毒螺旋体的血清学筛选试验操作方法。

（2）熟悉梅毒螺旋体的血清学筛选试验原理及结果判定。

【实验原理】

（1）甲苯胺红不加热血清学试验（TRUST）：实验中使用的抗原为心磷脂、胆固醇及纯化的磷脂酰胆碱（卵磷脂）混合物，梅毒螺旋体感染人体后，宿主会产生抗类脂质抗原的抗体（反应素），与一定比例混合物抗原发生反应后，可出现肉眼可见的凝集块。

（2）梅毒螺旋体明胶颗粒凝集试验（TPPA）：用超声裂解的梅毒螺旋体作为抗原，包被于人工合成的载体明胶颗粒上。这种致敏颗粒和标本中的梅毒螺旋体抗体结合时可产生肉眼可见的凝集反应。

【材料、试剂、仪器】

（1）材料：待检血清，直径 18mm 的反应卡片，微量 U 形反应板，微量滴管，微量移液管。

（2）试剂：TRUST 试剂盒（上海荣盛生物药业有限公司），TPPA 试剂盒（上海浩然生物技术有限公司）。

（3）仪器：水平旋转仪，平板混合器。

【步骤与方法】

（1）甲苯胺红不加热血清试验（TRUST）按试剂盒说明书操作。

1）用微量加样器取待检血清（无需灭活处理）、阳性血清、阴性血清各 500μl，加入反应卡片的圆圈内。

2）将 TRUST 抗原轻轻摇匀，在每份血清上滴加 500μl 抗原试剂。

3）将卡片置水平旋转仪旋转 8min，速度约 100r/min，立即用肉眼在亮光下观察结果。

（2）梅毒螺旋体明胶颗粒凝集试验（TPPA）按试剂盒说明书操作。

1）用微量滴管将血清稀释液滴入微量反应板第 1 孔中，共计 4 滴（1ml），从第 2 孔至最后一孔各滴入 1 滴（250μl）。

2）用微量移液管取样品 250μl 至第 1 孔中，混匀后取 250μl 加入第 2 孔中，依次类推倍比稀释至最后一孔取 250μl 弃去。

3）用试剂盒中提供的专用滴管（每滴 250μl）在第 3 孔中滴入 1 滴未致敏粒子，从第 4 孔至最后一孔各滴入 1 滴致敏颗粒。

4）用平板混合器以不会导致微量反应板内容物溅出的强度混合 30s，加盖后于室温（18～25℃）水平放置。2h 后观察结果（24h 不影响结果判定）。

【结果分析】

（1）甲苯胺红不加热血清试验（TRUST）：结果判定：阴性血清反应圈内仅见甲苯胺红颗粒集于中央一点或呈均匀分散状态。阳性血清反应圈内可出现明显的红色絮状物，液体清亮。

定性试验标本若呈阳性，如需要可将血清用生理盐水在反应卡片上作倍比稀释，再按定性试验方法做定量试验，其滴度为出现凝集反应的血清最高稀释倍数。

（2）梅毒螺旋体明胶颗粒凝集试验（TPPA）：判定标准：凡出现明胶颗粒凝集者为阳性反应，不出现凝集者为阴性反应：

（-）：不凝集，明胶颗粒集中于孔中央，呈纽扣状，边缘光滑。

（±）：可凝，明胶颗粒浓集，呈边缘光滑、圆整的小圆环。

（+）：凝集，明胶颗粒形成较大的环状凝集，外周边缘不光滑。

【注意事项】

（1）试剂盒应购买有国家食品药品监督管理局批准文号的专用试剂盒，不同批号的试剂不可混用。

（2）试验操作需在室温中进行，试剂盒从冰箱中拿出时需在室温（18～25℃）平衡 10min 以上，待测血清须新鲜、无污染。

（3）要在规定的时间内及时观察结果，每次实验都需要做阳性和阴性对照。

（4）本法仅为非特异性血清学筛选试验，阴性结果不能排除梅毒感染。

（5）此类患者的血清等标本中，可能存在 HBV、HCV、HIV 等病原体，因此，所有的检样、用过的器具、废弃液体等均应按传染性物品处理。

【思考题】

（1）患者血清、用过的器具、废弃液体等该如何处理？

（2）TRUST 试验标本若呈阳性，如何定量？

（李瑞芳）

三、立克次体的检测

【实验目的】

（1）熟悉立克次体的形态和染色特性。

（2）掌握外-斐反应的原理及结果判定，熟悉其操作过程。

（一）形态观察（Giemsa 染色法）

【实验原理】

立克次体是一类介于细菌和病毒之间、天然寄生于一些节肢动物体内、专性活细胞内寄生的原核细胞型微生物，大多为球杆状，可用姬姆萨（Giemsa）染色法染色。染色后根据立克次体在细胞内分布位置不同作鉴别，如普氏立克次体常散在于胞质中，恙虫病立克次体在胞质内靠近核旁成堆排列，而莫氏立克次体在胞质或胞核内均可找到。

【材料、试剂与仪器】

（1）材料：恙虫病立克次体小鼠腹腔液涂片，斑疹伤寒立克次体虱肠或鼠肺涂片，染色架等。

（2）试剂：姬姆萨（Giemsa）染色液（配制方法见附录），甘油，甲醇，pH 7.0~7.2 PBS 缓冲液。

（3）仪器：光学显微镜等。

【步骤与方法】

（1）将自然干燥后的涂片用甲醇固定 2~3min。

（2）将涂片放置染色架上，滴加稀释好的染色液，使其溢满涂片，室温染色 15~30min。

（3）用自来水缓慢从玻片一端冲洗，干燥。

（4）置涂片于显微镜下观察。

【结果分析】

镜下可见到完整及破碎的细胞，细胞核呈紫红色或紫色，细胞质呈浅蓝色，在细胞质内或细胞外可见大量染成紫红色球杆状的立克次体，成堆密集，在细胞核旁也多见。

（二）外-斐反应

【实验原理】

人患斑疹伤寒后，经过一定时间，血清中产生特异性抗体，此抗体在体外与相应的立克次体抗原结合时能产生抗原抗体反应。由于立克次体难培养，故用与立克次体有共同抗原成分的变形杆菌的某些菌株（OX_{19}、OX_2、OX_K）代替立克次体作抗原与患者血清做交叉凝集反应，称外-斐反应。根据凝集效价判定结果，用于立克次体感染的辅助诊断。

【材料、试剂与仪器】

（1）材料：患者血清（无菌采集 3~5ml 血液，分离血清待用），3ml 试管，3ml 刻度吸管，生理盐水，记号笔。

（2）试剂：变形杆菌 OX_{19}、OX_2、OX_K 诊断菌液。

（3）仪器：恒温培养箱。

【步骤与方法】

(1) 取清洁小试管 27 支,排成 3 排,每排 9 支,并标号。

(2) 取中试管一支,吸生理盐水 2.7ml 与被检血清 0.3ml 于试管内混匀,使成 1 : 10 稀释血清;并于每排第一管内各加入 0.5ml。

(3) 将中试管内再补加生理盐水 1.5ml,混匀后使成 1 : 20 稀释血清,并加于每排第二管内,每管 0.5ml。

(4) 如此连续作倍比稀释至各排第八管,第九管只加 0.5ml 生理盐水以作抗原对照。

(5) 将 OX_{19}、OX_2、OX_K 三种诊断菌液(抗原)分别加入各排的 9 支试管内,每管 0.5ml。加入菌液后各排第一管至第八管的血清最终稀释度依次为 1 : 20、1 : 40、1 : 80、1 : 160、1 : 320、1 : 640、1 : 1280、1 : 2560。

(6) 振摇 30s 左右,于 37℃ 孵育过夜,次日观察结果。

【结果分析】

结果判断同肥达反应,以凝集效价判断之。此实验所用抗原为 O 抗原,故阳性凝集现象与伤寒沙门菌 O 抗原相似,即凝集成颗粒状。以 50% 抗原凝集呈"++"的血清最高稀释度为本实验的凝集效价。早晚期双份血清效价 4 倍升高可作为新近感染立克次体的指标,单份血清凝集效价超过 1 : 160 时才有诊断意义。

一般诊断斑疹伤寒立克次体时,变形杆菌菌体抗原 OX_2 及 OX_{19} 阳性,诊断恙虫病立克次体则是变形杆菌菌体抗原 OX_K 阳性。外-斐反应只能协助诊断,不是特异性方法,诊断还应结合临床资料作综合分析。

【注意事项】

(1) 变形杆菌的诊断菌液,根据检查的立克次体进行选择,稀释度可以根据具体情况进行调整。

(2) 外-斐反应中,观察结果时不要晃动试管,与对照管比较,判定凝集程度。

(3) 致病性立克次体的传染性极强,注意生物安全。

【思考题】

(1) 立克次体的培养有何特点?

(2) 立克次体和细菌有什么区别?

四、衣 原 体

【实验目的】

掌握沙眼衣原体包涵体(图 1-3-32)的形态特征。

散在型包涵体　　　　帽型包涵体　　　　桑椹型包涵体　　　　填塞型包涵体

图 1-3-32 沙眼衣原体包涵体

【实验原理】

衣原体是严格细胞内寄生、并有独特发育周期的原核细胞型微生物。沙眼衣原体是引起沙眼的病原体,它只感染眼结膜上皮细胞,在此细胞内生长繁殖,在胞质内形成散在型、帽型、桑椹型、填塞型包涵体,检查眼结膜上皮细胞内包涵体,可作为沙眼的诊断指标。

【材料、试剂与仪器】

(1) 材料:沙眼患者眼结膜棉拭子或眼结膜刮片、玻片、棉拭子或刀片、姬姆萨(Giemsa)染料。

(2) 试剂:姬姆萨染色液(配制方法见附录)、甘油、甲醇、95%乙醇溶液、pH 7.0~7.2 PBS 缓冲液。

(3) 仪器:光学显微镜,培养箱与水浴箱。

【步骤与方法】

(1) 从沙眼患者眼结膜上病变部位用棉拭子或刮片的方法获取上皮细胞。

(2) 将取有上皮细胞的棉拭子或刮片涂在洁净载玻片上。

(3) 涂片在空气中自然干燥,用纯甲醇固定 5min 后,弃去甲醇、让涂片自干。

(4) 将上述新鲜稀释姬姆萨染色液溢满涂片,染色 1h。

(5) 移去多余的染色液,用 95%乙醇溶液冲洗涂片。

(6) 干燥后,置涂片于显微镜下观察包涵体。

【结果分析】

原体和网状体在上皮细胞质内形成包涵体,Giemsa 染色后具有特殊的染色性状,不同的发育阶段包涵体其染色性有所不同。成熟的原体被染后呈紫红色,与蓝色的宿主细胞质呈鲜明对比。始体被染后呈蓝色。本实验中镜下可见阳性标本片上细胞质内染成深蓝色或暗紫色的包涵体,呈 4 种典型形态。

(1) 散在型:呈圆形或卵圆形,散布于胞质中,1 个上皮细胞内可有 1~3 个或更多。

(2) 帽型:紧贴于细胞核上,呈帽状。

(3) 桑椹型:呈长梭形或椭圆形,由原体或始体集成桑椹状。

(4) 填塞型:主要由原体构成,充满细胞质,将细胞核挤压变形。

【注意事项】

患者标本的采取应在清洗感染部位的脓性分泌物后进行,因为分泌物缺少感染的上皮细胞而不适用于此项检测。

【思考题】

(1) 比较衣原体原体和始体的性状。

(2) 衣原体的培养特性是什么?

(汲 蕊)

实验十七　真菌的检测

一、镜 检 真 菌

【实验目的】

(1) 掌握不染色法标本制片直接检查真菌的方法。

（2）掌握革兰染色法、墨汁负染色法检查真菌的方法。

【材料、试剂与仪器】

（1）材料：标本（患者的皮屑、甲屑、毛发、血液、分泌物、脓汁等），载玻片，盖玻片，擦镜纸，小镊子，酒精灯。

（2）试剂：10% KOH 溶液，革兰染液，墨汁。

（3）仪器：光学显微镜。

【步骤与方法】

（1）KOH 湿片检查法：取标本置于载玻片上，加 1 滴 10% KOH 溶液处理 15min，加上盖玻片并微微加热，使标本组织溶解透明，但切不要过热以免产生气泡和烤干；标本冷却后压紧盖玻片在显微镜下观察。

（2）染色法

1）革兰染色三步法：取适量标本在载玻片上涂成薄片，自干后在酒精灯上通过 3～5 次，使标本固定于载玻片上。将结晶紫染液加于制好的涂片上，染色 1min，用细流水冲洗，甩去积水；加碘液作用 1min，用细流水冲洗，甩去积水；在涂片上滴加 95% 乙醇溶液数滴，摇动玻片数秒钟（或者平放 50～60s），使均匀脱色，然后斜持玻片再滴加乙醇溶液，直到留下的乙醇溶液无色为止（约 0.5min），用细流水冲洗，甩去积水。待标本片自干或用吸水纸吸干后，在涂片上滴加镜油，置油镜下观察。

2）墨汁负染色法：取适量标本在载玻片上涂成薄片，然后加一滴墨汁置于载玻片上与被检材料混合，盖上盖玻片，轻压使混合液变薄，置显微镜下观察。

【结果分析】

（1）毛癣菌感染的皮屑、甲屑或病发 10% KOH 溶液消化后直接镜检，可见透明、有隔、常有分支的菌丝及成链的关节孢子（图 1-3-33）。

（2）各种真菌均为革兰阳性。絮状表皮癣菌感染的皮屑和甲屑经加 10% KOH 溶液消化，镜检可见粗棒状薄壁大分生孢子（图 1-3-34）。小孢子菌感染的皮屑和毛发加 10% KOH 溶液处理镜检，皮屑中有分枝断裂菌丝，在毛发中呈现小孢子镶嵌的鞘包裹着发干。不同真菌感染镜下显示结果不同，可根据形态特征鉴别，这里不一一详述。

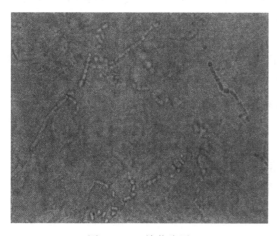

图 1-3-33　关节孢子

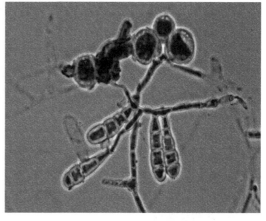

图 1-3-34　大分生孢子（革兰染色）

（3）墨汁负染色法观察，可见新生隐球菌为圆形或软圆形的酵母细胞，有芽生孢子，细胞外有一层肥厚的荚膜,新生隐球菌和荚膜不着色,背景为黑色(图1-3-35)。

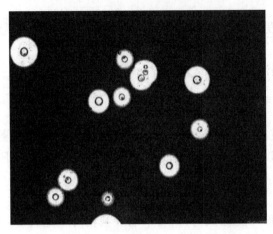

图1-3-35 新生隐球菌荚膜(墨汁负染色)

【注意事项】

(1) 采集新发生的皮肤损害边缘皮屑;指甲近尖端下面甲屑;拔取无光泽病发,黄癣采集黄癣痂。

(2) 将标本盛于清洁纸袋,鳞屑要用黑纸包好。

(3) 直接镜检有局限性,阴性结果不能排除真菌感染。有假阳性结果,如溶解的淋巴细胞在脑脊液印度墨汁湿片中易误认为新生隐球菌;脂肪微滴也可与出芽酵母细胞混淆。因此,对直接镜检可疑结果应作复查或用其他检验方法鉴定。

二、真菌的分离培养和鉴定

【实验目的】

(1) 掌握真菌的分离培养方法。

(2) 掌握真菌的生化鉴定方法及鉴定要点。

【实验原理】

(1) 糖发酵试验:有些真菌能发酵某种糖产酸或气体,产酸可用指示剂来断定,在配制培养基时可加入溴甲酚紫[pH 5.2(黄色)~6.8(紫色)],当发酵产酸时可使培养基由紫色变为黄色。气体的产生可由发酵管中倒置的德汉小管中有无气泡来证明。

(2) 同化碳源试验:碳是酵母菌细胞的重要组成成分,约占酵母菌体重量的50%,为酵母菌生命活动提供所需的能量和组成其结构的物质。酵母菌对各种碳源的利用应种而异。

(3) 同化氮源试验:酵母菌蛋白酶不分泌于菌体外,故酵母菌对复杂的蛋白质不能利用,酵母菌对一些较简单的含氮化合物的利用程度也不一致。

【材料、试剂与仪器】

(1) 材料:载玻片,盖玻片,擦镜纸,小镊子,培养器皿,待测标本。

(2) 试剂:70%乙醇溶液,青霉素、链霉素混合液,糖发酵管,无菌生理盐水,沙氏培养基,科玛嘉显色培养基,同化碳源培养基,同化氮源培养基。

(3) 仪器:恒温培养箱。

【步骤与方法】

1. 真菌的分离培养 将标本经70%乙醇溶液或在青、链霉素混合液内浸泡5min,无菌生理盐水洗3次,接种于沙氏培养基与科玛嘉显色培养基,26℃培养数日至数周(深部真菌为37℃)。

2. 真菌的鉴定

(1) 观察真菌在科玛嘉显色培养上的基菌落形态,根据其菌落特定的颜色进行真菌的初步鉴定。

（2）生化试验：菌种鉴定是一个复杂过程，仅观察菌落形态是远远不够的，还需作生化反应、分子生物学鉴定，必要时将菌种送有关单位鉴定。检验真菌常用的生化反应有糖（醇）类发酵试验、同化碳源试验等。试验方法同细菌试验。

1）糖发酵试验 将菌种接种糖发酵管，25℃（或37℃）孵育，一般观察2~3d，对不发酵或弱发酵管可延长至10d或2~4周。

2）同化碳源试验 含菌生理盐水与已融化的固体同化碳源培养基（45℃）混合，然后在培养基上分别加糖，置26℃孵育观察结果。若24h后无变化可重复加糖。

3）同化氮源试验 与同化碳源试验相同，但需用无氮源的培养基，不要加糖类，而加入硝酸钾等。

【结果分析】

（1）真菌培养：科玛嘉显色培养基的白假丝酵母菌落为绿色或翠绿色、表面湿润光滑；热带假丝酵母菌菌落为灰蓝色或铁蓝色、表面光滑；光滑假丝酵母菌菌落为紫色、表面光滑湿润；克柔假丝酵母菌菌落为粉红到浅紫色，而且表面比较粗糙、模糊有微毛，见图1-3-36。

（2）糖发酵试验：当发酵产酸时可使培养基由紫色变为黄色。气体的产生可由发酵管中倒置的德汉小管中有无气泡来证明。

图1-3-36 真菌菌落（科玛嘉显色）
A：白假丝酵母菌菌落；B：热带假丝酵母菌菌落；C：光滑假丝酵母菌菌落；D：克柔假丝酵母菌菌落

（3）同化碳源试验：如能同化周围有生长圈，否则无生长圈。

（4）同化氮源试验：如能同化则有真菌生长，否则不生长。

【注意事项】

（1）采集的标本应新鲜，且选择合适培养基，培养真菌的温度为28℃，但深部真菌为37℃。平皿培养，表面较大可使标本散布，便于观察菌落形态，但水分易蒸发，只能培养生长繁殖较快的真菌，如假丝酵母菌、隐球菌。大试管培养，水分不易蒸发，主要用于皮肤癣菌的培养，玻片培养（微量培养、小培养）可用于真菌菌种的鉴定。

（2）一般皮肤癣菌生长较缓慢，在26℃的环境下需要培养2~4周，但是皮肤癣菌涵盖的菌种较多也需要区别对待；酵母菌生长较快，通常2~3d，如果为阴性则需要观察1周；霉菌生长也比较快，一般2~4d。

（3）检验真菌常用的生化反应主要用于检验深部感染真菌如假丝酵母菌、隐球菌等。

三、真菌抗原检测和血清学检测

【实验目的】

掌握胶乳凝集试验、G试验、GM试验的原理与方法。

【实验原理】

（1）胶乳凝集试验：也是一种间接凝集试验，它是以聚苯乙烯胶乳微粒作为惰性载体。即吸附可溶性抗原于其表面，特异性抗体与之结合后，可产生凝集反应。

（2）G 试验：感染真菌后，当真菌进入人体血液或深部组织，经吞噬细胞的吞噬、处理，真菌的 1-3-β-D-葡聚糖可从胞壁中释放出来，使其在血液及体液中含量增高（浅部真菌感染无类似现象）。1-3-β-D-葡聚糖可特异性激活鲎（Limulus）变形细胞裂解物中的 G 因子，引起裂解物凝固。

（3）GM 试验：是一种微孔板双抗体夹心法，采用小鼠单克隆抗体 EBA-2，检测人血清中的曲霉菌半乳甘露聚糖。

【材料与试剂】

（1）材料：载玻片，试管，小镊子，滴管，微量移液器，待测标本，浅部真菌（毛癣菌属、表皮癣菌属、小孢子菌属）和深部真菌（白假丝酵母菌、新型隐球菌）沙氏斜面培养物。

（2）试剂：胶乳试剂，G 试验试剂盒（北京金山川公司），GM 试验试剂盒（美国 Bio-Rad 公司）。

（3）仪器：全自动酶免分析仪。

【步骤与方法】

（1）胶乳凝集试验：试管法先将受检标本在试管中以缓冲液作倍比稀释，然后加入致敏的胶乳试剂，反应后观察胶乳凝集结果。玻片法操作简便，1 滴受检标本和 1 滴致敏的胶乳试剂在玻片上混匀后，连续摇动 2~3min 即可观察结果。

（2）G 试验：参照试剂盒说明书操作。

1）以无菌管抗凝收集血液标本后以 3000r/min 离心 10min，取上清液于 -80℃ 冻存待检。

2）取待检上清液标本 100μl，加入高氯酸 200μl 之后，于 37℃ 孵育 20min，离心取上清液 25μl，加入 96 孔微孔板中（预先每孔加入 KOH 溶液 25μl 预防交叉污染）。

3）在微孔板中加入主要反应试剂 G 因子 50μl，于 37℃ 孵育 20min。

4）加入终止反应的重氮偶联试剂，混匀后于波长 545~630nm（主波，次波）测定其吸光度值。

5）按试剂盒说明公式将 OD 值换算为相应的血浆 1-3-β-D-葡聚糖浓度。

（3）GM 试验：参照试剂盒说明书操作。

1）血清样本经含乙二胺四乙酸（EDTA）的处理液加热处理。

2）经处理的血清抗体和探测抗体一起加入到包被有单抗的微孔内，经过孵育。

3）冲洗去掉未结合复合物。

4）加入显色溶液显色。

5）反应停止后在 450nm/630nm 处读取吸光值。

【结果分析】

（1）胶乳凝集试验：出现大颗粒凝集的为阳性反应，保持均匀乳液状为阴性反应。

（2）G 试验：检测值<10mg/ml，阴性；检测值介于 10~20mg/ml，可疑，应做动态监测；检测值>20mg/ml，阳性。

（3）GM 试验：检测值≥0.5 为阳性。

【注意事项】

（1）试验均应设对照，防止发生假阳性和假阴性。

（2）胶乳为人工合成的载体，因此其性能比生物来源的红细胞稳定，均一性好。但胶乳与蛋白质的结合能力以及凝集性能不如红细胞，因此作为间接凝集试验，胶乳试验的敏感度不及血凝试验。

（3）用胶乳凝集试验和 ELISA 检测血清和脑脊液中的隐球菌多糖荚膜抗原,在治疗前检测非常敏感特异。

（4）G 试验与 GM 试验联合可提高阳性率,2 次(或 2 次以上)阳性可降低假阳性率。G 试验可检测念珠菌感染,但不能检测隐球菌感染。

四、药敏试验

【实验目的】
掌握纸片法药敏试验的操作程序和结果判定方法。

【实验原理】
药敏片上含有的抗菌药物向琼脂培养基扩散渗透,通过对试验菌的抑杀作用而影响细菌的生长繁殖,在药敏片周围形成抑菌圈,依据抑菌圈的大小确定药物抗菌能力强弱。

【材料、试剂与仪器】
（1）材料:接种环,平皿,吸管,酒精灯,镊子,标本(患者的皮屑、甲屑、毛发、血液、分泌物、脓汁等),浅部真菌(毛癣菌属、表皮癣菌属、小孢子菌属)和深部真菌(白假丝酵母菌、新生隐球菌)沙氏斜面培养物。

（2）试剂:无菌生理盐水,沙氏培养基,药敏片(氟康唑、伏立康唑、卡泊芬净等)、普通MH 琼脂。

（3）仪器:恒温培养箱。

【步骤与方法】
（1）待测标本分离培养。

（2）将分离出来的菌落用无菌生理盐水调成 0.5 麦氏单位菌悬液,用灭菌接种环取适量菌均匀涂布于普通 MH 琼脂平板,然后用吸管吸去多余的菌液。

（3）将镊子于酒精灯火焰灭菌后略停,取药敏片贴到平板培养基表面。为了使药敏片与培养基紧密相贴,可用镊子轻按几下药敏片。为了使能准确的观察结果,要求药敏片能有规律的分布于平皿培养基上,并将每种药敏片的名称记住。

（4）将培养基平板置于恒温培养箱中培养 24h 后,观察结果。

【结果分析】
见下表。

结果判定/mm	S(敏感)	S-DD(剂量依赖性敏感)	R(耐药)
氟康唑	≥19	15～18	≤14
伏立康唑	≥17	14～16	≤13
卡泊芬净	≥11(只有敏感标准)		

【注意事项】
（1）试验用药敏纸片应确保在保质期内,如低温保存使用前应先平衡至室温。

（2）应根据试验菌的营养需要配制合适的培养基,制备的培养基平板应厚度一致(约 4±0.5mm)。

【思考题】
（1）真菌标本采集时有哪些注意事项?

（2）形态学检查和培养在真菌检查中有什么意义？

（李瑞芳）

实验十八　病毒形态观察与分离培养技术

【实验目的】

（1）了解电子显微镜的基本原理。

（2）熟悉病毒的基本形态和结构特征。

（3）认识病毒包涵体，了解其诊断意义。

（4）熟悉病毒培养的常用方法。

（5）掌握倒置显微镜的使用方法，了解单层细胞培养的方法。

（一）电子显微镜下观察病毒形态

【实验原理】

病毒很小，无细胞结构，多数能通过滤菌器，绝大部分在普通光学显微镜下不能查到。电镜以电子射线为光源，波长短、分辨率高，可将病毒标本放大几万至几百万倍进行观察。

【材料与仪器】

（1）材料：流感病毒、腺病毒、脊髓灰质炎病毒、乙型肝炎病毒、甲型肝炎病毒、单纯疱疹病毒、狂犬病病毒等常见病毒的电镜图片。

（2）仪器：多媒体系统。

【步骤与方法】

应用多媒体技术展示采用扫描电镜观察到的病毒形态结构。

【结果分析】

通过电镜可清楚地看到病毒的大小、形态、结构。

【注意事项】

注意区分不同种类病毒的形态特点。

（二）光学显微镜下观察病毒包涵体形态

【实验原理】

有些病毒在宿主细胞内形成的包涵体，经染色后可用光镜观察。根据不同病毒包涵体的形态、染色、存在部位的差异，可辅助诊断某些病毒性疾病。

【材料与仪器】

（1）材料：狂犬病毒、麻疹病毒包涵体的示教片（hematoxylin eosin staining，HE 染色）。

（2）仪器：光学显微镜。

【步骤与方法】

在光镜下观察狂犬病病毒在犬中枢神经细胞胞质内形成的嗜酸性包涵体和麻疹病毒在人胚肾细胞胞质、核内形成的嗜酸性包涵体。

【结果分析】

（1）狂犬病毒包涵体：光镜下可见狂犬病病毒在犬中枢神经细胞胞质内形成的嗜酸性包涵体、即内基小体（Negri body）。神经细胞呈三角形，细胞核呈蓝色，胞质为淡红色，内基小体被染成鲜红色,一个或数个,呈圆形或椭圆。

(2) 麻疹病毒包涵体:光镜下可见麻疹病毒包涵体一般为圆形或椭圆形,也可有不规则形态,呈鲜红色。

【注意事项】

观察病毒包涵体时注意包涵体形态、存在部位及染色特点。

(三) 病毒的分离培养

【实验原理】

病毒因结构简单,不能单独进行物质代谢,必须在易感的活细胞中寄生,由宿主细胞供给其合成的原料、能量与场所才能增殖。常用的病毒培养方法有鸡胚培养、组织(细胞)培养、易感动物(如猴或小白鼠)接种等。目前组织(细胞)培养法应用广泛。病毒感染细胞可引起细胞病变效应(cytopathic effect,CPE)。根据病毒和感染细胞的不同,细胞形态会发生不同的改变。常见的有细胞变圆、坏死、溶解和脱落,有的可形成多核巨细胞(也称融合细胞),有的在细胞内形成包涵体。这些细胞病变作用可直接在光学显微镜下观察。

【材料与试剂】

1. 鸡胚接种培养法

材料:流行性感冒病毒、Ⅱ型单纯疱疹病毒悬液及其他病毒标本等;适龄来亨鸡受精卵,卵架、检卵灯、棉球,磨卵器、注射器,橡皮吸帽、眼科镊、胶布、毛细吸管、培养皿,无菌生理盐水。

2. 组织细胞培养法

(1) 材料:水疱性口炎病毒;适龄来亨鸡受精卵,卵架,培养瓶,吸管,手术器械,平皿,细胞培养管及培养板。

(2) 试剂:碘酒、75%乙醇溶液、营养液、Hanks 生长液,0.25%胰蛋白酶。

【步骤与方法】

接种物及接种途径的选择,主要取决于病毒的种类。

(1) 鸡胚接种培养法:主要有四种接种部位,即绒毛尿囊膜、尿囊腔、羊膜腔和卵黄囊。由于各类病毒在鸡胚中的适宜生长部位不同,因此,根据不同种类病毒选择相应接种部位,并根据接种部位确定鸡胚的孵育日龄,见表 1-3-3。

表 1-3-3　鸡胚接种日龄及接种途径选择

接种病毒名称	接种部位	鸡胚日龄/d	收获材料
痘类病毒、单纯疱疹病毒	绒毛尿囊膜	9~10	绒毛尿囊膜
流感病毒、腮腺炎病毒	尿囊腔	9~11	尿囊液
流感病毒初次分离	羊膜腔	12~14	羊水
乙型脑炎病毒	卵黄囊	5~6	卵黄液

1) 绒毛尿囊膜接种和收获:①取适龄鸡胚,于检卵灯下标记气室及胎位,并在胎位附近无大血管处划一记号;②碘酒、酒精消毒气室顶部和记号处,然后在气室顶部钻一小孔,并同时用磨卵器在记号处将卵壳磨一与纵轴平行的裂痕,勿伤及壳膜(图 1-3-37);③将卵平放,轻轻将裂痕处卵壳去掉,勿伤及壳膜,于壳膜上刺破一小缝但不伤及下面的绒毛尿囊膜,滴加无菌生理盐水 1 滴于壳膜上;④用橡皮吸帽从气室端小孔处缓缓将气室内空气吸

去,造成气室负压,此时可见生理盐水下沉,绒毛尿囊膜下陷,壳膜与尿囊膜之间形成人工气室;⑤揭开人工气室上的壳膜,暴露该处的绒毛尿囊膜,滴加 0.2~0.5ml Ⅱ型单纯疱疹病毒悬液于绒毛尿囊膜上,用无菌胶布封口。将鸡胚横卧,放 37℃ 孵箱培养,不能翻动,以免人工气室移位;⑥4~5d 后取出收获。用碘酒、酒精消毒接种部位及四周,撕去封闭处卵壳。用无菌镊子扩大开口处,轻轻夹起绒毛尿囊膜用无菌剪刀剪下接种面及周围的膜,置于无菌生理盐水平皿内备用。

2) 尿囊腔接种与收获:①取适龄鸡胚,在检卵灯下照视,标记气室和胚胎位置,在胚胎面与气室交界的边缘上约 1mm 处或在胚胎的对侧处,避开血管作一标记,作为磨卵处和病毒注射点(图 1-3-38);②碘酒、酒精棉球消毒后,用磨卵器在卵壳标记处磨一小孔,勿损伤壳膜,再用酒精擦拭消毒;③用无菌注射器吸取流感病毒液,从小孔处斜刺入膜内 5mm 左右,注入病毒悬液 0.1~0.2ml;④用无菌胶布封闭注射孔,置卵架上 37℃ 培养(孵育温度的选择依据病毒种类而定)。每日翻动一次,照检一次,若接种后 24h 内死亡者为非特异性死亡,应弃去;⑤孵育 48h 后取出,置 4℃ 冰箱 6h 或过夜,避免收获时出血;⑥用碘酒、酒精消毒气室部卵壳,用无菌镊子除去气室端卵壳及壳膜。用无菌眼科镊撕开绒毛尿囊膜;⑦用无菌毛细吸管吸取尿囊液,收集于无菌瓶内,保存于低温冰箱,备用。

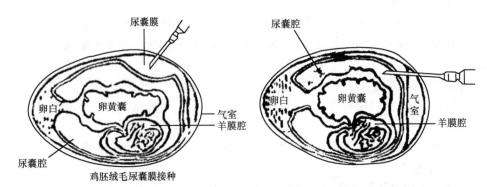

图 1-3-37　鸡胚绒毛尿囊膜接种法　　　　图 1-3-38　鸡胚尿囊腔接种法

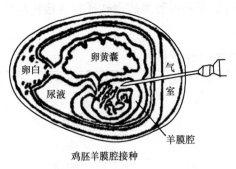

图 1-3-39　鸡胚羊膜腔接种法

3) 羊膜腔接种和收获:①取适龄鸡胚,在检卵灯下标记气室及胎位;②碘酒、酒精消毒后,用磨卵器沿气室边缘和胚胎位置靠近处磨出一个约 1~2cm 的小窗,用无菌镊子揭去小窗部位的卵壳及壳膜。用无菌镊子穿过绒毛尿囊膜,轻轻将羊膜呈伞状夹起,用注射器吸取病毒标本,针头对准开口处垂直向下,穿过羊膜,进入羊膜腔,注入标本 0.1~0.2ml(图 1-3-39);③用无菌胶布封闭气室端开口,置 37℃ 孵箱孵育 3~5d;④4℃ 冰箱过夜,次日消毒卵壳后撕去壳膜,左手持镊子夹起羊膜,右手用毛细吸管刺入羊膜腔内吸取羊水,收集于无菌小瓶内冷冻备用。

4) 卵黄囊接种与收获:①选适龄鸡胚,检卵灯下标记气室及胚位;②碘酒或酒精棉球消毒后,在气室中央卵壳用钻一小孔;③用带有 12 号长针头的注射器吸取病毒标本,迅速稳定刺入小孔,沿卵的纵轴对准胚胎对侧深入约 3cm,即达卵中心卵黄囊内,注射标本 0.2~

0.5ml(图1-3-40);④无菌胶布封口,置37℃温箱中培养,每日检卵并翻动2次;⑤收获时将卵直立于卵架上,消毒气室部,用无菌镊子击破气室并去除卵壳。用另一无菌镊子夹破绒毛尿囊膜和卵膜,取出胚胎,然后夹住卵黄脐带处,小心地挤出卵黄囊液,用无菌生理盐水洗去卵黄囊上的卵黄囊液,将囊置于无菌平皿内,低温保存、备用。

(2)组织细胞培养法

1)鸡胚单层细胞培养:①将鸡胚直立于卵架上,气室朝上,用碘酒消毒卵壳。用消毒弯剪剪去气室部卵壳,并小心剥离气囊膜和尿囊膜;②用无菌镊子取出鸡胚置无菌培养皿内,去除头、爪、内脏和骨骼,用Hanks液冲去表面血液,置于另一培养皿;③用无菌小剪将鸡胚剪成1~2mm³的组织块,加Hanks液洗涤,静置1~2min,用吸管吸去液体,再洗涤2

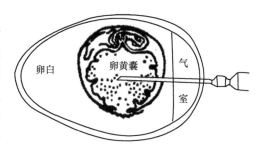

图1-3-40　鸡胚卵黄囊接种法

次,将血液充分洗去;④用无菌镊子将组织块放入无菌三角烧瓶内,加入0.25%胰酶溶液10~15ml,37℃水浴20min,中间摇动几次,使大量的细胞游离,液体变混;⑤悬液经四层纱布过滤后,滤液用500r/min离心5min,弃去上清液,再用Hanks液洗三次。沉淀物加入适量营养液吹打,分散细胞,制成均匀悬液;⑥取细胞悬液计数后,用营养液调整细胞浓度5×10^5/ml;⑦分装培养瓶,盖好瓶塞,略加摇动,使细胞均匀平铺于瓶壁,置37℃温箱孵育4h,细胞即可贴壁,48h长成单层。

2)病毒的接种:将不同稀释度的病毒液接种至细胞生长良好的培养板微孔内。病毒液从低浓度开始依次加至各微孔内,对照孔不加病毒液,只加维持液。置37℃、5%CO_2孵箱中孵育。于孵育后18h、24h、36h、96h在倒置显微镜下观察CPE,以发生CPE细胞的比例表示感染程度。

(3)动物接种法:此法是最原始的病毒分离培养方法,多数已被组织培养法取代,但狂犬病毒及乙型脑炎病毒的分离还需应用动物接种法。常用的动物有小鼠、大鼠、豚鼠、家兔和猴等,常用接种途径有脑内、皮下、皮内、腹腔、鼻腔、静脉及小鼠经口接种、家兔角膜注射等。根据病毒种类,选择敏感动物及适宜接种途径。

【结果分析】

(1)鸡胚接种培养法:可观察到有病毒增殖的鸡胚生长发育缓慢甚至死亡,或出现病变,如痘类及疱疹病毒感染的鸡胚绒毛尿囊膜上形成痘疱或疹斑,鸡胚脑内接种感染狂犬病毒取脑组织作病理切片或直接涂片可见细胞质内嗜酸性包涵体。但多数需要收集培养物后利用免疫学、分子生物学等方法鉴定。如流感病毒常用尿囊液和羊水作血凝和血凝抑制试验;腮腺炎病毒用鸡胚的体液、组织及特异性血清作补体结合试验。

(2)鸡胚单层细胞培养接种法:原代鸡胚细胞培养48h后长成单层,镜下可见瓶壁上有一层梭形活细胞,排列紧密,互相之间呈嵌合状,细胞外观透明,有一圆形核。

接种病毒后细胞可出现圆缩、堆聚及脱落现象。细胞病变程度表示:

(-):无细胞病变。

(+):25%细胞病变。

(++):50%细胞病变。

(+++):75%细胞病变。

(++++):100%细胞病变。

由于各种病毒生长所需条件不同,对接种培养的细胞敏感性也不同。临床上分离常见病毒时各种细胞培养的敏感性见表 1-3-4。

表 1-3-4　常见病毒感染的各种细胞培养的敏感性

病毒		细胞培养			
		PMK	HDF	Hep2/A$_{549}$	RK
肠道病毒	脊髓灰质炎病毒 1~3 型	+++	++	++	−
	柯萨奇 B 组 1~5 型	+++	±	++	−
	埃可病毒(某些型)	+++	+	−	−
呼吸道病毒	正粘病毒和副粘病毒	+++	±	−	−
	呼吸道合胞病毒	±	±	+++	−
		Hads	Hads		
	腺病毒	±	±	+++	−
疱疹病毒	巨细胞病毒	−	+++		
	水痘-带状疱疹病毒	−	+++	++	−
	单纯疱疹病毒	±	++	++(A$_{549}$)	+++

注:Hads 红细胞吸附试验,+++高敏感度;++中敏感度;+低敏感度;−不敏感;±各种病毒株和细胞株间不同

(3) 动物接种:观察到动物感染病毒后的精神状态不佳、生存状态不良甚至死亡及相应症状出现。

【注意事项】

(1) 鸡胚接种培养分离病毒时,应排除因接种损伤,标本毒性和细菌感染造成的鸡胚死亡。

(2) 细胞分离培养病毒时要考虑细胞可受多种非特异性因素的影响而发生病变,应先观察对照组细胞,然后再观察接种病毒的细胞形态改变。

(3) 动物接种培养分离病毒应注意健康动物可能携带病毒,应严格区分。

【思考题】

(1) 为什么病毒只能在活细胞中生长?

(2) 病毒的培养方法有哪些?各有何优缺点?

(管志玉)

实验十九　病毒的免疫学鉴定与分子生物学鉴定

应用免疫学技术从临床标本中直接检测病毒特异性抗原或抗体,简便快速、敏感性强和特异度高,适用于许多病毒性疾病的早期快速诊断。常用的免疫学技术包括中和试验、红细胞凝集抑制试验、补体结合试验、酶联免疫吸附技术、间接红细胞凝集试验等。

此外,分子生物学技术因灵敏度高,特异性强,已成功地应用于一些病毒性疾病的快速诊断。常用方法有病毒核酸杂交技术和聚合酶链反应等。

本节主要介绍以下四种常用的病毒鉴定方法,即中和试验、血凝及血凝抑制试验、酶联免疫吸附试验及聚合酶链反应等技术。

【目的要求】

(1) 掌握病毒中和试验的原理,熟悉操作方法和意义。

（2）熟悉固定病毒-稀释血清法的操作步骤和计算方法。

（3）掌握血凝和血凝抑制试验的原理、熟悉操作方法。

（4）掌握乙肝病毒表面抗原检测的 ELISA 原理，熟悉操作方法。

（5）掌握 PCR 检测病毒的原理。

（一）病毒学中和实验

【实验原理】

特异性抗病毒抗体（中和抗体）与相应病毒作用后，可阻止病毒对敏感细胞的吸附与穿入，从而抑制病毒的繁殖，使病毒失去感染性，即病毒被"中和"。中和实验是以测定病毒的感染力为基础，因此实验结果必须通过病毒的敏感动物、鸡胚或组织细胞培养去观察，以比较病毒被中和后的残余感染力。

【材料、试剂与仪器】

（1）材料：Vero 细胞，脊髓灰质炎病毒（试验前经半数组织培养感染剂量测定，Tissue culture infective dose 50，$TCID_{50}$测定），抗病毒免疫血清、正常血清及待检血清（经 56℃ 30min 灭活），细胞培养瓶，吸管。

（2）试剂：DMEM 培养基，Hanks 液。

（3）仪器：倒置显微镜。

【步骤与方法】

中和实验有固定病毒-稀释血清法和固定血清-稀释病毒法，本试验介绍固定病毒-稀释血清法。

（1）用 Hanks 液倍比稀释待检血清为 1:4 至 1:128，每管量为 0.5ml。

（2）每管均加入 0.5ml 病毒液（100 $TCID_{50}$/0.1ml），充分混匀，37℃水浴 1h。

（3）选择已长好的单层细胞，用 Hanks 液洗 2 次，分别接种上述中和物 0.2ml，每个稀释度接种 4 瓶，置 37℃温箱 1h。

（4）补足维持液至 4ml，置 37℃培养，逐日观察细胞病变，并记录结果。一般观察 1 周左右。如为出现细胞病变较慢的病毒，应延长观察时间。

【结果分析】

50% 血清中和终点为能保护 50% 细胞不产生病变的血清最高稀释度，即为中和终点，按 Reed-Muench 法计算结果，见表 1-3-5。

表 1-3-5 50%血清中和终点的计算

血清稀释度	细胞病变瓶数/总瓶数	细胞病变分布		累计		比数	百分比/%
		（+）瓶	（-）瓶	↓（+）	（-）↑		
1:4（$10^{-0.6}$）	0/4	0	4	0	16	0/16	0
1:8（$10^{-0.9}$）	0/4	0	4	0	12	0/12	0
1:16（$10^{-1.2}$）	0/4	0	4	0	8	0/8	0
1:32（$10^{-1.5}$）	1/4	1	3	1	4	1/5	20
1:64（$10^{-1.8}$）	3/4	3	1	4	1	4/5	80
1:128（$10^{-2.1}$）	4/4	4	0	8	0	8/8	100

由表可知，能保护 50% 细胞不发生病变的血清最高稀释度，在 1:32~1:64。

（1）距离比例 $= \dfrac{50-低于50\%的病变率}{高于50\%的病变率-低于50\%的病变率} = \dfrac{50-20}{80-20} = \dfrac{30}{60} = 0.5$

（2）<50%病变率血清稀释度的对数+距离比例×稀释系数的对数 $= -1.5 + 0.5 \times (-0.3) = -1.65$

（3）-1.65 的反对数 $= 1/45$，即 $1:45$ 的血清可保护50%的细胞不产生病变。

【注意事项】

（1）试验必须设有阳性对照、阴性对照和细胞对照。

（2）试验应选用对细胞有较稳定致病力的病毒。

（3）待检血清须灭活，以去除非特异性抑制物。

（二）病毒的血凝与血凝抑制试验

某些病毒与人或某些动物的红细胞（人"O"型红细胞、鸡红细胞及豚鼠红细胞）相混合后，可发生凝集现象，称为血球凝集现象。若加入特异性抗血清，则凝集现象不会出现，称为血球凝集抑制现象。

【实验原理】

流感病毒表面的血凝素（haemagglutinin，HA）能与人"O"型红细胞、脊椎动物如豚鼠、鸡等的红细胞上的血凝素受体结合，引起红细胞凝集。在流感病毒悬液中加入特异性血清后，由于相应的抗体与HA结合，使其失去凝集作用，再加入人"O"型血、鸡或豚鼠的红细胞则不再发生血凝现象，即血凝抑制。以此可作为病毒存在的指标并鉴定病毒，或测定患者血清中有无相应抗体。但需取双份血清作两次试验，若恢复期血清抗体效价比早期高4倍以上，即有诊断意义。

【材料与试剂】

（1）材料：流行性感冒病毒悬液（IFV，取自鸡胚培养的羊水或尿囊液），流行性感冒病毒免疫血清，无菌生理盐水，血凝板，1ml吸管，试管架。

（2）试剂：0.5%鸡红细胞悬液。

【步骤与方法】

（1）血凝试验

1）取血凝板，按表1-3-6的顺序加生理盐水，1号孔加0.9ml，其余各孔加0.5ml。

2）1号孔加流感病毒悬液0.1ml（作1:10稀释），混匀后吸取0.5ml混悬液加至第2孔混匀，从2号孔吸出0.5ml混悬液加至3号孔混匀，依次类推作倍比稀释至第8孔，混匀后从8号孔取出0.5ml弃掉。从1号孔至8号孔的稀释度为1:10,1:20,1:40…1:1280,9号孔为生理盐水对照孔。逐孔加入0.5%鸡红细胞悬液各0.5ml，轻轻摇匀后，室温下静置45min观察结果。

表1-3-6　病毒血凝试验　　　　　　　　　　　　　（单位：ml）

孔号	1	2	3	4	5	6	7	8	9
生理盐水	0.5	0.5	0.5	0.5	0.5	0.5	0.5	0.5	0.5 弃去0.5
病毒悬液	+ 0.5	+ 0.5	+ 0.5	+ 0.5	+ 0.5	+ 0.5	+ 0.5	+ 0.5	
稀释度	1:10	1:20	1:40	1:80	1:160	1:320	1:640	1:1280	对照
0.5%鸡红细胞	0.5	0.5	0.5	0.5	0.5	0.5	0.5	0.5	0.5

摇匀，室温下静置约45min

（2）血凝抑制试验

1）取洁净凹板，选 10 孔按表 1-3-7 所示，向 1~9 号孔各加入生理盐水 0.25ml，10 号孔加入生理盐水 0.5ml。

2）取 0.25ml 1∶5 稀释的患者血清加入 1 号孔中（做 1∶10 稀释），混匀后取 0.25ml 加至 2 号孔，依次类推作倍比稀释至 7 号孔，混匀后从 7 号孔吸出 0.25ml 弃去。8 号孔为血清对照孔，加入 0.25ml 1∶5 稀释的血清；9 号孔为病毒对照孔、10 号孔为红细胞对照孔，均不加血清。

3）1~7 号孔和 9 号孔，每孔加入含 4 个血凝单位的 IFV 悬液 0.25ml；8 号孔与 10 号孔则不加 IFV 悬液。

4）每孔加入 0.5% 鸡红细胞悬液 0.25ml，摇匀后置室温 30min、45min 各观察一次结果，以 45min 的结果为准（如果红细胞滑下，参考 30min 的结果）。

表 1-3-7 病毒血凝抑制试验 （单位:ml）

孔号	1	2	3	4	5	6	7	8 血清对照	9 病毒对照	10 红细胞对照
生理盐水	0.25 +	0.25 +	0.25 +	0.25 +	0.25 +	0.25 +	弃去	0.25	0.25	0.25
患者血清(1∶5)	0.25	0.25	0.25	0.25	0.25	0.25	0.25	0.25	—	—
稀释度	1∶10	1∶20	1∶40	1∶80	1∶160	1∶320	1∶640	1∶40		
4^U 病毒抗原	0.25	0.25	0.25	0.25	0.25	0.25	0.25	—	0.25	
0.5% 鸡红细胞	0.25	0.25	0.25	0.25	0.25	0.25	0.25	0.25	0.25	0.25
振荡摇匀，置室温约 45min										

【结果分析】

（1）血凝试验

（++++）：100% 红细胞凝集，红细胞呈薄层均匀铺于孔底。

（+++）：75% 红细胞凝集，大多数红细胞凝集呈薄膜状铺于孔底，少数不凝集的红细胞在孔底中心形成小红点。

（++）：50% 红细胞凝集，不凝集的红细胞在孔底聚成环状，周围有凝集块。

（+）：25% 红细胞细凝集，不凝集的红细胞在孔底沉聚为小圆点，凝集的血球在小圆点周围。

（－）：所有红细胞不凝集，沉聚于孔底，呈现一边缘整齐的致密圆点，色鲜红。

病毒血凝效价判断：以出现"++"凝集的最高病毒液稀释倍数，作为病毒血凝效价。此病毒液稀释倍数视为一个病毒血凝单位。

（2）血凝抑制试验：血凝抑制的结果判断同血凝试验，本试验是以不出现血凝现象的试验孔为阳性。先观察对照孔，如果病毒对照孔出现完全凝集、血清对照和红细胞对照不发生凝集，再观察试验孔，判断效价。凡呈现能完全抑制凝集的试验孔，为该血清的血凝抑制效价。通常以恢复期血清的效价比早期血清效价升高 4 倍以上时，有诊断意义。

【注意事项】

观察血凝时，切勿振摇，应轻轻拿起，先观察对照孔，如出现明显的红细胞沉积，再观察其他各孔。

(三) 病毒的酶联免疫吸附试验

酶联免疫吸附试验(ELISA)是当前各实验室检测抗原抗体最常用的方法之一,也是进行病毒快速诊断的重要手段。乙型肝炎病毒主要是通过血液、血液制品或垂直传播导致人类乙型肝炎。在患者血清中有其病毒颗粒,特定的病毒抗原标志物以及相应的抗体。临床常规检测 HBV 五项血清标志物即 HBsAg、抗 HBs、HBeAg、抗 HBe 和抗 HBc,所谓"两对半"。本试验介绍 HBsAg 的检测方法。

【实验原理】

采用双抗体夹心法检测 HBsAg,适用于血清或血浆标本,将抗 HBs 包被于微孔板上,血清中 HBsAg 与其结合后,再与酶标抗 HBs 结合形成抗体抗原酶标抗体复合物,加底物显色来判断 HBsAg 是否存在。

【材料、试剂与仪器】

(1) 材料:疑似乙型肝炎患者待检血清,1.5ml 无菌 Ep 管,20~200μl 无菌 Tip 头,吸水滤纸。

(2) 试剂:检测"HBV 两对半"血清标志(HBsAg)的 ELISA 试剂盒:含包被抗-HBs 的反应条、酶结合物、HBsAg 阳性与阴性对照、洗涤液(用前作 1:20 稀释)、显色剂(TMB)A、显色剂(TMB)B、终止液。

(3) 仪器:20~200μl 微量移液器,摇床,全自动酶免疫。

【步骤与方法】

(1) 每孔加入待测标本 50μl,每板设 HBsAg 阳性对照 2 孔,HBsAg 阴性对照 2 孔,空白对照 1 孔,然后每孔加入酶结合物 50μl(空白对照孔不加),不干胶密封,置 37℃ 孵育 30min。

(2) 手工洗板:弃去反应孔内液体,每孔注满洗涤液,弃之,反复 5 次后拍干。

(3) 加显色剂:先加显色剂 A 每孔 50μl,然后再加显色剂 B 每孔 50μl,37℃ 避光孵育 10min。

(4) 加终止液一滴(2mol/L H_2SO_4,50μl),终止反应。

【结果分析】

(1) 目测法:阳性对照呈蓝色、阴性及空白对照为无色,以此为依据来判断标本孔。

(2) 比色法:终止反应后,以空白孔调零,在波长 450nm 下读取各孔吸光度值(OD 值)。

$$\frac{样品 OD 值}{阴性对照平均值} \geq 2.1 \text{ 判断为阳性,否则为阴性。}$$

备注:阴性对照 OD 值低于 0.05 作 0.05 计算,高于 0.05 按实际 OD 值计算。

阳性对照 OD 值 ≥0.8,实验结果有效。

【注意事项】

(1) 试剂盒置 4℃ 保存。

(2) 使用前试剂应摇匀,并弃去 1~2 滴后垂直滴加。

(3) 从冷藏环境中取出的试剂盒、待测标本,置室温平衡 30min 后再行测试,其余应及时封存于冰箱备用。

(4) 待测标本不可用 NaN_3 防腐。

(5) 不同批号试剂请勿通用。

（6）结果判断须在 10min 内完成。

（7）不干胶不能重复使用。

（8）使用本试剂盒应视为有传染性物质,请按传染病实验室检查规程操作。

＊TMB:3,3,5,5-四甲基联苯胺

（四）病毒的聚合酶链反应试验

聚合酶链反应(polymerase chain reaction,PCR)是一项核酸体外放大技术,具有敏感性高、特异性强、快速简便等特点,并可应用于多种标本的检测,如血液、尿液及其他体液和组织细胞。PCR 特别适用于检测那些无法培养或增殖缓慢的病毒,如乙型肝炎病毒、丙型肝炎病毒、人乳头瘤病毒、巨细胞病毒、人免疫缺陷病毒等。

【实验原理】

PCR 技术是基于 DNA 分子高温变性,双链解开,温度降低后复性重新形成双链的性质而反复进行的热变性——复性——延伸的循环过程,即待扩增 DNA 在较高温度下完全变性,然后在较低温度下使引物与变性 DNA 两条链的两端分别复性,最后于合适温度下由 *Taq* DNA 聚合酶催化下合成由引物引导的 DNA 新链,即引物延伸。延伸产物经第一轮循环变性后,与引物互补即可作为第二循环的模板,因此后一循环较前一循环的 DNA 产物增加一倍,经多次循环后,可导致两引物中间区域内的 DNA 大量扩增。

【材料、试剂与仪器】

（1）材料:乙肝可疑患者血清,阳性对照血清,20~200μl 无菌 Tip 头,0.5~10μl 无菌 Tip 头。

（2）试剂:1mol/L NaOH 溶液和 1mol/L HCl 溶液,10×PCR 反应缓冲液,dNTP 溶液(dATP、dTTP、dCTP、dGTP),HBV-DNA 特定的一对引物;*Taq* DNA 多聚酶溶液,TAE 电泳缓冲液,无菌液状石蜡。

（3）仪器:离心机,冰箱,20~200μl 微量移液器,0.5~10μl 微量移液器,0.5ml Ep 管,旋涡混合仪,PCR 扩增仪。

【步骤与方法】

（1）血清 DNA 提取:20μl 可疑患者血清中加入 1mmol/L NaOH 20μl,37℃温育 30min,离心用 1mol/L HCl 中和后,取 5μl 做 PCR。

（2）PCR 反应体系(20μl 体系)

试剂	所需量/μl	试剂	所需量/μl
样品 DNA	5	引物 2(20μmol/L)	0.5
10×缓冲液	2	Taq 酶(5U/μl)	0.5
dNTP(5mmol/L)	4	H₂O	7.5
引物 1(20μmol/L)	0.5	液状石蜡	20

（3）上述各成分充分混匀后,稍离心按 95℃变性 45s,45℃退火 50s,72℃延伸 80s,设置 30 个循环,末次循环后 72℃延伸 7min。

（4）PCR 产物检测:取琼脂糖 0.2g 溶于 20ml TAE 液中,充分熔化后冷却至 55℃左右加 2μg/ml 的溴化乙锭 10μl 混匀制胶。完全凝固后取 PCR 扩增产物于 8v/cm 电压下进行电泳。

【结果分析】

在紫外灯下观察电泳结果。

【注意事项】

为避免因污染所致的非特异性扩增,做 PCR 应注意以下事项:

(1) PCR 的前、后处理要在不同的隔离工作台进行。

(2) 使用一次性吸头,吸头不要暴露在空气中,以免污染。

(3) 移液器应专用,与吸头接触部位经常擦拭。

(4) 精心选择阳性对照以证明反应系统完好,同时设置与实验标本一起抽提的阴性对照标本。

(5) 配制的溶液应高压灭菌,但 dNTPs 液不用高压。

(6) 每次反应设一无模板对照管,以检查 *Taq* DNA 酶是否含不同来源污染的 DNA。

(7) 带一次性手套操作。

(8) 离心管开盖时注意突然减压所致 DNA 气溶胶污染。

【思考题】

(1) 怎样避免酶联免疫吸附试验结果出现假阳性?

(2) 简述乙肝五项指标的医学意义?

(管志玉)

第四部分　医学遗传学实验

实验一　人类 X 染色质标本的制备和观察

【实验目的】

(1) 掌握 X 染色质标本的制备方法。

(2) 掌握 X 染色质的形态特征及其临床意义。

【实验原理】

正常女性的二倍体细胞核中有两条 X 染色体。但只有一条具有转录活性,另一条发生遗传学失活,形成异固缩的 X 染色质(X chromatin),这种失活保证了雌雄两性细胞中都只有一条有活性的 X 染色体,使 X 连锁基因产物的量保持两性相同,即 X 染色体的剂量补偿效应。X 染色体数目异常的个体,不论细胞中存在多少 X 染色体,均保留一条有转录活性,其余都形成异染色质化的 X 染色质。因此,X 染色质检查可作为性别和 X 染色体数目检测的一种辅助诊断方法。在间期细胞核中,正常女性的 X 染色质阳性率一般约为 10% ~ 30%,出现率的高低取决于个体的生理状态、X 染色质在细胞核中的位置以及 X 染色质标本制备和识别技术。正常男性的 X 染色质阳性率则平均低于 1%。

X 染色质的形成是在胚胎发育的第 16 天,随机发生于二倍体细胞中父源性或母源性的 X 染色体并保留终生。在卵子发生过程中再恢复活性。

【材料、试剂与仪器】

(1) 材料:牙签,载玻片,滴管,100ml 立式染色缸,木制染片板,擦镜纸。

(2) 试剂:0.2% 甲苯胺蓝染液,甲醇,冰乙酸,蒸馏水,5mol/L 盐酸溶液,香柏油,二甲苯。

(3) 仪器:光学显微镜,吹风机。

【步骤与方法】

(1) 取材:取口腔黏膜上皮细胞。漱口 3 次后,用牙签从面颊部内侧黏膜刮取口腔黏膜上皮细胞,将细胞涂于干净载玻片上,用签字笔写下学号,置于空气中自然干燥。

(2) 固定

1) 配固定液:按照甲醇:冰乙酸 = 3 : 1 的比例配制固定液,置于染色缸中。

2) 固定:将涂有口腔黏膜上皮细胞的标本片放入固定液中固定,10min 后取出,用吹风机吹干。

(3) 分化:干燥后将标本置于木制染片板上(注意涂有口腔黏膜上皮细胞的一面朝上),滴加数滴 5mol/L 盐酸,覆盖涂有口腔黏膜上皮细胞的部位,静置分化 10min。

(4) 冲洗:用自来水冲洗标本片,将盐酸冲洗干净,将水分充分沥干净。

(5) 染色:将标本置于木制染片板上,滴加数滴 0.2% 甲苯胺蓝染液,覆盖涂有口腔黏膜上皮细胞的部位,静置染色 10min。

(6) 冲洗:用自来水将多余染液冲洗干净,吹风机吹干标本片。

（7）镜检：先用 10 倍物镜头找到口腔黏膜上皮核，调转镜头，在标本片上滴加香柏油 1 滴，转换 100 倍油镜镜头读片，寻找 X 染色质并观察其形态。计数 50 个"可计数细胞"，计算 X 染色质的阳性率。

【结果分析】

口腔黏膜上皮核呈淡蓝色，椭圆形。

可计数细胞的标准：①核较大，轮廓清楚完整，核膜无缺损，无皱褶；②核质染色呈均匀的细网状或颗粒状，无退变的深染大颗粒及细菌污染。

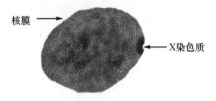

核膜

X 染色质

图 1-4-1 X 染色质（甲苯胺蓝染色）

X 染色质的形态识别标准：贴于核膜内侧缘，长径大小 1~1.5μm，形状多为半圆形、三角形（图 1-4-1）。

【注意事项】

（1）取材量要充足：由于女性的 X 染色质正常阳性率只有 10%~30%，所以取材时要多刮取一些口腔黏膜细胞。

（2）固定前一定用签字笔做好标记。

【思考题】

（1）如何理解 X 染色质是兼性异染色质的典型类型？

（2）X 染色质检查的临床意义有哪些？

（杨利丽）

实验二　人类 Y 染色质标本的制备和观察

【实验目的】

掌握 Y 染色质标本的制备过程和识别方法。

【实验原理】

Y 染色质，又名 Y 小体，是性染色质之一，由 Y 染色体长臂远端的 2/3 部分的异染色质构成。表现为用荧光染料染色后，在荧光显微镜下见到间期核内的一荧光较强的小体。可于男子口腔黏膜细胞、淋巴细胞、纤维母细胞、人类精子及男性胎儿的羊水细胞核中发现。

Y 染色质检查在临床上常用于确定性别和诊断性染色体异常的疾病。最近已被奥林匹克运动会用于运动员的性别鉴定。

【材料、试剂与仪器】

（1）材料：染色缸，刀片，镊子，牙签，滴管，载玻片，盖玻片。

（2）试剂：95%乙醇溶液，0.5%盐酸阿的平染液，MacIlvaine 缓冲液（pH 6.0），乙醚，二甲苯，香柏油。

（3）仪器：荧光显微镜。

【步骤与方法】

（1）取材：被检查者（男性）用水漱口后，用牙签钝端在颊黏膜内侧刮取口腔上皮细胞，均匀涂在干净的载玻片中央。放在空气中干燥。

（2）固定：配制新鲜固定液（95%乙醇溶液：乙醚＝1：1）倒入染色缸中，将玻片放入染色缸中固定 20min，然后放入 95%乙醇溶液中浸泡 30min，取出后在空气中自然干燥。

（3）染色：将玻片浸入 Macllvaine 缓冲液中 5min，浸入 0.5% 盐酸阿的平染液中染色 20min（注意：避光，且荧光染料要现配现用）。Macllvaine 缓冲液或蒸馏水中浸泡 10min。

（4）封片：Macllvaine 缓冲液或蒸馏水封片，加盖玻片。

（5）观察并计数，计算 Y 染色质阳性率。

【结果分析】

（1）镜下特点：用荧光显微镜观察 Y 染色质形态。先用低倍镜观察，可见散在的口腔黏膜上皮细胞，核染成黄色。在高倍镜下，可见靠近核膜边缘或核中央处有一极小的黄色荧光亮点，就是 Y 染色质，直径为 $0.25 \sim 0.3 \mu m$（图 1-4-2）。

（2）计数：选择 50～100 个核膜完整无缺、核质染色均匀、清晰可见的细胞进行观察。记录出现 Y 染色质的细胞数，算出百分率。

正常男性口腔黏膜上皮细胞 Y 染色质阳性率为 60%～70%，血涂片阳性率为 10%～30%。

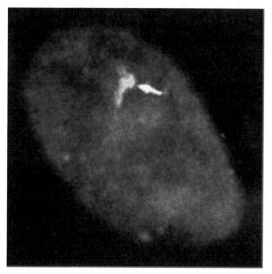

图 1-4-2 人类 Y 染色质（盐酸阿的平染色）

【注意事项】

0.5% 盐酸阿的平染液，要避光保存，且要现配现用。

【思考题】

结合实验结果讨论 Y 染色质的临床用途。

（刘红英）

实验三 人类外周血淋巴细胞染色体标本的制备

【实验目的】

了解人类外周血淋巴细胞染色体标本制备的原理及方法。

【实验原理】

人类外周血在体外培养条件下，在培养基中加入植物凝集素可刺激处于 G_0 期的淋巴细胞转化为淋巴母细胞样细胞，恢复有丝分裂能力，经一段时间的培养即可获得大量分裂期细胞以供染色体分析。

秋水仙素可通过干扰微管组装而抑制纺锤丝形成，使细胞分裂不能进入后期而停滞于中期，从而可在短期内积累大量最适于进行染色体分析的中期分裂象。此外，秋水仙素还能使染色单体缩短、分开，使染色体呈现利于识别的形态。

低渗处理可导致细胞吸水膨胀，质膜破裂，使中期染色体处于良好分散状态，利于分析；使红细胞血影经离心后浮于上清液中被去除，后续的固定过程只针对淋巴细胞，而不是在固定的同时要破坏、清除红细胞的残留物，可大大改善淋巴细胞的固定质量及标本质量。

固定的目的在于使细胞的结构固定于接近存活的状态，避免因细胞内蛋白质分解而导致结构变化。染色体研究中常用固定液为甲醇-冰乙酸固定液(3∶1)。冰乙酸渗透力强,固定迅速,但易使组织膨胀。而甲醇则可以使组织收缩,两者混合使用能抵消各自的缺点,得到较好的固定效果。

【材料、试剂与仪器】

(1) 材料:离心管,吸管,试管架,一次性注射器,酒精棉球,碘酒棉球,压脉带,棉签。

(2) 试剂:人类外周血染色体制备培养基,肝素,秋水仙素,0.075mol/L KCl 溶液,甲醇,冰乙酸,Giemsa 染液。

(3) 仪器:冰箱,恒温培养箱,离心机,恒温水浴锅。

【步骤与方法】

(1) 采血

1) 用无菌注射器抽取肝素(500U/ml)约 0.2ml,抽动针栓,使肝素湿润针筒至 3ml 刻度处,然后将多余肝素排出。

2) 按常规消毒后,取患者静脉血 1ml,将血液分别注入 2 瓶培养瓶中(每瓶约 7 号针头 20 滴),轻轻混匀。

(2) 培养

1) 将培养瓶放入 37℃恒温培养箱中培养 72h,期间每天一次轻轻晃动培养瓶,使细胞与培养基混匀并充分与培养基接触。

2) 终止培养前 1h,加入 10μg/ml 的秋水仙素 3 滴,混匀,继续培养至 72h。

(3) 收获:取出培养瓶,用毛细吸管吹打培养液,使细胞脱离瓶壁,然后将全部培养液吸入 10ml 刻度离心管中。

(4) 配平离心:1500r/min,6min。

(5) 低渗:弃上清液,加入 37℃预温的 0.075mol/L 的 KCl 溶液至 9ml,用吸管吹打混匀,置 37℃水浴锅恒温低渗处理 30min。

(6) 预固定:取出离心管立即加入 1ml 固定液,用吸管吹打混匀。

(7) 配平离心:1500r/min,6min。

(8) 固定:弃上清液,加入固定液至 10ml,用吸管吹打混匀,室温固定 30min。

(9) 配平离心:1500r/min,6min。

(10) 再固定:弃上清液,加入固定液至 10ml,用吸管吹打混匀,室温固定 30min。

(11) 配平离心:1500r/min,6min。

(12) 滴片

1) 弃上清液,加入新配制的固定液 0.2~0.3ml(依细胞多少而定),用吸管吹打混匀,制成细胞悬液。

2) 取洁净冰片一张,用吸管吸取少量细胞悬液,在距离 30cm 左右的高度将细胞滴在冰片上(目的是为了让细胞及分裂象分散良好)。

3) 自然晾干。

(13) 染色(非显带标本):用 Giemsa 工作液染色 10min,自来水冲洗后,自然晾干,油镜下观察。

(14) 观察。

【结果分析】

低倍镜下观察,染成蓝紫色的圆形结构是淋巴细胞间期细胞核。成簇的短棒状或颗粒状结构是中期分裂象,选择一个中期分裂象,然后转换油镜,可观察到中期染色体的形态结构(图1-4-3)。

【注意事项】

(1)采血过程要严格无菌,避免细菌污染。

(2)秋水仙素要避光保存。

(3)每一次吹打混匀时注意吹打的手法和力度。

【思考题】

(1)制备过程中所用的0.075mol/L的KCl溶液作用是什么?

(2)制备染色体过程中的关键步骤有哪些?

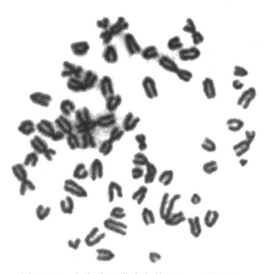

图1-4-3　人类非显带染色体(Giemsa染色)

(刘红英)

实验四　人类染色体G显带标本的制备和核型分析

【实验目的】

(1)了解染色体显带技术。

(2)熟悉人类G显带染色体的识别方法。

【实验原理】

20世纪70年代开始出现了染色体显带技术,即由于染色体本身结构状态存在差异,当对常规染色体标本片用一定方法处理,会使染色体的不同区段出现明暗相间或深浅不同的带纹,称染色体带。处理方法不同,染色体的带纹也不同,因此有不同的显带方法。如:

G带:染色体标本片经胰酶处理后用吉姆萨染液染色,称G显带法,显示的带称G带。

Q带:染色体标本片用芥子喹吖因或盐酸喹吖因等荧光染料染色,称Q显带法,显示的带称Q带。

R带:染色体标本片经高温处理后用吉姆萨染色,称R显带法,显示的带称R带。R带的带型与G带相反,也称反式G带。

C带:用强酸或强碱处理染色体标本片后吉姆萨染色,称C显带法,显示的带称C带,C带只显示异染色质区域,如着丝粒、次缢痕等。

T带:将染色体标本片置吉姆萨染液高温处理后再用吖啶橙等荧光染料染色,可专一显示端粒区,称T显带法,显示的带称T带。

显带技术所显示的染色体的带纹在每条染色体上各有特征(图1-4-4),可作为染色体的识别标志,因此可用来检测染色体的结构及其畸变。

【材料、试剂与仪器】

(1)材料:染色缸(立式),镊子,常规染色体标本片(实验3制作)。

(2)试剂:吉姆萨染液,生理盐水,0.25%胰酶。

（3）仪器:水浴箱,光学显微镜,电吹风机。

【步骤与方法】

（1）烘片:将常规染色体标本片置60℃温箱烘烤3h,或常温放置3d。

（2）胰酶处理:将标本片置0.025%的胰酶(pH 6.8～7.0,37℃)中处理0.5～1.5min。(每次显带时要先试片,以便测出合适的胰酶处理时间,试片时可将标本片以中间为界一分为二,一次测试2个时间段,两者差别0.5min)。

（3）染色:将胰酶处理后的标本片立即置吉姆萨染色缸中染色10min,自来水冲洗,自然晾干或吹干。

（4）镜检:将显带的标本片在低倍镜下找到一个合适的分裂象,然后转换油镜可清楚地观察到每条染色体的不同带型特征。

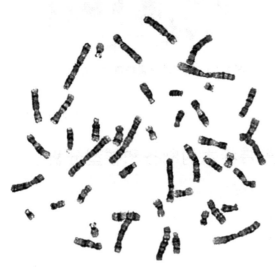

图 1-4-4　人类 G 显带染色体(Giemsa 染色)

【结果分析】

观察中期细胞 G 显带染色体标本,可以见到染色体均具备特有的带型特征,可以根据带型特征的特异性识别染色体。

【注意事项】

（1）胰酶溶液要提前用 NaOH 调节 pH。

（2）胰酶消化结束时要立即使用 Giemsa 染液终止消化过程。

【思考题】

（1）在制备过程中,所用的 0.025%胰酶作用是什么?

（2）胰酶的温度和作用时间会对显带结果产生哪些影响?

（刘红英）

实验五　小鼠骨髓染色体标本的制备

【实验目的】

初步掌握小鼠骨髓细胞染色体标本制备过程和观察方法。

【实验原理】

小鼠四肢骨内骨髓细胞中的造血干细胞是生成各种血细胞的原始细胞,具有高度的分裂能力。秋水仙素可通过干扰微管组装而抑制纺锤丝形成,使处于增殖状态的细胞不能进入后期而停滞于中期,将秋水仙素注射到动物活体内,可以收集到较多的中期分裂象的骨髓细胞。再通过低渗,固定,制片,染色等步骤制得小鼠骨髓染色体标本。

【材料、试剂与仪器】

（1）材料:18～25g 的健康小鼠,吸管,离心管,注射器,预冷载玻片,香柏油,解剖镊子,解剖剪。解剖板,量筒。

（2）试剂:100μg/ml 秋水仙素,0.075mol/L KCl 低渗液,甲醇,冰乙酸,pH 6.8 磷酸缓

冲液,Giemsa 染液,生理盐水。

（3）仪器:离心机,水浴锅,显微镜。

【步骤与方法】

（1）秋水仙素处理:取骨髓前 2h 给小鼠经腹腔注射秋水仙素 0.4ml（图 1-4-5）。

（2）取材:用颈椎脱臼法处死小鼠（图 1-4-6）,剪开后肢皮肤和肌肉,取出完整的两根股骨（从髋关节至膝关节）,剔除肌肉和肌腱,再用自来水冲洗干净。

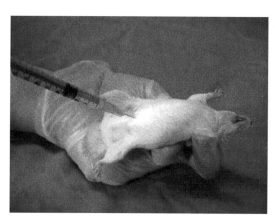

图 1-4-5 小鼠经腹腔注射秋水仙素

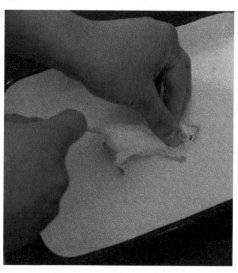

图 1-4-6 脱臼法处死小鼠

（3）收集细胞:剪去股骨两端,露出骨髓腔,用注射器针头吸入适量的生理盐水从股骨的一端插入骨髓腔,将骨髓冲入 10ml 刻度的离心管内,可反复冲洗至股骨变白,此刻离心管中细胞悬浮液约有 4~5ml。

（4）低渗处理:将所有获得的细胞悬液 1000r/min 离心 5min（离心前配平,下同）,弃去上清液,加 0.075mol/L KCl 溶液 8ml,将细胞吹打均匀,置 37℃水浴锅中低渗 25min。

（5）固定:低渗处理后的细胞经 1000r/min 离心 5min 后,吸去上清液,沿管壁加入新配制的固定液（甲醇与冰乙酸的体积比为 3:1）约 10ml,立即吹散细胞团,室温下静置 20min,1000r/min 离心 5min,弃去上清液。

（6）再固定:重复步骤（5）。

（7）制备细胞悬液:离心后留下沉淀物,加入新配制的甲醇冰乙酸固定液 0.2ml 混匀。

（8）滴片:用吸管吸取细胞悬液滴在预冷的载玻片上,每片 2 滴,将制片平放,自然晾干。

（9）染色:每张载玻片上滴入 4~5 滴 Giemsa 染液,染色 10min 后,自来水冲洗,晾干。

（10）观察。

【结果分析】

在低倍镜下,可见到染成蓝紫色的圆形间期细胞核,成簇的短棒状或颗粒状结构是中期分裂象（图 1-4-7）。

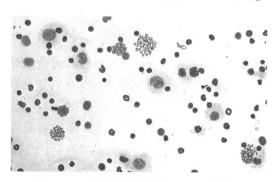

图 1-4-7 小鼠骨髓染色体（Giemsa 染色）

在油镜下,可观察小鼠端着丝粒染色体特征(图1-4-8),正常情况下,小鼠的40条染色体均为端着丝粒染色体。雄性小鼠有3条最短的染色体(19号和Y染色体),雌性小鼠有两条最短的染色体(图1-4-9)。

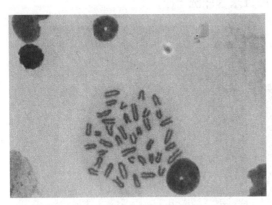

图1-4-8 小鼠骨髓染色体(Giemsa染色)

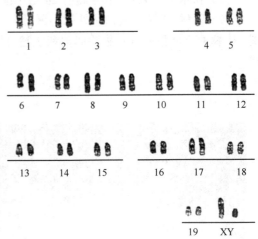

图1-4-9 小鼠核型(2n=40)

【注意事项】

(1) 正确处死小鼠,取出股骨。

(2) 注意每一次吹打细胞悬液的正确方法。

【思考题】

小鼠染色体与人类染色体有什么区别?

(刘红英)

实验六 人类姐妹染色单体互换标本的制备与观察

【实验目的】

(1) 熟悉人类外周血淋巴细胞姐妹染色单体互换标本的制备技术。

(2) 掌握姐妹染色单体互换标本的观察分析方法。

【实验原理】

(1) 姐妹染色单体互换(sister chromatid exchanges,SCE)是指同一染色体的两条单体之间发生的同源重组,与DNA合成期(S期)DNA的断裂与修复有关。SCE发生频率反映了细胞在S期的受损程度。遗传物质改变或环境因素诱变会导致染色体不稳定性增加,SCE率明显增高。因此SCE率可作为某些遗传病的诊断方法以及某些诱发染色体不稳定因素的检测指标。

(2) SCE率的检测方法为5溴脱氧尿嘧啶核苷(5-Bromo-2'-deoxyuridine,BrdU)导致的姐妹染色单体的差别显色法。细胞有丝分裂中期的染色体是由2条姐妹染色单体组成,每一染色单体由一双链DNA组成。BrdU是脱氧胸腺嘧啶核苷(thymine,T)的类似物,在DNA复制过程中可替代T。根据DNA的半保留复制特点,当细胞生存环境中存在BrdU时,在第二个复制周期的中期,两条姐妹染色单体中一条 DNA 双链中的 T 均被 BrdU 替代,而另一条单体的 DNA 双链仅有一条链的 T 被 BrdU 替代,另一条链是含 T 的旧链(图 1-4-10)。由 BrdU 组成的 DNA 分子螺旋化程度低,碱性染料着色浅,光镜下可明显区分出两条染色单体的显色差别(图 1-4-11)。

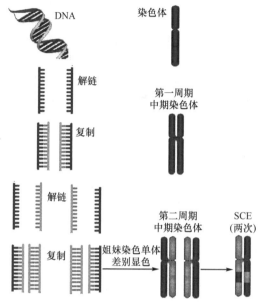

图 1-4-10　姐妹染色单体互换差别显色原理

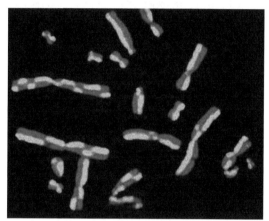

图 1-4-11　姐妹染色单体互换差别显色
结果(Giemsa 染色)

【材料、试剂与仪器】

(1) 材料:一次性注射器,酒精灯,培养瓶,刻度离心管,胶塞,吸管,试管架,载玻片,托盘天平,染色缸。

(2) 试剂:R/MINI 1640 培养液,小牛血清,秋水仙素(100μg/ml),5-溴尿嘧啶(BrdU,500μg/ml),低渗液(0.075 mol/L KCl 溶液),2×SSC 缓冲液,4% Giemsa 染液,0.01mol/L 磷酸缓冲液(pH=7),甲醇,冰乙酸。

(3) 仪器:超净工作台,恒温培养箱,恒温水浴箱,冰箱,低速离心机,显微镜,干燥烤箱,电吹风,30W 紫外灯(30W,220V)。

【步骤与方法】

(1) 细胞培养:常规接种外周血入 R/MINI 1640 培养基中 37℃恒温培养,培养至 24h 时,加入 500μg/ml BrdU 溶液 0.1ml,终浓度达 10μg/ml,黑纸包裹培养瓶继续培养至收获。

(2) 染色体标本制备:常规制片,将标本片置 37℃恒温培养箱中烘片 1~3d。

(3) 紫外线处理:取一培养皿,底部放有两根平行排列的牙签或玻棒,将标本片(有细胞的一面朝上)平放在牙签上并滴加数滴 2×SSC 溶液,然后向培养皿中加 2×SSC 溶液,使液面不超过标本面为度,在标本上覆盖一条形擦镜纸,纸边垂到 2×SSC 溶液中,保持标本湿润,将培养皿置 37℃恒温水浴箱内,置紫外灯下照射 30min,灯管距标本片 10cm。

(4) 染色:蒸馏水充分冲洗后用 4%吉姆萨染液染色 10min,自来水冲洗,自然晾干,中性树胶封片。

（5）观察：选择染色体分散良好、长度适中、轮廓清晰、数目完整、姐妹染色单体差别显色的分裂象观察并计数。

【结果分析】

（1）显微镜下能观察到三种不同的分裂象：染色体的两条单体均深染的细胞是第一个分裂周期的细胞；两条单体均浅染的细胞是第三个分裂周期的细胞。染色体显示姐妹染色单体的蓝紫色深浅差别显色。

（2）计数方法：在染色体臂端发生交换者计一次交换，在臂间发生交换者计两次交换。

【注意事项】

（1）BrdU 溶液最好现配现用，一次使用不完，必须有黑布避光，4℃冰箱保存。

（2）用紫外灯照射显示姐妹染色单体互换时，如紫外灯功率大时照射的时间就相应地减少。

（3）一份标本至少需要计数 30 个细胞。

【思考题】

（1）为什么在细胞培养加入 BrdU 溶液后，必须用黑纸包裹培养瓶继续培养至收获？

（2）制片过程中紫外灯照射显示姐妹染色单体互换的原理是什么？

（杨利丽）

实验七　小鼠骨髓嗜多染红细胞微核的检测

【实验目的】

（1）了解微核形成的原理和微核检测的遗传毒理学意义。

（2）掌握小鼠骨髓细胞微核的制备过程。

【实验原理】

微核（micronucleus，MCN），是真核细胞中的一种异常结构，是染色体畸变在间期细胞中的一种表现形式。各种具有细胞毒性的理化因素，如辐射、化学诱变剂，可导致染色体畸变或行为异常，例如染色体行动滞后、形成双着丝粒染色体、染色体断裂等。这些异常染色体（断片）在分裂末期不能进入主核，当子细胞进入下一次分裂间期时，便浓缩成主核之外的小核，即微核（图 1-4-12）。

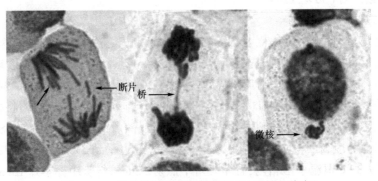

图 1-4-12　染色体断片与微核的形成（Giemsa 染色）

在细胞间期,微核游离于主核之外,呈圆形或椭圆形,大小应在主核 1/3 以下。微核的折光率及细胞化学反应性质与主核一样。

含有微核的细胞称微核细胞,微核细胞数占所观察细胞总数的比率称微核细胞率,简称微核率。微核率可用来反映遗传物质受损的程度。在一定的剂量范围内,微核率与用药的剂量或辐射累积效应呈正相关。因此微核检测技术已成为染色体损伤的快速检测手段,广泛用于细胞毒性物质的检测、新药试验、食品添加剂的安全性评价、染色体病和癌症前期诊断等各个方面。

哺乳类骨髓中的嗜多染红细胞(polychromatic erythrocytes,PCE),是红细胞从幼年阶段发展到成熟阶段的过渡类型,此时红细胞的主核已排出,微核则留在胞质中。从一群无核的细胞中检出有微核的细胞,方法简单(图 1-4-12)。

【材料、试剂与仪器】

(1)材料:5ml 注射器,解剖盘,解剖刀,解剖剪,擦镜纸,载玻片,盖玻片,瓷盘,烧杯,镊子。

(2)试剂:40mg/ml 环磷酰胺,香柏油,二甲苯,小牛血清,Giemsa 染液。

(3)仪器:显微镜,手动计数器。

【步骤与方法】

(1)动物选择:选择 7~12 周龄的健康小鼠,体重 20g 左右。

(2)药物诱导:实验前 24~48h 腹腔注射环磷酰胺 0.2ml,约 40mg/kg(40μg/g)体重,为提高微核率便于观察,最好在实验前 4h 再加强注射一次。

(3)处死动物分离股骨:用脱臼法处死小鼠。迅速剥取两根股骨,剔净肌肉,用纱布擦掉股骨上的血污和肌肉。

(4)取骨髓:将股骨两端的股骨头剪掉,露出骨髓腔,用注射器吸取 3ml 37℃预温的生理盐水插入股骨腔,冲洗骨髓入 10ml 离心管中。尽量将骨髓细胞冲洗出来,用滴管轻轻打散团块。

(5)离心:1000r/min 离心 10min。

(6)制细胞悬液:尽量弃去上清液,滴加 3 滴灭活小牛血清,用滴管轻轻混匀沉淀物,制成细胞悬液。

(7)制片:滴 1 滴细胞悬液于载玻片的一端,推片法制备骨髓细胞标本片,自然晾干。

(8)固定:将骨髓细胞标本片置甲醇:冰乙酸 = 3:1 的固定液中,固定 10min,自然晾干。

(9)染色:用 1:10 Giemsa 染液(1 份 Giemsa 原液,9 份 pH 6.8 磷酸缓冲液)染色 10min,自来水冲洗,晾干。

(10)镜检:选择细胞密度适中,染色良好的区域,再转至油镜下观察计数。

每位同学观察 200~1000 个小鼠骨髓嗜多染红细胞,计数微核率。

$$嗜多染红细胞微核率(‰) = \frac{有微核的嗜多染红细胞数}{嗜多染红细胞总数} \times 1000‰$$

【结果分析】

嗜多染红细胞为中幼红细胞脱核而成,胞体稍大于成熟红细胞。嗜多染红细胞中有核糖体存在,可被 Giemsa 染液染成蓝灰色,成熟红细胞中的核糖体已被溶解,被染成橘红色。嗜多染红细胞中的微核位于胞质中,嗜色性与有核细胞的核质相同,呈紫红色或蓝紫色。

典型的微核大多呈圆形、椭圆形及不规则小体,边缘光滑整齐,大小为主核的 1/20~1/5(图 1-4-13)。一个细胞中不论出现几个微核均按一个微核细胞计数。

　　正常小鼠嗜多染红细胞微核率为 5‰以下,超过 5‰为异常。

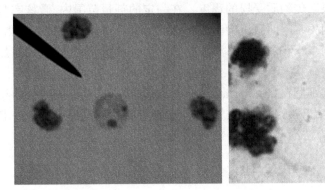

图 1-4-13　小鼠骨髓噬多染红细胞的微核细胞(Giemsa 染色)

【注意事项】

(1) 实验前的药物诱导要按时完成。

(2) 固定液要现配现用。

【思考题】

(1) 为什么选择小鼠骨髓嗜多染红细胞作为观察微核的细胞?

(2) 你周边的环境中有哪些因素会导致微核率增高?

(刘红英)

实验八　人类基因组 DNA 提取

【实验目的】

(1) 了解 DNA 提取的原理。

(2) 掌握人的不同组织基因组 DNA 提取方法。

【材料、试剂与仪器】

(1) 材料:2.5ml Eppendorf 管,10ml 离心管,吸管,微量移液器,Tip 头(200μl,1000μl)。

(2) 试剂:0.5%枸橼酸钠溶液(ACD),生理盐水,基因组细胞裂解液,蛋白酶 K(10mg/ml),10% SDS,STE 缓冲液(pH 8.0),Tris-HCl 饱和酚(pH 8.0),氯仿(CHCl$_3$),乙酸钠(3mol/L,pH 5.2),无水乙醇,75%乙醇溶液,TE 缓冲液(pH 7.5)。

(3) 仪器:离心机,水浴箱,紫外分光光度计,电泳仪,电泳槽。

【实验原理】

　　从不同组织中提取 DNA 是进行各项分子遗传学研究的基本条件。制备高质量 DNA 的原则是,尽可能保持 DNA 分子的完整性,将蛋白质、脂类、糖类等物质分离干净。DNA 的提取一般是在乙二胺四乙酸(ethylene diamine tetra acetic acid,EDTA)及十二烷基磺酸钠(sodium dodecyl sulfonate,SDS)等去污剂存在时用蛋白酶 K 消化细胞,然后用酚、氯仿抽提实现的。EDTA 的主要作用:①螯合 Mg^{2+}、Ca^{2+}等金属离子,抑制脱氧核糖核酸酶对 DNA 的降解作用(DNase 作用时需要一定的金属离子作辅基);②有利于溶菌酶的作用,因为溶菌酶的反应要求有较低的离子强度的环境。SDS 的主要作用是:①溶解细胞膜上的脂质与蛋白,破坏细胞膜及核膜;②与核蛋白结合使其变性沉淀,游离 DNA;③抑制 DNA 酶活性,使 DNA 分子尽量完整地分离出来。蛋白酶 K 的主要作用是水解蛋白质,使 DNA 充分游离。酚(苯酚)的作用是使蛋白质变性,蛋白分子表面有很多极性基团与苯酚相溶;氯仿的作用是抽提核酸溶液中的过量酚。由于 DNA 溶于水相,被释放到上清液中,乙醇使上清液中的 DNA 沉淀,从而获得粗提 DNA。用这一方法获得的基因组 DNA 大小约 100~150kb 适用于 Southern 分析、DNA 文库的构建和 PCR 扩增反应等。

【步骤与方法】

(一) 外周静脉血 DNA 的提取

(1) 采集外周静脉血 3ml,加入含有 0.5ml 0.5% ACD 抗凝剂的离心管内。

(2) 加入等体积生理盐水,轻轻振荡混匀,1500r/min 离心 20min。

(3) 弃上清液,每管加 5ml 细胞裂解液,轻轻振荡至透明;1500r/min 离心 20min。

(4) 弃上清液,每管加 STE 缓冲液(pH 8.0)2ml,蛋白酶 K 20μl,10% SDS 200μl,置 37℃恒温水浴箱内,消化过夜。

(5) 加等体积 Tris-HCl 饱和酚,轻轻振荡混匀;5000r/min 离心 20min。

(6) 小心吸取上清液至新离心管中,加入等体积的 Tris-HCl 饱和酚,重新抽提 2 次。

(7) 吸取上清液到新离心管中,加等体积的氯仿按步骤(5)、(6)抽提 2 次。

(8) 吸取上清液至一小瓶中,加 3mol/L 乙酸钠溶液至终浓度为 0.3mol/L;加 2.5 倍体积的无水乙醇,可见白色絮状沉淀的 DNA。

(9) 轻轻吸出 DNA 沉淀加至有 1ml 75% 乙醇溶液的 Eppendorf 管内;12 000r/min 离心 10min。

(10) 弃上清液,室温干燥。

(11) 加适量 TE 缓冲液溶解 DNA。

(二) 绒毛细胞 DNA 的提取

(1) 将绒毛细胞放入 Hanks 液中,立即在显微镜下分离绒毛枝状物,用生理盐水洗去血污,然后冷冻于液氮中或立即提取 DNA。

(2) 绒毛细胞吸入离心管中,用玻璃棒轻轻匀浆,加 STE 至 500μl,加 SDS 至终浓度为 0.5%。加蛋白酶 K 至 100μg/ml,37℃水浴过夜,期间振荡 3 次。

(3) 加等体积 Tris-HCl 饱和酚,轻轻振荡混匀,5000r/min 离心 20min。

(4) 吸取上清液到新的离心管,加等体积的 CHCl₃,轻轻振荡混匀,5000r/min 离心 20min。

(5) 重复步骤(4)一次。

(6) 以下步骤同"外周静脉血 DNA 的提取"。

(三) 羊水细胞 DNA 的提取

(1) 取羊水 20ml,于塑料离心管中,低温 3000r/min 离心 15min,去除上清液,用生理盐水洗涤沉淀的羊水细胞 3 次,冷冻于液氮中或立即提取 DNA。

(2) 绒毛细胞在离心管中用玻璃棒轻轻匀浆;向羊水细胞中加 STE 至 500μl,加 SDS 至终浓度为 0.5%,加蛋白酶 K 至 100μg/ml。37℃水浴过夜,期间振荡 3 次。

（3）加等体积的 Tris-HCl 饱和酚，轻轻振荡混匀，8000r/min 离心 10min。

（4）吸取上清液加等体积的氯仿，轻轻振荡混匀，5000r/min 离心 20min。

（5）重复步骤（4）一次。

（6）以下步骤同"外周静脉血 DNA 的提取"。

（四）DNA 的鉴定及定量

（1）比色法：取 DNA 液 20μl，用蒸馏水稀释至 400μl。以蒸馏水做空白对照，在紫外分光光度计上测定 OD_{260}、OD_{280}、OD_{230} 三个数值。对于纯 DNA，1 OD_{260} = 50μg/ml DNA，因此 DNA 含量应为 50μg/ml ×OD_{260}×稀释倍数。

按上述稀释 20 倍样品读数，50μg/ml×20 倍等于 1mg/ml，因此所读出的 OD_{260} 的值即为样品稀释前的浓度（mg/ml）。例如，OD_{260} 数值为 0.54，则 DNA 浓度为 0.54 mg/ml。根据含量计算总 DNA 的量。

计算公式：DNA 总量＝DNA 浓度（mg/ml）×体积（ml）

（2）电泳鉴定：取样品 1μl 与加样缓冲液 2μl（含溴酚蓝指示剂及甘油）混匀，在 0.8% 琼脂糖凝胶上进行水平板微型电泳。用噬菌体 λDNA 作为标准。

【结果分析】

经上述方法制备的 DNA 理想样品，应 OD_{260}/OD_{280}>1.7 OD_{260}/OD_{230}>2.0。如果 OD_{260}/OD_{280} 的值小于 1.7 太多，说明样品中残存蛋白质较多；如果 OD_{260}/OD_{230} 的值小于 2.0 太多，说明样品中残存核苷酸、氨基酸或酚等有机杂质太多。

DNA 区带应比较集中，泳动与 λDNA 相同或稍慢，证明相对分子质量均>50kb。一般看不到泳动速率比溴酚蓝快的 DNA 区带。如果 DNA 不成区带，而是散开分布在 λDNA 与溴酚蓝之间，则说明 DNA 已经被降解成小分子。

【注意事项】

（1）外周静脉血一般用医用 ACD 抗凝，也可用 EDTA 抗凝。因肝素能抑制限制性内切酶活性，影响后续实验，故一般不采用肝素抗凝。

（2）因 Tris-HCl 饱和酚（pH 8.0）、氯仿（$CHCl_3$）有较强的毒性，在操作过程中应注意防护，防止液体溅到皮肤上，有条件的可以戴乳胶手套以及口罩，保持良好通风。

（3）在酚以及氯仿的混合过程中，注意轻轻混匀，切忌剧烈震荡，防止 DNA 因机械剪切而发生断裂。

（4）无水乙醇沉淀 DNA 的过程中，注意使用室温的无水乙醇，不需要预冷，否则 DNA 容易析出。

（5）不要使 DNA 完全干燥，否则极难溶解。

【思考题】

（1）利用酚抽提过程中，有机相与水相交界处的白色沉淀，说明什么？为什么重新抽提有机相？

（2）为了保证 DNA 完整性，操作过程中应注意什么？

（3）如何判断提取 DNA 的质量？

（王　刚）

实验九 DNA 分子的琼脂糖凝胶电泳技术

【实验目的】

掌握琼脂糖凝胶电泳检测 DNA 的方法和技术。

【实验原理】

电泳是指带电颗粒在电场作用下,向着与其电极性相反的方向移动的现象。琼脂糖是一种天然聚合长链状分子,沸水中溶解,45℃开始形成多孔性凝胶,具有亲水性,但不带电荷,孔径的大小决定于琼脂糖的浓度,是一种很好的电泳支持物。DNA 分子在高于等电点的溶液中带负电荷,在电场中向正极移动。在一定电场强度下,DNA 分子的迁移速度与其相对分子质量的对数成反比。DNA 分子在琼脂糖凝胶中泳动时,有电荷效应与分子筛效应;不同 DNA 的相对分子质量大小及构型不同,电泳时的泳动率就不同,从而分出不同的区带。

【材料、试剂与仪器】

(1) 材料:Tip 头(20μl,200μl,1000μl),灌胶模具。

(2) 试剂:1×TAE 电泳缓冲液,溴化乙锭,甘油,溴酚蓝,蔗糖,琼脂糖。

(3) 仪器:微量移液器,电泳仪,水平电泳槽,紫外透射仪。

【步骤与方法】

(1) 制胶:0.8%琼脂糖溶于 1×TAE 中,加热至琼脂糖全部熔化。

(2) 灌胶:待胶冷至 50~60℃时,缓缓倒入胶板,插上梳子。胶凝后拔去梳子,揭下胶条,放入电泳槽内,使电泳缓冲液略高出胶板。

(3) 加样:样品 5~7μl,上样缓冲液 1~2μl,在封口膜上混合好,用微量移液器加入孔内。

(4) 电泳:接通导线,加样端接负极,调电压至 100V 左右,溴酚蓝指示剂距胶板底部1~2cm 时,停止电泳。

(5) 染色:将胶板放入含 EB 的染色盘中,染色 5~10min。

(6) 观察:紫外检测

【结果分析】

在紫外灯下观察荧光条带,或置于凝胶成像系统中观察电泳结果并拍照。对比标准 DNA 条带可以估计目的 DNA 的大小。

【注意事项】

(1) 琼脂糖溶液配制成以后,冷到 50℃左右才能倒板,温度过高,易使支持凝胶的有机玻璃板变形,或使封闭周围的胶带开裂,造成漏胶。温度过低,琼脂糖很快凝结,使所倒的胶不均匀。

(2) 支持板一定放在水平台上,一次性倒胶成功,动作要迅速。

(3) 拔出梳子时要轻、快、准。

(4) TAE 缓冲液的缓冲能力较弱,用的时间过长易造成 pH 不稳定,所以需经常更换。

【思考题】

(1) 溴化乙锭(EB)染色的机制是什么?

(2) 溴酚蓝的作用是什么?

(3) 琼脂糖凝胶电泳 DNA 的迁移速率主要受哪些因素影响?

(王 刚)

实验十　人类性状的群体调查和遗传学分析

【实验目的】

（1）掌握人类性状的群体调查和生物学统计方法。

（2）掌握性状的系谱绘制和遗传方式分析方法。

【实验原理】

（1）人类的 MN 血型系统是一种红细胞膜表面的抗原系统,由一对等位基因 MN 控制,共显性遗传,有三种基因型并产生三种血型。MM 基因型的个体是 M 血型,红细胞膜上有 M 抗原,血清中有抗 N 抗体;NN 基因型的个体是 N 血型,红细胞膜上有 N 抗原,血清中有抗 M 抗体;MN 基因型的个体是 MN 血型,红细胞膜上有 M 抗原和 N 抗原,血清中无抗 M 及抗 N 抗体。

（2）葡萄糖-6-磷酸脱氢酶（G6PDH）是细胞液中磷酸戊糖途径的一种酶,该途径通过维持 NADPH 辅酶的水平来给细胞（如红细胞）提供还原能。NADPH 反过来维持谷氨酸水平,帮助红细胞抵抗氧化伤害,同时还为肝脏、脂肪和肾上腺等组织的脂肪酸生物合成提供了大量 NADPH。双抗体夹心 ELISA 法试剂盒的作用原理是用抗人 G6PD 抗体包被于酶标板上,待测标本或标准品中的 G6PD 会与包被抗体结合。依次加入生物素化的抗人 G6PD 抗体和辣根过氧化物酶标记的亲和素。抗人 G6PD 抗体与结合在包被抗体上的人 G6PD 结合、生物素与亲和素特异性结合而形成免疫复合物。加入显色底物,TMB 在辣根过氧化物酶的催化下现蓝色,加终止液后变黄。用酶标仪在 450nm 波长处测 OD 值,G6PD 浓度与 OD_{450} 值之间呈正比,通过绘制标准曲线求出标本中 G6PD 的浓度。

（3）人类性状由基因控制形成,不同基因的性质、传递方式以及在群体中存在的频率各不相同。通过性状检测或观察,可以获得某一特定性状的家族或群体的数据资料,对这些资料进行遗传学和统计学分析,就可得知或推断相应基因的显性、隐性的性质,传递方式,群体中性状出现的频率和基因频率。

【材料、试剂与仪器】

（1）材料:一次性采血器,双凹玻片,记号笔,试管。

（2）试剂:人葡萄糖-6-磷酸脱氢酶（G6PD）Elisa 试剂盒,抗 M 和抗 N 血清,70%乙醇溶液,0.9%生理盐水,10ml EP 管,Tip 头（$10\mu l$,$20\mu l$,$200\mu l$,$1\,000\mu l$）,双蒸水。

（3）仪器:显微镜,微量移液器,37℃恒温箱,酶标仪（450nm 波长滤光片）。

【步骤与方法】

1. MN 血型的检测

（1）采血:用 70% 的乙醇溶液消毒无名指末端,用无毒采血器刺破无名指皮肤,用吸管吸取血液一滴加入盛有 0.9% NaCl 溶液的小试管中,轻轻摇匀成红细胞悬液。

（2）取血清:取一洁净的双凹玻片,在其两端分别用记号笔标记抗 M 和抗 N,取抗 M 和抗 N 血清各一滴,滴于相应凹面内。

（3）加血样:分别向抗 M 和抗 N 的凹面内加入红细胞悬液一滴（注意吸管末端不得触及标准血清）。

（4）判断标准:红细胞与抗 M 血清发生凝集为 M 血型;红细胞与抗 N 血清发生凝集为 N 血型;红细胞与抗 M 血清和抗 N 血清都发生凝集则为 MN 血型。

2. 葡萄糖-6-磷酸脱氢酶活性的测定

（1）标本收集

血清：全血标本于室温放置 2h 或 4℃ 过夜后于 1000r/min 离心 20min，取上清液即可检测，收集血液的试管应为一次性的无热原，无内毒素试管。

血浆：全血标本采集（EDTA 抗凝）后 30min 内于 1000r/min 离心 15min，取上清液即可检测。避免使用溶血，高血脂标本。

标本收集后若不及时检测，请按一次使用量分装，冻存于 -20℃/-80℃ 电冰箱内，避免反复冻融，6 个月内进行检测，4℃ 保存的应在 1 周内进行检测。如果样本中检测物浓度高于标准品最高值，请根据实际情况，做适当倍数稀释（建议先做预实验，以确定稀释倍数，或参照试剂盒说明稀释）。

（2）加样：分别设空白孔（空白对照孔不加样品及酶标试剂，其余各步操作相同）、标准孔、待测样品孔。在酶标包被板上标准品准确加样 50μl，待测样品孔中先加样品稀释液 40μl，然后再加待测样品 10μl（样品最终稀释度为 5 倍）。将样品加于酶标板孔底部，尽量不触及孔壁，轻轻晃动混匀。

（3）温育：用封板膜封板后置 37℃ 温育 30min。

（4）配液：将 30 倍浓缩洗涤液用双蒸水稀释 30 倍后备用。

（5）洗涤：小心揭掉封板膜，弃去液体，甩干，每孔加满洗涤液，静置 30s 后弃去，如此重复 5 次，拍干。

（6）加酶：每孔加入酶标试剂 50μl，空白孔除外。

（7）温育：操作同（3）。

（8）洗涤：操作同（5）。

（9）显色：每孔先加入显色剂 A 50μl，再加入显色剂 B 50μl，轻轻震荡混匀，37℃ 避光显色 15min。

（10）终止：每孔加终止液 50μl，终止反应（此时蓝色立转黄色）。

（11）结果

测定：以空白孔调零，450nm 波长依序测量各孔的吸光度（OD 值），测定应在加终止液后 15min 以内进行。

浓度计算：通过标准曲线计算检测样本中葡萄糖-6-磷酸脱氢酶（G6PD）的浓度。

3. 性状调查

（1）相对性状

1）卷舌（rolling tongue）与非卷舌（non-rolling tongue）（图 1-4-14）：卷舌（舌的两侧能向上卷成筒状）对非卷舌为显性性状。

2）双重睑（double-fold eyelid）与单重睑（single-fold eyelid）（图 1-4-14）：双重睑（俗称双眼皮）对单重睑（俗称单眼皮）为显性性状。但遗传方式尚存争议，可通过家系调查分析遗传方式。

3）有耳垂（free ear lobe）与无耳垂（attached ear lobe）（图 1-4-14）：有耳垂对无耳垂为显性。

4）"V"型额前发际（forehead hairline）与"一"型额前发际（图 1-4-14）："V"型额前发际（前额正中发际线向下有一"V"型凸起，称美人尖）对"一"发际为显性性状。

5）弯曲拇指（Hitchhiker's thumb）与直立拇指（straight thumb）（图 1-4-15）：拇指伸直时

直立拇指对弯曲拇指(拇指末节能向后弯曲)为显性性状。

6) 右旋发窝(hair whorl)与左旋发窝(图 1-4-15):右旋对左旋为显性性状。

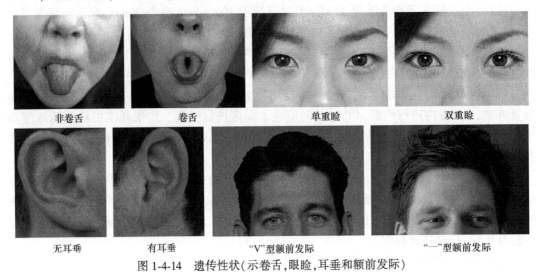

非卷舌　　　　　　　卷舌　　　　　　　单重睑　　　　　　　双重睑

无耳垂　　　　　　　有耳垂　　　　　"V"型额前发际　　　"—"型额前发际

图 1-4-14　遗传性状(示卷舌,眼睑,耳垂和额前发际)

7) 食指/无名指相对长度(the relationship between the index/ring finger ratio)(图 1-4-15):无名指长于食指对无名指短于食指为显性性状。

8) 面颊酒窝(cheek dimples)对无酒窝(no cheek dimples)(图 1-4-15):有酒窝对无酒窝为显性性状。

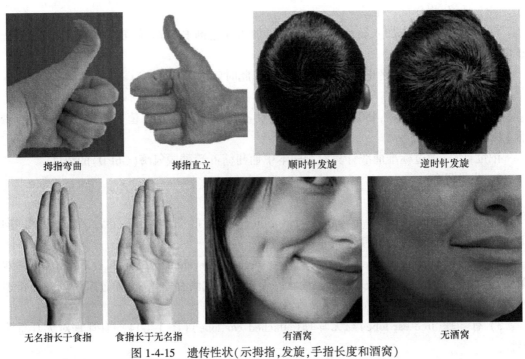

拇指弯曲　　　　　　拇指直立　　　　　顺时针发旋　　　　　逆时针发旋

无名指长于食指　　　食指长于无名指　　　有酒窝　　　　　　　无酒窝

图 1-4-15　遗传性状(示拇指,发旋,手指长度和酒窝)

9) 双手十指相扣(hand-clasping)(图 1-4-16):双手十指自然相扣时左手拇指在上对右手拇指在上为显性性状。

10）棕色眼睛（brown eyes）与蓝色眼睛（blue eyes）（图 1-4-16）：棕色眼睛对蓝色眼睛为显性性状。

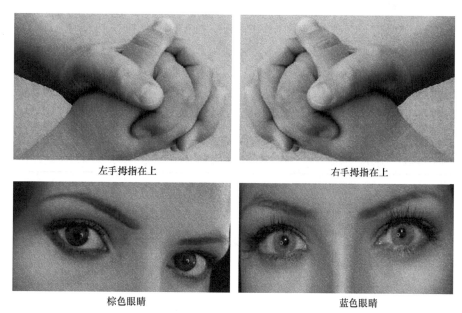

左手拇指在上　　　　　　　　　　右手拇指在上

棕色眼睛　　　　　　　　　　蓝色眼睛

图 1-4-16　遗传性状（示双手抱拳和眼睛颜色）

（2）通过个人观察、同学间相互观察以及家庭成员间观察的方式对上述性状进行调查，并填入下表（表 1-4-1 和表 1-4-2），记录调查结果。

表 1-4-1　人类遗传性状班级调查记录表

序号	性状	表型	人数 男性	女性	合计
1	卷舌	能卷舌			
		不能卷舌			
2	眼睑	单眼皮			
		双眼皮			
3	耳垂	有耳垂			
		无耳垂			
4	额前发际	"V"型			
		"一"型			
5	拇指	末节能弯			
		末节直立			
6	发旋	顺时针旋转			
		逆时针旋转			
7	食/无名指长度	食指长			
		无名指长			

续表

序号	性状	表型	人数		合计
			男性	女性	
8	酒窝	有酒窝			
		无酒窝			
9	双手十指相扣	左手拇指在上			
		右手拇指在上			
10	眼睛颜色	棕色			
		蓝色			
	合计				

表 1-4-2　遗传性状家族调查表

序号	性状	表型	祖代				亲代		本人	同代	
			祖父	祖母	外祖父	外祖母	父	母		男性	女性
1	卷舌	能卷舌									
		不能卷舌									
2	眼睑	单眼皮									
		双眼皮									
3	耳垂	有耳垂									
		无耳垂									
4	额前发际	"V"型									
		"一"型									
5	拇指	末节能弯									
		末节直立									
6	发旋	顺时针旋转									
		逆时针旋转									
7	食/无名指长度	食指长									
		无名指长									
8	酒窝	有酒窝									
		无酒窝									
9	双手十指相扣	左手拇指在上									
		右手拇指在上									
10	眼睛颜色	棕色									
		蓝色									

【结果分析】

(1) 统计所在班级各性状的出现频率。

(2) 根据家系调查的结果绘制系谱并判断遗传方式。

【注意事项】

(1) 检测 G6PD 时,避免使用溶血,高血脂标本。

（2）检测 G6PD 时,标本收集后若不及时检测,请按一次使用量分装,冻存于-20℃/-80℃ 电冰箱内,避免反复冻融,6 个月内进行检测,4℃ 保存的应在 1 周内进行检测。如果样本中检测物浓度高于标准品最高值,请根据实际情况,做适当倍数稀释(建议先做预实验,以确定稀释倍数,或参照试剂盒说明稀释)。

【思考题】

（1）如何解释有的显性性状不同个体表现的程度不同的现象,原因是什么?

（2）如何解释女性杂合子个体间存在葡萄糖-6-磷酸脱氢酶活性差异?

（杨利丽）

实验十一　人类性状的群体遗传平衡检测

【实验目的】

（1）掌握 ABO 血型鉴定的原理与方法。

（2）掌握 PTC 尝味能力遗传方式的调查方法。

（3）掌握遗传平衡定律的应用及检验方法。

【实验原理】

1. 血型测定　人类红细胞膜上有多种抗原蛋白,根据抗原不同可将人类的血液分为不同的血型系统。

ABO 血型系统:人类红细胞膜上存在着 A 和 B 两种抗原(即凝集原 A 和凝集原 B),同时,血清中有抗 A 和抗 B 两种抗体(即凝集素 α 和凝集素 β)。凝集素 α 可使含有凝集原 A 的红细胞凝集,凝集素 β 可使含有凝集原 B 的红细胞凝集。在一个人的血清中,只能含有不会使自己红细胞凝集的抗体。若一个人的红细胞被抗 A 血清凝集为 A 血型,被抗 B 血清凝集的为 B 血型,被两种血清都凝集者为 AB 型,都不凝集者为 O 型。ABO 血型抗原蛋白由复等位基因控制合成。I^A 基因产生 A 抗原,I^B 基因产生 B 抗原,i 基因不产生抗原。I^A 基因和 I^B 基因对 i 是共显性。故 I^A、I^B、i 三个复等位基因可产生 6 种基因型、4 种表现型,见表 1-4-3。

表 1-4-3　ABO 血型遗传特征

血型系统	基因型	表现型	膜抗原	血清抗体
ABO 系统	$I^A I^A$、$I^A i$	A	A	抗 B
	$I^B I^B$、$I^B i$	B	B	抗 A
	$I^A I^B$	AB	AB	—
	ii	O	—	抗 A、抗 B

2. PTC 尝味　苯硫脲(phenylthiocarbamide, PTC)是一种白色结晶物质,化学分子式

$H_2N-\overset{S}{\underset{\parallel}{C}}-\overset{H}{\underset{\mid}{N}}$—◯ ,由于其含 N—C ═S 基团,所以有苦涩昧,对人无毒无副作用。人对苯硫脲的尝味能力属不完全显性遗传,由一对等位基因 T 和 t 控制。杂合子的表型介于显性纯合子与隐性纯纯合子之间。能尝出 PTC 苦味者称 PTC 尝味者,基因型为显性基因 TT 纯合子

或 Tt 杂合子,不能尝出其苦味者为 PTC 味盲,基因型为隐性基因 tt 纯合子。

【材料、试剂与仪器】

(1) 材料:记号笔,双凹玻片,采血针头(无菌),牙签,棉签,70% 的乙醇溶液棉球,吸管,5ml 试管。

(2) 试剂:0.9% 的 NaCl 溶液,"抗 A","抗 B"标准血清,苯硫脲溶液(1/500 000、1/50 000、1/25 000)。

(3) 仪器:显微镜,计算器。

【步骤与方法】

1. ABO 血型测定

(1) 采血:用 70% 的乙醇消毒无名指末端,用无毒采血器刺破无名指皮肤,取一洁净的双凹玻片,在其两端分别用记号笔标记抗 A 和抗 B 字样,在相应凹面内各滴一滴血。

(2) 加血清:分别向两个凹面内加入抗 A 抗 B 血清各一滴。

(3) 观察:分别用两根牙签迅速搅匀每一凹面内的液体,室温静置 10min,观察红细胞有无凝集现象(混匀的血滴如逐渐变透明并出现红色颗粒,表明红细胞已凝集。有时红细胞因相对密度关系下沉团聚,但摇动玻片后仍呈混浊状,则不算凝集,如分辨困难可在显微镜下观察确定)。

(4) 判断标准

a. 红细胞与抗 A 血清发生凝集为 A 血型。

b. 红细胞与抗 B 血清发生凝集则为 B 血型。

c. 红细胞与抗 A 血清与抗 B 血清中都发生凝集则为 AB 血型。

d. 红细胞与抗 A 血清与抗 B 血清中都不发生凝集则为 O 血型。

2. PTC 尝味试验　按照从低浓度到高浓度的顺序,每人用吸管吸取 PTC 溶液滴一滴于舌头上,测定自己对 PTC 的尝味能力的阈值。测定标准为:

a. 纯合尝味者:能尝出 1/500 000 浓度溶液的苦味,基因型 TT。

b. 杂合尝味者:能尝出 1/50 000 浓度溶液的苦味,基因型 Tt。

c. 味盲:能尝出 1/25 000 浓度溶液的苦味,基因型 tt。

3. Hardy-Weinberg 定律的检测

(1) 用卡方(χ^2)检验检测 PTC 尝味能力在群体中的遗传是否达到平衡

1) 提出假设:假设我们所在班级的群体是一个遗传平衡群体,检验水准 $\alpha = 0.05$。

2) 完善表格:如表 1-4-4。

表 1-4-4　基因型的观察值与预期值

基因型个体数	TT	Tt	tt
实际观察值(O)			
预期理论值(E)			

预期理论值的计算。

PTC 尝味能力基因频率的计算:按下述公式求出显性基因(p)的频率和隐性基因(q)的频率。

$$p = f_{TT} + 1/2 f_{Tt} \quad q = f_{tt} + 1/2 f_{Tt}$$

f_{TT}：TT 基因型频率；f_{Tt}：Tt 基因型频率；f_{tt}：tt 基因型频率。

2）理论的基因型频率的计算

$$f_{TT}=p^2；f_{Tt}=2pq；f_{tt}=q^2$$

3）求各种基因型个体的理论值：将所求得的基因型频率与班级总人数相乘，即得班级中各基因型个体的预期理论人数。

4）计算 χ^2 值

$$\chi^2 = \sum \frac{(O-E)^2}{E}$$

5）查表求 P 值：如表 1-4-5。

表 1-4-5 χ^2 界值表

ν \ P	0.99	0.95	0.90	0.80	0.70	0.50	0.30	0.20	0.10	0.05	0.01
1	0.00016	0.004	0.016	0.064	0.148	0.455	1.074	1.642	2.706	3.841	6.635
2	0.0201	0.103	0.211	0.446	0.713	1.386	2.408	3.219	4.605	5.991	9.210
3	0.115	0.352	0.584	1.005	1.424	2.366	3.665	4.642	6.251	7.815	11.345
4	0.297	0.711	1.064	1.649	2.195	3.357	4.878	5.989	7.779	9.488	13.277
5	0.554	1.145	1.610	2.343	3.000	4.351	6.064	7.269	9.236	11.070	15.086
6	0.872	1.635	2.204	3.070	3.828	5.345	7.231	8.588	10.645	12.592	16.812
7	1.239	2.167	2.833	3.822	4.671	6.346	8.783	9.803	12.017	14.067	18.475
8	1.646	2.733	3.490	4.594	5.527	7.344	9.524	11.030	13.362	15.507	20.090
9	2.088	3.325	4.168	5.380	6.393	8.343	10.656	12.242	14.684	16.919	21.666
10	2.558	3.940	4.865	6.179	7.627	9.342	11.781	13.442	15.987	18.307	23.209

自由度 ν 的计算

自由度：是统计学上的常用术语，指随机变量能自由取值的个数。

如一个样本有 4 个数据（$n=4$），受到平均数等于 5 的条件限制，那么在自由确定了 3 个数据 4、2、5 后，最后一个数只能是 9。所以自由度等于 3。

任何统计量的自由度 $=n-$ 限制条件的个数

本次 χ^2 检验的统计学意义的自由度 $=$ 观察指标数 $-1=3-1=2$

由于本次 χ^2 检验所用理论值，是根据观察值计算所得，与真正意义的大群体理论值有所区别，因此通过自由度 -1 进行校正。

因此，本次 χ^2 检验的自由度 $=$ 观察指标数 $-1-1=3-1-1=1$

6）得出结论

当 $P>\alpha(0.05)$ 时，不拒绝检验假设。则说明预期理论值与实际观察值吻合，即该班级是一个遗传平衡群体。

当 $P<\alpha(0.05)$ 时，拒绝假设。该群体没有达到遗传平衡。

（2）用卡方（χ^2）检验检测 ABO 血型在群体中的遗传是否达到平衡

1）提出假设：假设我们所在班级的群体是一个遗传平衡群体，检验水准 $\alpha=0.05$。

2) 完善表格,见表 1-4-6。

表 1-4-6　ABO 血型的观察值与理论值

基因型个体数	A	B	O	AB
实际观察值(O)				
预期理论值(E)				

预期理论值的计算

a. PTC 尝味能力基因频率的计算:按下述公式求出三种基因的频率:

$$r=\sqrt{\overline{O}}\ ; p=1-\sqrt{\overline{B+O}}\ ; q=1-\sqrt{\overline{A+O}}$$

如果:$p+q+r \neq 1$,则需要校正,方法如下:

先求离差(D):$D=1-(p+q+r)$

计算基因频率的修正值(p',q',r')

$$p'=p(1+D/2)\quad q'=q(1+D/2)\quad r'=(r+D/2)(1+D/2)$$

b. 理论的基因型频率的计算:

$$p^2+q^2+r^2+2pr+2qr+2pq = 1$$

$$\overline{A}=p^2+2pr\ ;\overline{B}=q^2+2qr\ ;\overline{AB}=2pq\ ;\overline{O}=r^2$$

c. 求各种基因型个体的理论值:将所求得的基因型频率与班级总人数相乘,即得班级中各基因型个体的预期理论人数。

3) 计算 χ^2 值

$$\chi^2 = \sum \frac{(O-E)^2}{E}$$

4) 查表求 P 值

自由度 v 的计算:本次 χ^2 检验的统计学意义的自由度 = 观察指标数 $-1-1=4-1-1=2$

5) 得出结论

当 $P>\alpha(0.05)$ 时,不拒绝检验假设。则说明预期理论值与实际观察值吻合,即该班级是一个遗传平衡群体。

当 $P<\alpha(0.05)$ 时,拒绝假设。该群体没有达到遗传平衡。

【结果分析】

(1) 记录你所在班级 PTC 尝味能力及 ABO 血型的实验结果;

(2) 分析 PTC 尝味能力及 ABO 血型两种性状在本班级的分布是否达到了遗传平衡。

【注意事项】

(1) 请一定从低浓度到高浓度的顺序尝味。

(2) 请一定将溶液滴在舌部相应味蕾细胞存在的部位。

【思考题】

(1) 计算 ABO 血型的基因频率时,直接用了遗传平衡条件下的基因型频率,解释其可行性?

(2) PTC 尝味能力和 ABO 血型均为中性性状,若出现不平衡现象,最可能的原因是什么?

(杨利丽)

第二篇　综合性实验模块

实验一　RFLPs 分析技术在检测 FⅧ基因中的应用

【实验目的】

(1) 熟悉基因诊断的基本原理。

(2) 掌握 RFLPs 的原理及应用。

【实验原理】

基因诊断是对受检者在分子水平进行基因的直接或间接分析。通过基因分析方法,在个体发育的任何阶段都可以检测基因的缺陷,从而达到快速、准确地诊断疾病的目的。

应用限制性内切酶切割人的 DNA 可以得到大小不同的 DNA 片段,用凝胶电泳分离这些片段,形成一定的区带。如果 DNA 序列发生缺失、倒位、插入或置换变化,则原来的酶切位点可能被改变而出现新的切点,DNA 片段长度也随之而改变,这种变异就称为限制性片段长度多态性(restriction fragment length polymorphisms,RFLPs)。RFLPs 被广泛应用于遗传图谱构建、基因定位以及生物进化和分类等研究中。但是,由于 RFLPs 多态信息含量较低,分析技术步骤繁琐、工作量大、成本较高,所以应用受到了一定的限制。PCR 技术的出现,大大简化了这一方法。可以设计一对引物,使扩增片段包含一个已知的杂合频率高得多态酶切位点。运用 PCR 扩增出目的片段后,用该限制性内切酶进行酶切,然后用琼脂塘凝胶电泳或者聚丙烯酰胺凝胶电泳分离分析酶切产物,根据酶切图谱即可进行各家系成员的基因连锁分析。

甲型血友病(hemophilia A),又名第Ⅷ因子(FⅧ)缺乏症。患者常有关节、肌肉及软组织自发性出血,重症患者常有关节、肌肉畸形。本病为 X 连锁隐性遗传,基因定位于 Xq28,迄今已发现 80 多种点突变、6 种插入、7 种小缺失及 60 种大缺失。杂合子的鉴定对开展遗传咨询很重要。采用 PCR-RFLP 技术即可对其进行基因诊断,对防止甲型血友病重症患儿的出生十分有效。

【材料、试剂与仪器】

(1) 材料:家系成员(包括待检者、先证者及其双亲)的血样,1.5ml EP 管,100μl Tip 头,1000μl Tip 头,无菌水,PCR 管,琼脂糖。

(2) 试剂:*Bcl*I 限制性内切酶,PCR 试剂,蛋白酶 K,30% 凝胶储液,5×上样缓冲液,电泳缓冲液,无水乙醇,70% 乙醇溶液,DNA ladder,10% 冰乙酸溶液,硝酸银,苯酚钠,FⅧ引物(上游引物:5′-TAAAAGCTTTAAATGGTCTAGGC-3′;下游引物:5′-TTCGAATTCTGAAAT-TATCTTGTTC-3′),2×蔗糖 Triton。

(3) 器材:0.5～10μl 微量移液器,10～100μl 微量移液器,100～1000μl 微量移液器,PCR 扩增仪,电泳仪,电泳槽,水浴箱,凝胶成像仪,离心机,恒温箱,冰箱,紫外分光光度计。

【步骤与方法】

1. 基因组 DNA 的提取　用一次性注射器抽取甲型血友病家系成员的静脉血 3ml,用

2% EDTA-Na$_2$ 溶液 200μl 抗凝,充分混匀,采用酚-氯仿法提取基因组 DNA,提取步骤如下:

（1）取 600μl 全血,加入等体积 2×蔗糖 Triton。

（2）上下颠倒、混匀,呈透亮感,能透过光。

（3）12 000r/min 离心 5min。

（4）加入 EDTA-Na$_2$ 450μl,10% SDS 溶液 40μl,蛋白酶 K 10μl,将血膜弹开,37℃ 孵育 3h 以上。

（5）加酚 450μl,混匀,12 000r/min 离心 5min。

（6）取上清液,加入酚、氯仿各 250μl,混匀,12 000r/min 离心 5min。

（7）取上清液,加入氯仿 450μl,12 000r/min 离心 5min。

（8）取上清液,加入 3mol/L NaCl 溶液 40μl,再加入 1000μl 的无水乙醇,混匀可见白色絮状沉淀。

（9）12 000r/min 离心 5min,弃上清液,恒温箱 37℃ 干燥约 30min。

（10）加入无菌水 30~60μl,将 DNA 弹开溶解,测定 DNA 浓度后放入 -20℃ 冰箱备用。

（11）紫外分光光度法测定 DNA 260nm 吸光度,按照 $1OD_{260}$ 为 50μg/ml 计算 DNA 浓度。

2. PCR 扩增目的基因片段　在 0.5ml EP 管中加入以下试剂。

试剂	所需量
10×buffer	5μl
dNTPs	5μl
模板 DNA	1μg
上游引物	5μl
下游引物	5μl
Taq 酶	5U
ddH$_2$O	补足至 50μl

将其混匀,放于 PCR 仪上进行扩增。扩增条件:94℃ 预变性 5min;94℃ 30s,53℃ 30s,72℃ 30s,30 个循环;72℃ 延伸 5min。

3. PCR 产物的鉴定　取 4μl PCR 产物与 1μl 溴酚蓝上样缓冲液充分混匀后,于 2% 琼脂糖凝胶上电冰,电压 5V/cm,60min,用 100bp DNA ladder 为标准,核定 PCR 扩增产物的大小和扩增特异性。有 142bp 条带者进一步做酶切。

4. 限制性内切酶酶切

（1）取 40μl 扩增产物加 2.5 倍的冷乙醇,于 -20℃ 保存 2~4h。

（2）15 000r/min 离心 10min。

（3）弃上清液,沉淀用 70% 冷乙醇洗两遍。

（4）沉淀晾干后,用 20μl 水溶解。

（5）在 0.5ml EP 管中依次加入 10×buffer 2μl,PCR 产物 10μl,ddH$_2$O 6μl,*Bcl*I 5U。

（6）混匀后离心 30s,55℃ 水浴中保温 2~3h。

5. 电泳分型　配制 12% 的非变性聚丙烯酰胺凝胶（表 2-1）,混匀后迅速灌入胶床,室温凝固 1h,150V 电压预电泳 30min 后,取 8μl 酶切产物与 2μl 溴酚蓝混匀后上样。1×TBE

电泳液,50V 恒压电泳 3~4h。凝胶经过冰乙酸固定 20min、硝酸银染色 30min,苯酚钠漂洗 3 遍至条带清晰,应用凝胶图像系统进行图像处理、分析。

表 2-1 不同浓度非变性聚丙烯酰胺凝胶的配制

试剂	配制不同浓度凝胶所用试剂的体积				
	3.5%	5.0%	8.0%	12.0%	20.0%
30% 凝胶储液/ml	11.6	16.6	26.6	40.0	66.6
双蒸水/ml	77.7	72.7	62.7	49.3	12.7
10×TBE/ml	10.0	10.0	10.0	10.0	10.0
10% 过硫酸铵/ml	0.7	0.7	0.7	0.7	0.7
TEMED/μl	35.0	35.0	35.0	35.0	35.0

【结果分析】

利用 RFLPs 进行基因连锁分析需要满足两个条件:必须有先征者;致病基因的携带者必须是某限制性内切酶多态位点的杂合子。当 FⅧ基因 18 内含子无 BclI 多态位点存在时 [即 BclI(−)],只出现一条 142bp 的条带;当 FⅧ基因 18 内含子存在该 BclI 多态位点时[即 BclI(+)],将产生 99bp 与 43bp 片段。结合家系中先征者及其他成员的带型进行综合分析,可以判断 142bp 的片段与致病基因连锁(图 2-1)。

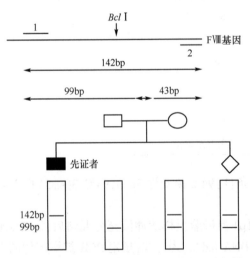

图 2-1 甲型血友病 FⅧ基因 PCR-RFLP 酶切图

【注意事项】

(1) PCR-RFLP 法要求必须有先征者的 DNA 样品,否则不能进行 RFLP 分析。

(2) 可先取 2μl 酶解产物用微型电泳检查酶切是否彻底,以决定是否结束酶切反应。

(3) 酶切必须彻底,否则会导致错误的基因分析结论。

【思考题】

(1) 什么是限制性片段长度多态性?

(2) 用 PCR-RFLP 法诊断第Ⅷ因子(FⅧ)缺乏症的原理是什么?

【试剂配制】

(1) 30% 凝胶储液:30g 丙烯酰胺,0.8g 甲叉双丙烯酰胺溶于 100ml 双蒸水中,过滤后置棕色瓶中,4℃保存可用 1~2 月。

(2) 10% 过硫酸铵溶液:0.5g 过硫酸铵溶于 5ml 双蒸水,应新配新用。

(3) 10×TBE 缓冲液(1 mol/L Tris,0.83mol/L 硼酸,10mmol/L EDTA):121.1g Tris,51.35g 硼酸,3.72g Na₂EDTA·2H₂O,溶于双蒸水中定容至 1L,4℃下可贮存 2 周,其 pH 约为 8.3。

(4) 硝酸银溶液:硝酸银 2g,甲醛 3ml,溶于 2L 超纯水中备用。

(5) 苯酚钠溶液:60g 苯酚钠溶于 2L 超纯水中,使用前加 3ml 37% 甲醛和 40ml 硫代硫酸钠溶液(10mg/ml)。

（6）2×蔗糖 Triton：0.6mol/L 蔗糖，0.02mol/L pH 8.0 Tris-HCl 缓冲液，0.01mol/L MgCl₂，2% Triton X-100。

（孔 登）

实验二 脂多糖（LPS）对巨噬细胞 LDH 活性的影响

【实验目的】

（1）掌握乳酸脱氢酶活性检测方法。

（2）了解 LPS 对巨噬细胞的激活作用。

【实验原理】

脂多糖（lipopolysaccharide，LPS）来源于革兰阴性菌细胞壁的外膜，是内毒素的主要成分，可以与体内多种受体结合引发炎症效应，其中，单核巨噬细胞为主要效应细胞。目前认为，LPS 可通过 TOLL 样受体 4（TLR4）来激活巨噬细胞，使其代谢旺盛，吞噬能力增强，并释放炎症因子。

乳酸脱氢酶（lactate dehydrogenase，LDH，EC. 1. 1. 1. 27，L-乳酸：NAD⁺氧化还原酶）广泛存在于生物细胞内，是糖无氧氧化的关键酶之一，可催化乳酸脱氢生成丙酮酸，同时将 NAD⁺还原为 NADH。本实验通过测定细胞内 LDH 含量的变化，检测 LPS 对巨噬细胞的激活作用。LDH 含量测定方法很多，其中紫外分光光度法简单、快速。鉴于 NADH，NAD⁺在 340nm 及 260nm 处有各自的最大吸收峰，因此以 NAD⁺为辅酶的各种脱氢酶类都可通过 340nm 光吸收值的改变，定量测定酶活力，如苹果酸脱氢酶、醇脱氢酶、醛脱氢酶等。在一定条件下，向含丙酮酸及 NADH 的溶液中，加入一定量乳酸脱氢酶提取液，观察 NADH 在反应过程中 340nm 处光吸收减少值，减少越多，则 LDH 活力越高。LDH 活力单位定义是：在 25℃，pH 7.5 条件下每分钟 OD_{340} 下降值为 1.0 的酶量为 1 个单位。

【材料、试剂与仪器】

（1）材料：昆明种小鼠（体重 20g±2g），毛细吸管，眼科剪，小镊子，一次性 6 孔细胞培养板，细胞计数板。

（2）试剂：75% 乙醇溶液，D-Hanks 液，RPMI-1640 培养基，新生牛血清，LPS，10mmol/L pH 6.5 磷酸钾缓冲液，0.1mol/L pH 7.5 磷酸盐缓冲液，NADH 溶液、丙酮酸溶液。

（3）仪器：超净工作台，离心管，低速离心机，细胞培养箱，超声波细胞破碎仪，恒温水浴锅，721 分光光度计，光学显微镜。

【步骤与方法】

（1）小鼠腹腔巨噬细胞收集与培养：将小鼠脱颈处死，浸入 75% 乙醇溶液中 2～3min 灭菌，取出放在超净工作台中，腹腔注射 5ml D-Hanks 液，轻揉腹部 2min，用无菌解剖剪在腹部剪开 5mm 的小口，用毛细吸管吸取腹腔液并转移入离心管中，1000r/min 离心 5min，弃上清液，加入适量 RPMI-1640 全血清培养基重悬细胞，并计数。将细胞接种到一次性 6 孔细胞培养板，2.0×10⁶/孔，并加入终浓度为 100ng/ml LPS，在 37℃ 5%CO₂培养箱中培养 24h。

（2）破碎细胞：用细胞刮刀将孔内细胞轻轻刮下，1000r/min 离心 5min，弃去培养液，收集细胞。用 0.1ml 磷酸钾缓冲液重悬细胞后，超声波细胞破碎仪破碎细胞，10 000r/min 离心 5min，收集上清液得细胞裂解液。

（3）LDH 活性测定：见第一篇第一部分实验七。

【结果分析】

计算每毫升组织提取液中 LDH 活力单位：

$$\text{LDH 活力单位（U）/ml 提取液} = \frac{\Delta OD_{340} \times 稀释倍数}{酶液加入量（10\mu l）\times 10^{-3}}$$

【注意事项】

（1）实验中涉及细胞实验的部分注意无菌操作。

（2）酶液的稀释倍数应控制在 OD_{340} 每分钟的下降值在 0.1~0.2，以减少实验误差。

（3）NADH 溶液应在临用前配制。

【思考题】

简述用紫外分光光度法测定以 NAD⁺ 为辅酶的各种脱氢酶测定原理。

【试剂配制】

（1）D-hanks 液：称取氯化钠 8g，氯化钾 0.4g，苯酚氢钠 0.35g，十二水磷酸氢二钠 0.152g，磷酸二氢钾 0.06g，葡萄糖 1g，依次溶于三蒸水中，最后加三蒸水至 1000ml，高压灭菌，4℃保存备用。

（2）1mg/ml LPS 的配制：将 1ml 无菌生理盐水注入盛有 1mg LPS 粉末的小瓶中，使其完全溶解后，分装，-20℃保存备用。

（陈　永）

实验三　血清 γ-球蛋白的分离、纯化及鉴定

【实验目的】

（1）掌握蛋白质分离、纯化及鉴定的原理及方法。

（2）熟悉免疫方法鉴定蛋白质的优势。

【实验原理】

利用硫酸铵分段盐析法将血清中的 γ-球蛋白与清蛋白及 α-球蛋白、β-球蛋白分离，在利用凝胶过滤法除盐，即可得到比较纯的 γ-球蛋白。

中性盐类能破坏溶液中蛋白分子表面的双电层和水膜，从而使蛋白质从溶液中凝聚沉淀析出。沉淀不同的蛋白质所需盐类的浓度不同。例如，50%饱和的硫酸铵能使血清中的球蛋白沉淀，而 33%饱和的硫酸铵则使 γ-球蛋白沉淀。因此，可根据所要分离的蛋白质，选择不同饱和度的硫酸铵溶液进行盐析。

现在所指的盐析法实际上多为硫酸铵盐析法。因为硫酸铵有许多其他盐所不具备的优点，如在水中化学性质稳定；溶解度大；溶解度的温度系数变化较小，在 0~30℃范围内溶解度变化不大；而且硫酸铵价廉易得，分段效果比其他盐好，性质温和，即使浓度很高时也不会影响蛋白质的生物学活性。

通过硫酸铵盐析法分离得到的 γ-球蛋白粗提物中含有大量的硫酸铵盐，应除去。脱盐的方法有多种，本试验采用凝胶过滤。在凝胶过滤中，柱中的填充料是高度水化的惰性多聚物，最常用的有葡聚糖凝胶（sephadex gel）和琼脂糖凝胶（agarose gel）等颗粒。葡聚糖凝胶是具有不同交联度的网状结构物，它的"网眼"大小可以通过交联剂与葡聚糖的配比来达

到。不同型号的葡聚糖凝胶可用来分离和纯化不同分子大小的物质。把葡聚糖凝胶装在层析柱中,不同分子大小的蛋白质混合液借助重力通过层析柱时,比"网眼"大的蛋白质分子不能进入网格中,而被排阻在凝胶颗粒之外,随着洗脱剂在凝胶颗粒的外围而流出。比"网眼"小的分子则进入凝胶颗粒内部。这样,由于不同大小的分子所经路程距离不同而得到分离。大分子物质先被洗脱出来,小分子物质后被洗脱出来。所以含硫酸铵的蛋白质溶液通过层析柱时,先被洗脱出层析柱的是球蛋白,小分子硫酸铵由此法分离除去。

免疫电泳法是指利用凝胶电泳与双向免疫扩散两种技术结合的实验方法。在电场作用下标本中各组分因电泳迁移率不同而分成区带,然后沿电泳平行方向将凝胶挖一沟槽,将抗体加入沟槽内,使抗原与抗体相互扩散而形成沉淀线。根据沉淀线的数量、位置及形状,以分析标本中所含组分的性质,本实验常用于抗原分析及免疫性疾病的诊断。此法在微量的基础上具有分辨率高,灵敏度高,时间短,是很理想的分离和鉴定蛋白质混合物的方法。用于抗原、抗体定性及纯度的测定。

【材料、试剂与仪器】

(1) 材料:血清,10ml 离心管,吸管,试管,50ml 烧杯,20μl Tip 头,1000μl Tip 头。

(2) 试剂:葡聚糖凝胶 G-25,饱和硫酸铵溶液,氨水,0.01mol/L pH 7.0 磷盐缓冲液,纳氏试剂,双缩脲试剂,1%琼脂糖凝胶,0.05mol/L pH 8.6 巴比妥缓冲液人,IgG,抗人全血清抗体。

(3) 仪器:离心机,反应板,铁架台,1.5cm×20cm 层析柱,水平电泳槽,电泳仪,10～100μl 微量移液器,100～1000μl 微量移液器。

【步骤与方法】

1. 盐析

(1) 取血清 2ml,加磷酸缓冲溶液 2ml,混匀,逐滴加入(边加边摇)饱和硫酸铵 1ml(此时溶液硫酸铵饱和度约为 20%)。4℃静置 15min 以 3000r/min 离心 10min,沉淀为纤维蛋白(弃去);上清液中含清蛋白、球蛋白。

(2) 取上清液,再加饱和硫酸铵溶液 3ml(方法同前),此时溶液硫酸铵饱和度为 50%,4℃静置 15min,以 3000r/min 离心 10min,上清液中含清蛋白,沉淀为球蛋白。

(3) 倾去上清液,将沉淀溶于 1ml 磷酸缓冲液,再加饱和硫酸铵 0.5ml,此时溶液硫酸铵的饱和度约为 33%,4℃静置 20min,以 3000r/min 离心 10min,除去上清液,沉淀即为 γ-球蛋白。

(4) 向所得 γ-球蛋白沉淀加 0.5ml 磷酸盐缓冲液,溶解后备用。

2. 脱盐

(1) Sephadex G-25 的处理:称取 Sephadex G-25 5g 于烧杯中,加水 100ml,室温浸泡过夜,使其充分吸水膨胀,再用蒸馏水洗二次。

(2) 装柱:取层析柱 1 支(1.5cm×20cm),垂直固定在支架上,关闭下端出口。将已经溶胀好的 Sephadex G-25 中的水倾倒出去,加入 2 倍体积的磷酸盐缓冲液,并搅拌成悬浮液,然后灌注入柱,打开柱的下端出口,继续加入搅匀的 Sephadex G-25,使凝胶自然沉降高度到 16～18cm,关闭出口。待凝胶柱形成后,加入 3 倍柱体积的磷酸盐缓冲液流过凝胶柱,以平衡凝胶。

注意:凝胶床内不得有气泡、断层,胶床表面应平整,在整个层析过程中应始终位于液面之下。

（3）加样：凝胶平衡后，当液面与胶面恰好或接近重合时，关闭出口，将盐析所得全部样品加到凝胶柱表面。加样后打开柱下口，控制流速让样品溶液慢慢浸入凝胶内。当慢慢渗入凝胶的样品液液面与凝胶柱面相平时，关闭下口，完成上样。然后在凝胶柱面上加 1ml 磷酸盐缓冲液，打开下口，使液体全部进入凝胶内，这样可使样品稀释最小而样品全部进入柱床。

加样时注意勿将凝胶柱面冲起形成凹面，也不能沿管壁流下，以免样品沿柱壁与凝胶柱的间凝胶隙漏下。

（4）洗脱和收集：连续小心的加入缓冲液，控制流速为 4~5 滴/min。准备 12 支小试管收集洗脱液，每管约 1ml，收集完毕后关闭出口。

（5）检测：准备反应板两块，洗净后于各凹孔内依次滴加各管收集液各一滴。然后向其中一板各孔中滴加纳氏试剂，有硫酸铵者呈黄到橙色，颜色越深说明铵盐浓度越高，记录各孔颜色变化，用"-"或"+"的多少表示不呈色或呈色深浅。向另一反应板中滴加双缩脲试剂各一滴，观察并记录颜色变化，用"-"或"+"的多少表示不呈色或呈色深浅。保留颜色最深一管中的液体，电泳检测纯度。

（6）再生与保存：此凝胶柱可反复使用。每次用后以所需的缓冲液洗涤平衡后即可再用。久用后，若凝胶床表面有沉淀物等杂质滞留，可将表层凝胶粒吸弃，再添补新的凝胶，若凝胶床出现气泡或流速明显减慢，应将凝胶粒倒出，重新装柱。为防止凝胶霉变，暂不用时应用含 0.02% NaN_3 的缓冲液洗涤后放置。久不用时宜将凝胶由柱内倒出，加 NaN_3 至 0.02%，湿态保存于 4℃，严防低于 0℃ 冻结损坏凝胶粒。

3. 免疫电泳法

（1）取已熔化的 1% 琼脂糖倾注于玻片上制成琼脂板。

（2）冷却凝固后，按照模板于挖槽线上下两侧各打孔一个，并分别用微量加样器加入待检 γ-球蛋白及人 IgG 各 15μl。

（3）置电泳槽内，注意电泳标本应放负极一侧。并将已浸透缓冲液的滤纸一端覆盖于琼脂板两侧各约 0.5mm，另一端浸于电泳液中。

（4）接通电源。电压、电流及时间应视仪器性能而定。一般电势梯度 6V/cm，电流每板 20mA，电泳时间 1h。

（5）电泳完毕，关闭电源，取出琼脂板。按模板位置用解剖刀挖横槽，用特制尖吸管加入抗人全血清抗体。

（6）置湿盒中，于 37℃ 温箱中扩散 12h，观察沉淀弧线。

【结果与分析】

（1）数据记录

管号	1	2	3	4	5	6	7	8	9	10	11	12
纳氏试剂												
双缩脲试剂												

（2）鉴定结果

（3）计算与分析

试验结果是否与理论结果一致，如果出现偏差，原因是什么？

选出最纯的那管 γ-球蛋白,说明原因。

【注意事项】

(1) 在整个纯化过程中条件要温和,防止蛋白质变性。

(2) 盐析时,向蛋白质溶液中加饱和硫酸铵的速度要慢,边加边摇,也不能过于剧烈,以免产生过多泡沫,致使蛋白质变性,最好在低温条件下进行。

(3) 凝胶柱层析脱盐时,凝胶要充分膨胀,装柱时要缓慢均匀,凝胶床表面要平整,且垂直于层析柱,表面液体不能流干,加样时不能搅动凝胶柱表面。

(4) 反应板洗净后应不使试剂变色;在检测时,用滴管吸取管中溶液后应及时洗净,再吸取下一管,以免造成相互污染假象。

【思考题】

(1) 什么叫做分级盐析?

(2) 本实验中是如何采用分级盐析获得粗品 γ-球蛋白。

(3) 为什么凝胶床内不得有气泡、断层,胶床表面应平整?

(4) 除了免疫方法鉴定,请再列举至少三种蛋白质鉴定的方法及原理。

【试剂配制】

(1) 饱和硫酸铵溶液 pH 7.2:称取 $(NH_4)_2SO_4$ 760g,加蒸馏水至 1000ml,加热至 50℃,使绝大部分硫酸铵溶解,置室温过夜,取上清液,用氨水调 pH 至 7.2。

(2) 磷酸盐缓冲溶液(0.01mol/L pH 7.0,内含 0.15mol/L NaCl 溶液,简称 PBS):取 0.2mol/L Na_2HPO_4 溶液 30.5ml,0.2mol/L NaH_2PO_4 溶液 19.4ml,加 NaCl 8.5g,加蒸馏水至 1000ml。

(3) 纳氏(Nessler)试剂

1) 贮存液:于 500ml 锥形瓶内加入碘化钾 150g,碘 110g,汞 150g 及蒸馏水 100ml。用力振荡 7~15min,至碘的棕色开始转变时,混合液温度升高,将此瓶浸于冷水内继续振荡,直到棕色的碘转变为带绿色的碘化钾汞液为止。将上清液倾入 2000ml 量筒内,加蒸馏水至 2000ml,混匀备用。

2) 应用液:取贮存液 150ml,加 10% NaOH 液 700ml,蒸馏水 150ml 充分混匀后倒入棕色瓶中,静置数日后取出上清液使用。

(4) 巴比妥缓冲液:称量巴比妥酸 1.84g 置三角瓶,加蒸馏水 200ml,加热溶解;称量巴比妥钠 10.3g 置烧杯,加蒸馏水 700ml,摇动溶解。两项溶液混合,用蒸馏水补足 1000ml。

(孙洪亮)

实验四 免疫血清的制备及抗体的鉴定

一、免疫血清的制备

【实验目的】

(1) 掌握免疫血清制备的基本过程。

(2) 熟悉动物实验的基本知识。

【实验原理】

将适当的抗原物质注入动物体内,经过一定时间后,动物血清中可以产生特异性抗体,这种含有特异性抗体的血清称为免疫血清。优质免疫血清的产生,主要取决于抗原的纯度和免疫原性,以及动物的应答能力。此外,尚需考虑免疫途径、抗原剂量、注射次数、免疫间隔、有无佐剂等因素。免疫血清可以用于传染性疾病的诊断等用途,而且对器官移植,肿瘤以及某些科研工作也有重要意义。现以兔抗绵羊血红细胞(sheep red blood cell,SRBC)免疫血清(溶血素)的制备为例进行说明。

【材料、试剂与仪器】

(1) 材料:健康成年白色家兔,雄性,体重 2~3kg、健康绵羊,无菌注射器(2ml、50ml)及针头、碘酒棉球、70%乙醇溶液棉球、无菌试管、无菌三角烧瓶(200ml)、吸管。

(2) 试剂:保存液 Alsever's 液(阿氏液)、生理盐水。

(3) 仪器:低速离心机。

【步骤与方法】

1. 制备抗原

(1) 采血:抽取绵羊颈静脉血 30ml,立即注入含有等量无菌 Alsever's 液的无菌三角烧瓶中,混匀,分装后置 4℃冰箱中可保存 3 周。

(2) 洗涤红细胞:先将抗凝血液 2000r/min 离心 5min,弃上清液。加入 2~3 倍的生理盐水并用毛细滴管反复吹打混匀,离心 5min,弃上清液。连续洗 3 次,最后一次可离心 10min 以使 SRBC 沉淀至管底,使上清液透明无色,弃去上清液,留 SRBC 沉淀备用。

(3) 用生理盐水将 SRBC 配成 20%悬液。

2. 免疫动物

(1) 选择体重 2~3kg 健康雄兔,由耳缘静脉采血 1ml,室温静置 4h 左右,2000r/min 离心 15min 左右,分离血清,首先与 SRBC 作凝集反应测定,如无或仅有少量凝集反应,则该动物可用于免疫注射。

(2) 将羊全血及 SRBC 悬液按表 2-2 注射家兔。

表 2-2　家兔免疫注射程序

日期/天	第 1 天	第 3 天	第 5 天	第 7 天	第 12 天	第 15 天
途径	皮内	皮内	皮内	皮内	静脉	静脉
抗原	全血	全血	全血	全血	20%悬液	20%悬液
剂量/ml	0.5	1.0	1.5	2.0	1.0	2.0

(3) 末次注射后 7 天,耳缘静脉采血 1ml,分离血清,用试管凝集试验测定溶血素效价,若效价在 1:2 000 以上,即可使用,若效价不足,可加强免疫 1~2 次,再行采血。

3. 分离血清　采用颈动脉放血法(见附录一家兔颈动脉放血法)收集血液于无菌三角烧瓶中,室温放置令其凝固,再置 4℃冰箱过夜使血液完全凝固后,2500r/min,离心 15min,收集上层血清,弃沉淀。血清经鉴定、纯化后,分装,-20℃冷冻保存备用。

二、免疫血清的鉴定、纯化和保存

【实验目的】

(1) 掌握兔抗 SRBC 免疫血清鉴定的方法、原理。

(2) 熟悉这些方法的操作及结果判断。

【实验原理】

制备的免疫血清在保存或应用前需作特异性和效价鉴定。鉴定方法有多种,鉴定方法的选用要根据实验室的条件及抗原的物理性状等因素决定,比如抗 SRBC 免疫血清的鉴定可用凝集反应和补体溶血反应,而兔抗人 IgG 免疫血清可用双向免疫扩散方法来鉴定。

有时因免疫原不纯,制备的抗血清中出现几种杂抗体,抗体的纯化就是要把其中的杂抗体除去,获得特异性抗血清,再从特异性抗血清中提取某一类抗体或进一步处理获得需要的抗体片断(如 Fab 等)。

免疫血清的保存主要目的是保持抗体活性,防止抗体失活和降解。

下面以兔抗 SRBC 免疫血清为例介绍免疫血清的鉴定、纯化和保存。

【材料、试剂与仪器】

(1)材料:无菌试管、无菌吸管、试管架、玻片。

(2)试剂:免疫血清、1% SRBC 悬液、生理盐水、补体(豚鼠新鲜血清,1∶30 稀释)。

(3)仪器:37℃水浴箱。

【步骤与方法】

1. 免疫血清的鉴定

(1)玻片凝集试验鉴定免疫血清:取玻片一张,在两端分别加生理盐水和免疫血清各一滴;然后各加入一滴 1% SRBC 悬液,轻摇玻片,反应 1~2min,若生理盐水侧红细胞仍呈均匀混浊,而在免疫血清侧 SRBC 凝聚成团,出现颗粒,即为凝集试验阳性,说明免疫血清中含有抗 SRBC 抗体(此时的抗 SRBC 抗体可称为凝集素)。

(2)补体溶血试验测定免疫血清效价:在玻片凝集试验阳性的基础上,可继续用补体溶血试验测定免疫血清效价。

首先,按图 2-2 稀释含有抗 SRBC 抗体的免疫血清(此时的抗 SRBC 抗体又可称为溶血素)。取 15 支试管,编号列于试管架上,加入生理盐水,第一管 0.5ml,第二管 0.75ml,第三管 1ml,第 4~15 管各 0.25ml。溶血素 1∶100 倍稀释后,取 0.75ml,分别加入 1 号、2 号、3 号管,每管 0.25ml,即成 1∶300、1∶400、1∶500 稀释之溶血素,然后再进行倍比稀释。

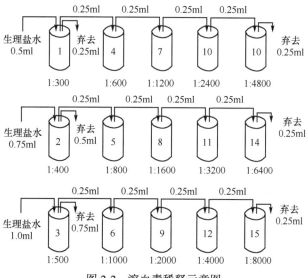

图 2-2 溶血素稀释示意图

按表 2-3 加入不同成分,另设第 16 号对照管,混匀后置 37℃ 水浴箱 30min,最后判定效价。如表 2-3 所示,以呈现完全溶血的血清最高稀释度为血清效价,则该实验中溶血素效价为 1∶2000。

表 2-3　溶血素效价测定

试管	溶血素/ml	补体/ml	NS/ml	1%SRBC/ml	预期结果
1	1∶300	0.5	0.5	0.25	完全溶血
2	1∶400	0.5	0.5	0.25	完全溶血
3	1∶500	0.5	0.5	0.25	完全溶血
4	1∶600	0.5	0.5	0.25	完全溶血
5	1∶800	0.5	0.5	0.25	完全溶血
6	1∶1000	0.5	0.5	0.25	完全溶血
7	1∶1200	0.5	0.5	0.25	完全溶血
8	1∶1600	0.5	0.5	0.25	完全溶血
9	1∶2000	0.5	0.5	0.25	完全溶血
10	1∶2400	0.5	0.5	0.25	大部分溶血
11	1∶3200	0.5	0.5	0.25	半溶血
12	1∶4000	0.5	0.5	0.25	不溶血
13	1∶4800	0.5	0.5	0.25	不溶血
14	1∶6400	0.5	0.5	0.25	不溶血
15	1∶8000	0.5	0.5	0.25	不溶血
16	—	—	1.25	0.25	不溶血

2. 免疫血清的纯化　对于部分精度要求不高的试验来说,免疫血清无需纯化即可应用。有些试验则要求进一步纯化免疫血清中的抗体。免疫血清纯化的方法可分为粗提法和精制法两个过程。

粗提法常用硫酸铵盐析法,是应用最为广泛的生产粗制免疫球蛋白组分的技术,主要用于除去非免疫球蛋白的杂蛋白,但此法获得的抗体纯度有限,通常是纯化方案的一部分,其特点是操作简便,无需复杂设备,便于处理大量样品。

为获得纯度更好的抗体,还要经过精制法进一步分离纯化抗体组分。精制法分为非特异性和特异性两种类型。非特异性方法如葡聚糖凝胶过滤法、离子交换层析法,其原量是基于蛋白质分子的物理性质。特异性方法如免疫吸附法,其原理是基于抗原抗体的特异性反应。选择哪种纯化方法以及确定哪些纯化方法的组合,应根据产品的最终用途和实验室条件来确定。

本实验中以硫酸铵盐析法纯化 IgG 抗体,其原理及步骤参见本教材第二篇实验三。

3. 免疫血清的保存　制备的抗血清如果保存得当,可数月至数年效价无明显变化。常用保存方法如下。

(1) 冷冻保存:免疫血清按需要分装后,最好先干冰速冻,然后转入 -20℃ 持续冰冻,可长期保存。应尽量减少冻融,冻融可使抗体效价降低。

(2) 冷冻干燥保存:将免疫血清分装,快速低温冰冻,然后置低温真空干燥器内干燥后立即火焰封口,使水分不高于 0.2%,4℃保存,2~3 年内效价可无明显变化。

(3) 加防腐剂保存:目前常用防腐剂有 NaN_3(使用浓度 0.01% ~ 0.02%),硫柳汞(0.02%)和苯酚(0.5%)。加防腐剂后置 4℃保存,在 1~2 年内使用,也可冷冻保存。

(4) 中性甘油保存:在抗血清中加入等量中性甘油(100ml 甘油中加 $Na_2HPO_4 \cdot 12H_2O$ 2~3g,沸水浴使溶解),充分混匀分装,置-20℃保存。此法优点是取用方便,避免了反复冻融引起的抗体变性,2~3 年内效价可保持不变。

(5) 除菌保存:如果获取的血清将用于无菌条件下的实验,则需要将抗血清经过 $0.22\mu m$ 无菌滤器过滤除菌,然后根据需要选择以上的方式进行保存。

【结果分析】

观察记录免疫血清效价。

【注意事项】

分析免疫血清效价时,勿振摇试管。

【思考题】

(1) 溶血素的鉴定包括哪两方面的内容? 分别采用什么方法,其原理是什么?

(2) 免疫血清如何保存?

(牟东珍 彭美玉 孙 萍 付晓燕)

实验五 T 淋巴细胞数量及功能的测定

在临床上许多因素可导致 T 细胞数量和功能受损,如理化因素、X 射线照射,病原体感染等。常见的病原体如 EB 病毒、巨细胞病毒、肺炎支原体、柯萨奇病毒等,特别是人类免疫缺陷病毒(HIV)能直接破坏 $CD4^+T$ 细胞,导致其数量和功能受损,患者出现细胞免疫功能低下。

一、T 细胞数量的测定——E 花环形成试验

【实验目的】

(1) 掌握 E 花环形成试验的原理及结果分析。

(2) 熟悉本试验的基本实验步骤和操作手法。

【实验原理】

95% 成熟 T 淋巴细胞表面都表达能与 SRBC 结合的受体 CD2 分子,能够介导 SRBC 与 T 细胞结合。SRBC 黏附于 T 细胞表面后,经染色,可见红色的 SRBC 与中央的蓝色 T 细胞组成玫瑰花环样结构,称为 E 花环(E-rosette)。凡表面黏附有 3 个或 3 个以上 SRBC 者为 E 花环阳性细胞,即 T 细胞。计数样本中 E 花环阳性细胞的数量及比例,可初步测知 T 细胞的数量和比例,从而间接了解机体 T 细胞的免疫功能状态。

由于 T 细胞的异质性,其对 SRBC 的亲和力亦不同,因而可以形成不同类型的 E 花环。如淋巴细胞与 SRBC 经 37℃水浴离心,再于 4℃放置 2h 所形成的花环数代表总 T 细胞数,称为总花环(EtRFC);淋巴细胞与 SRBC 按一定比例混合后只经低速离心沉淀形成的花环称为活性花环(EaRFC);EtRFC 的形成具有温度依赖性,37℃、30min 后大多数与淋巴细胞

结合的 SRBC 与之解离,少数不解离的花环称为稳定花环(EsRFC)。

【材料、试剂与仪器】

(1) 材料:滴管、玻片、试管等。

(2) 试剂:肝素、Alsever's 液、淋巴细胞分层液(相对密度为 1.077)、Hanks 液(无钙镁,pH 7.2~7.4)、小牛血清、磷酸盐缓冲液、0.8%戊二醛液、瑞氏-吉姆萨染液、0.5% 黄焦油蓝。

(3) 仪器:离心机、水浴箱、显微镜、冰箱等。

【步骤与方法】

1. 淋巴细胞悬液的制备

(1) 取 1ml 肝素抗凝静脉血(加肝素 200U/ml 抗凝),用 Hanks 液稀释 1 倍,混匀后备用。

(2) 取 2ml 淋巴细胞分层液加入试管中。

(3) 用滴管吸取稀释血液,在距分层液液面上 1cm 处,沿管壁徐徐加入,使稀释血液重叠于分层液上(尽量避免冲入分层液中),稀释血液与分层液体积比为 1∶1。

(4) 将试管轻轻放入水平离心机中,2000r/min,水平离心 20min,小心取出试管(图 2-3)。

(5) 用滴管轻轻插到血浆与分层液的界面处,沿轻轻吸取富含单个核细胞的乳白色细胞层(其中含有大量的淋巴细胞),移入另一试管中。

(6) 加入 5 倍以上体积的 Hanks 液混匀,1500r/min 离心 10min,弃上清液,将沉淀细胞振摇重悬后加 Hanks 液至少 2ml,混匀并离心,共洗涤 2 次。

(7) 轻轻震荡重悬细胞沉淀,加入 Hanks 液 0.1ml,用吸管吹打混匀后获得淋巴细胞悬液。

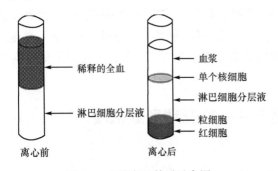

图 2-3 血液离心前后示意图

2. SRBC 悬液配制　取保存于 Alsever's 液中的 SRBC,用 5 倍左右生理盐水洗涤 3 次(前两次为离心速度为 1500r/min,10min,第三次为 2500r/min,10min),弃上清液,加入 Hanks 液,配成 1% SRBC 悬液。

3. EtRFC 花环形成试验

(1) 取 0.1ml 淋巴细胞悬液加 0.1ml 1% 绵羊红细胞,混匀后置 37℃ 水浴 5min。

(2) 取出试管,低速离心(1000r/min 离心 5min),置 4℃ 2h 或过夜。

(3) 取出试管,沿管壁滴加 0.8% 戊二醛 0.2ml,4℃ 固定 10~20min。

(4) 弃上清液,取细胞沉淀并涂片,自然干燥。

(5) 取磷酸盐缓冲液(0.07mol/L,pH 7.2~7.4)10ml,加入 6 滴吉姆染液,及 1 滴瑞氏染液,将上述细胞制片置于此染液中染色,10min 后水洗、干燥、镜检。

(6) 也可取细胞沉淀制成湿片,滴加瑞氏-吉姆萨染液或黄焦油蓝 1 滴加盖玻片,高倍镜或油镜计数花环形成率。

4. EaRFC　基本方法同上,不同之处是 SRBC 悬液的浓度为 0.1%,SRBC 与淋巴细胞的比例为 10∶1,混匀后立即 1000r/min 离心 5min,加入戊二醛液固定,染色后镜检。

5. EsRFC　方法同 EtRFC,不同之处在于淋巴细胞加入 SRBC 后稍加振荡,立即置 37℃ 水浴 30min,加入 0.8% 戊二醛液固定,染色后镜检。

【结果分析】

凡表面黏附有 3 个或 3 个以上 SRBC 者为 E 花环阳性细胞(即 T 细胞,图 2-4、图 2-5)。计数 200 个淋巴细胞,算出花环形成率,推测 T 淋巴细胞的百分率。

$$花环形成率(\%) = \frac{花环形成细胞}{花环形成细胞+未形成花环细胞} \times 100\%$$

正常参考值为:EtRFC:64.4±6.7%;EaRFC:23.6±3.5%;EsRFC:3.3±2.6%。

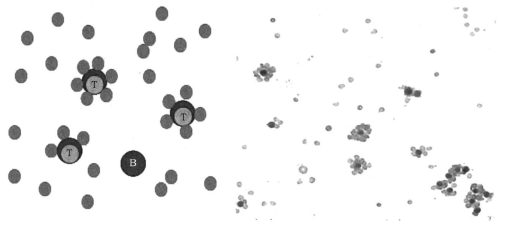

图 2-4　E 花环示意图　　　　　　　　图 2-5　E 花环(瑞氏染色)

【注意事项】

(1) 向含分层液的试管中加入稀释血液时应倾斜沿管壁缓缓加入,使血液与分离液形成明显的界面,小心放取试管,避免打乱界面,影响分离效果。

(2) 计数及摇匀细胞时动作应轻柔,避免打散已形成的花环。

(3) 最好用新鲜的 SRBC,保存于 Alsever's 液中,两周内可以使用,超过两周的 SRBC 与淋巴细胞的结合力下降。

【思考题】

(1) E 花环形成试验的原理是什么?其用途是什么?

(2) E 花环形成试验的分类?如何对不同 E 花环形成试验进行结果判断?

二、淋巴细胞功能的测定

体外培养的淋巴细胞,在受植物血凝素(PHA)、刀豆蛋白 A(ConA)等非特异性有丝分裂原或抗原的刺激时,首先转化为淋巴母细胞,然后分化成为具有不同特性的淋巴细胞(如效应细胞、记忆细胞等)。淋巴细胞接受丝裂原或抗原刺激发生转化的现象称为淋巴细胞转化(lymphocyte transformation)。测定淋巴细胞转化率可反映机体细胞免疫水平,在临床和科研中常作为检测细胞免疫功能的指标之一。

常用的检测淋巴细胞转化的试验方法有:形态学方法、^{3}H-TdR 掺入法、MTT 比色法等。

(一) 淋巴细胞转化试验:形态学方法

【实验目的】

掌握淋巴细胞转化试验中形态学方法的用途及结果分析。

【实验原理】

T 淋巴细胞在体外培养过程中,受到有丝分裂原如植物血凝素(PHA)或刀豆蛋白 A (ConA)的刺激后,首先发生转化成为体积较大的淋巴母细胞,其表现为胞质增多且深染,胞核增大并且可见核仁,部分细胞可见有丝分裂。观察并计算淋巴细胞的转化率可反映机体 T 细胞免疫的应答和功能状态。

【材料、试剂与仪器】

(1) 材料:肝素抗凝管、滴管、吸管、刻度离心管、试管、细胞培养瓶、玻片、镜油等。

(2) 试剂:RPMI-1640 完全细胞培养液、植物血凝素(PHA)、Hanks 液、瑞氏染液等。

(3) 仪器:显微镜等。

【步骤与方法】

(1) 取无菌培养瓶,在超净台或接种箱内按无菌操作加入 3~5ml 配好的 RPMI-1640 完全细胞培养液,或者培养液配好后先分装于小瓶中,小瓶用消毒橡皮塞塞紧,胶布封口,冰冻保存,需用时室温或 37℃ 融化后使用。

(2) 用消毒注射器取肝素抗凝血 0.3ml 加入上述含培养液的培养瓶中。

(3) 每 5ml 培养液加入 5mg/ml PHA 溶液 0.2~0.3ml,使培养基中 PHA 的浓度达到 200~300μg/ml,置 37℃ 温箱中培养 72h,培养期间每天振摇一次。

(4) 培养结束,吸弃瓶内上清液,取 Tris-NH$_4$Cl 溶液 3ml 加入瓶内,充分混匀。移入离心管内,置 37℃ 水浴 10min。

(5) 加 2 倍体积生理盐水混匀,1500r/min 离心 10min,弃上清液,共洗涤 2 次,摇匀沉淀细胞,推片,干燥,瑞氏染液染色。

【结果分析】

根据细胞大小、胞核和胞质特征等进行判别。转化过程中,常见的细胞类型有成熟小淋巴细胞、过渡型淋巴细胞、淋巴母细胞、核分裂象细胞等。其具体形态特征如下:

(1) 成熟淋巴细胞:①直径 6~8μm;②核质紧密,无核仁;③着色较深;④胞质较少。

(2) 过渡型淋巴细胞:①体积较成熟小淋巴细胞略大,直径为 12~16μm;②核质较疏松,有或无核仁;③着色较淡;④胞质增多且为嗜碱性,部分细胞表面出现伪足样突起。

(3) 淋巴母细胞:①体积明显增大,直径为 12~20μm;是成熟淋巴胞的 3~4 倍;②核疏松呈网状结构并有 1~3 个核仁;③核周有淡染区;④胞质丰富呈嗜碱性,可见空泡,细胞表面有伪足样突起。

(4) 核分裂象细胞:即染色体型淋巴细胞。核呈有丝分裂,可见成堆或散在的染色体。

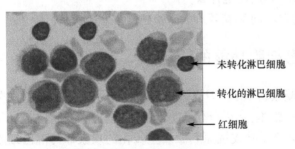

图 2-6 淋巴细胞转化实验(瑞氏染色)

在油镜下观察计数 200 个淋巴细胞,根据淋巴细胞转化的形态学指标计算出淋巴细胞转化的百分率。其中,过渡型淋巴细胞、淋巴母细胞和核分裂象细胞作为转化型细胞(图 2-6)。

$$淋巴细胞转化率(\%) = \frac{转化型细胞数}{转化型细胞数 + 未转化型细胞数} \times 100\%$$

正常值为 60% ~ 80%,50% ~ 60% 为转化率偏低,50% 以下则为转化率降低。

【注意事项】

(1) 本试验要求严格进行无菌操作,否则会因污染影响试验效果。

(2) PHA 的浓度要适当,过多或过少都会影响转化率。一般需根据不同的厂家、批号及预实验确定用量。

(二) 淋巴细胞转化试验:MTT 比色法

【实验目的】

掌握 MTT 比色法的原理及用途。

【实验原理】

MTT 比色法(四甲基偶氮唑盐微量酶反应比色法)是 Mosmann 于 1983 年报告的。原理是活细胞内线粒体脱氢酶能将四氮唑化物(MTT)由黄色还原为蓝色的甲䐀颗粒,后者溶于有机溶剂(如二甲基亚砜、酸化异丙醇等),形成甲䐀的量与细胞活性成正比,可用酶标仪在 570nm 处测定其 OD 值。

【材料、试剂与仪器】

(1) 材料:96 孔细胞培养板、滴管、微量移液器。

(2) 试剂:RPMI-1640 完全细胞培养液、Hanks 液、ConA(200μg/ml)、MTT(5mg/ml)、二甲基亚砜(DMSO)。

(3) 仪器:酶标仪、离心机等。

【步骤与方法】

(1) 无菌分离人外周血淋巴细胞,用 RPMI-1640 完全培养液调制成 1×10^6 细胞/ml,取 100μl/孔加入 96 孔培养板中,设立三复孔。

(2) 用 RPMI-1640 完全培养液调整 ConA 浓度为 20μg/ml,取 100μl/孔加入培养板中,使 ConA 的终浓度为 10μg/ml。实验设立另外不含 ConA 的对照组,同时设立不含细胞仅含 RPMI-1640 培养液的调零孔。用微量移液器将各孔充分混匀后,置 37℃ 5% CO_2 的培养箱中培养 50~56h。

(3) 结束培养前首先在显微镜下观察细胞转化情况,然后加入 MTT 20μl/孔,继续培养 3~4h。

(4) 取出培养板,观察培养板各孔中颜色的变化,将培养板配平后 2000r/min 离心 10min,轻轻弃上清液,注意切勿将孔底部的颗粒物弃去。残余的液体可在吸水纸上吸干。

(5) 每孔加 150μl DMSO,轻微震荡使甲䐀颗粒溶解。

(6) 以调零孔为本底调零,在酶标仪上读取波长 570nm 处的 OD 值,记录结果并进行分析。

【结果分析】

取两个组各孔实测 OD_{570} 值的均值,按照以下的公式进行计算:

$$淋巴细胞转化率(\%) = \frac{ConA 组\ OD_{570} - 对照组\ OD_{570}}{对照组\ OD_{570}} \times 100\%$$

【注意事项】

(1) 淋巴细胞要新鲜制备,否则会影响试验结果。

(2) 分离和培养淋巴细胞时要注意全程无菌,以免微生物污染后在培养体系中增殖影

响检测的 *OD* 值。

（3）ConA 的作用浓度和刺激时间要根据预实验中淋巴细胞转化情况决定，一般作用浓度范围在 5μg/ml 至 20μg/ml，刺激时间为 48~66h。

（4）加入 DMSO 后应尽快于 30min 内在酶标仪上读取 *OD* 值。

（鞠吉雨　刘艳菲　肖伟玲　吴国庆）

实验六　Ⅰ型超敏反应模型的建立及 IL-4、IgE 的测定

一、Ⅰ型超敏反应–速发型过敏反应模型的建立

【实验目的】

（1）掌握豚鼠速发型超敏反应的原理。

（2）熟悉Ⅰ型过敏实验的方法和Ⅰ型过敏反应的表现。

【实验原理】

机体（尤其是特应性体质的个体）接受某些抗原（如异种蛋白等）刺激时，出现生理功能紊乱或组织细胞损伤等异常的适应性免疫应答，称为过敏反应。引起过敏反应的抗原也称为变应原。常见的变应原包括临床上使用的药物（如青霉素、磺胺类药物）、食物（花生、牛奶、鱼虾等）、昆虫毒液、花粉、屋尘、动物皮屑等。这些变应原进入机体后，在宿主体内诱导产生抗原特异性 IgE 抗体应答。抗原诱生的 IgE 通过 Fc εRI 吸附于肥大细胞和嗜碱粒细胞表面，使机体处于致敏状态。当再次接触一定数量的相同抗原时，抗原与细胞表面吸附的 IgE 结合，使 Fc εRI 交联，导致肥大细胞和嗜碱粒细胞脱颗粒，释放组胺、激肽原酶、白三烯、前列腺素 D2 等生物活性介质，引起平滑肌收缩、毛细血管扩张、血管通透性增加、腺体分泌增多等病理生理改变，使机体产生局部或全身性过敏反应。Ⅰ型超敏反应发作多有迅速的特点，往往消退也快，患者过敏反应症状可轻可重，轻者可能表现为皮肤荨麻疹、鼻炎、过敏型胃肠炎等，重者可致过敏性休克甚至死亡。

【材料、试剂与仪器】

（1）材料：豚鼠（体重 150g 左右的幼小豚鼠）6 只、1ml 无菌注射器（带针头）、消毒用酒精棉球、1.5ml Ep 管等。

（2）试剂：马血清、鸡蛋清。

【步骤与方法】

1. 实验分组　将 6 只豚鼠随机分为 2 组，分别编为 1 号、2 号、3 号并标记。

2. 致敏注射（初次抗原注射）　对两组豚鼠分别进行致敏注射：

（1）各组 1 号豚鼠腹腔或皮下注射用生理盐水 1∶10 稀释的马血清 0.5ml。

（2）各组 2 号豚鼠腹腔或皮下注射用生理盐水 1∶10 稀释的鸡蛋清 0.5ml。

（3）各组 3 号豚鼠腹腔或皮下注射生理盐水 0.5ml。

3. 发敏注射（第二次抗原注射）　初次注射抗原 2~3 周后，分别给两组豚鼠心脏注射马血清 1ml。

（1）第一组豚鼠：1 号、2 号、3 号豚鼠分别心脏注射马血清 1ml。

（2）第二组豚鼠：1 号、2 号豚鼠仍腹腔或皮下注射马血清 0.5ml，3 号豚鼠腹腔或皮下

注射注射生理盐水 0.5ml。

4. 结果观察

（1）第一组豚鼠注射后，在 1~5min 内观察动物反应并记录结果。

（2）第二组豚鼠注射抗原后 24h，心脏采血分离血清，用于测定 IL-4 水平、IgE 水平。

【结果分析】

1. 第一组豚鼠

（1）1 号豚鼠出现兴奋不安、抓鼻、呃逆、耸毛、大小便失禁、抽搐和痉挛性跳跃等症状，重者在数分钟内死亡。解剖后可见高度肺气肿。由于动物个体反应性不同，有的动物出现上述症状但较轻，反应后可幸免死亡。此时再注射同样的马血清，也不会再出现反应，此现象称为脱敏状态。但脱敏状态是暂时的，大约 14d 后机体又重新处于致敏状态，如图 2-7 所示。

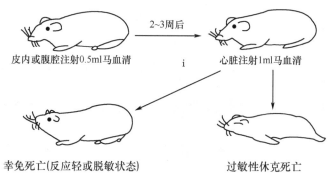

图 2-7 豚鼠过敏反应示意图

（2）2 号、3 号豚鼠无任何症状。

2. 第二组豚鼠 无明显症状。第二次抗原注射 24h 后，自心脏采血后，将其注入 1.5ml Ep 管中，室温放置至少 2h，待有血凝块析出时，2000r/min 离心 15min，取上清液，即为分离获得的血清，将血清置 -20℃ 保存备用。

【注意事项】

心脏内注射时，应在见到注射器内有回血后再注射抗原。

【思考题】

（1）为什么 3 只豚鼠会出现不同的症状？

（2）结合豚鼠过敏反应时发生的症状，思考过敏反应发生时有哪些抢救措施？

二、双抗体夹心 ELISA 测定豚鼠血清 IL-4 水平

【实验目的】

掌握双抗体夹心 ELISA 法测定细胞因子的原理和方法。

【实验原理】

变应原进入机体激发 I 型超敏反应的过程中，变应原刺激体内的 T 细胞向 Th2 亚群方向偏移，Th2 细胞分泌以 IL-4、IL-5、IL-6、IL-13 等 II 细胞因子，在 IL-4 为代表的 II 型细胞因子作用下，B 淋巴细胞分泌的抗体发生类别转换，由 IgM 转换为 IgE，IgE 与效应细胞（如

肥大细胞、嗜碱粒细胞等)表面的受体 Fc εRI 结合,使机制进入致敏状态。再次接触同一抗原时,则激发过敏反应。因此在 I 型过敏反应的个体中经常通过检测 IL-4、IgE 的水平来反应宿主的免疫应答状态。

本实验是用双抗体夹心 ELISA 的方法测定细胞因子 IL-4 水平。其基本原理是:首先将 IL-4 捕获抗体预包被于酶标板上;当加入标本或标准品时,其中的 IL-4 与捕获抗体结合,其他游离成分通过洗涤被去除;当加入生物素(biotin)标记的抗 IL-4 抗体后,抗 IL-4 抗体与 IL-4 结合,形成双抗体夹心的免疫复合物,其他游离成分通过洗涤被去除;随后加入 HRP 标记的亲合素(avidin)。生物素与亲合素特异性结合,亲合素连接的酶就会与夹心的免疫复合物连接起来,其他游离成分通过洗涤过程被去除;最后加入显色剂。若样本中存在 IL-4 将会形成免疫复合物,HRP 会催化无色的显色剂 TMB 氧化成蓝色物质,在加入终止液后呈黄色。通过酶标仪读其 450nm 处的 OD 值,IL-4 浓度与 OD_{450} 值之间呈正比,通过标准品绘制标准曲线,对照待测样本中 OD 值,即可算出标本中 IL-4 浓度。

【材料、试剂与仪器】

(1) 材料:聚乙烯塑料酶标板、吸水纸、湿盒等。

(2) 试剂:去离子水(双蒸水)、洗涤液、生物素化抗体工作液、HRP 标记的亲和素工作液、TMB 显色液、终止液(2mol/L H_2SO_4 溶液)等。

(3) 仪器:微量移液器、微量移液器吸头、自动洗板机、酶标仪、冰箱等。

【步骤与方法】

(1) 通过计算并确定一次性实验所需的板条数,取出所需板条放置在框架内,暂时用不到的板条放回铝箔袋密封,保存于 4℃。

(2) 建议设置本底较正孔(即空白孔),设置方法为该孔只加 TMB 显色液和终止液。每次实验均需做标准品对照并画出标准曲线。

(3) 按照试剂盒说明书将对倍稀释的不同浓度标准品(100μl/孔)加入相应孔中,用于绘制标准曲线。将血清标本 50μl 与样本分析缓冲液 50μl 加入酶标板孔中并混匀。样品孔设立三复孔。用封板胶纸封住反应孔,室温孵育 120min。

预实验中如果提示需要对样本进一步稀释,可将样本与样本分析缓冲液等量加入,不足部分用标准品稀释液补充至 100μl,以此进行稀释。

(4) 洗板 5 次,洗涤结束时置厚吸水纸上拍干酶标板。

(5) 加入生物素化抗 IL-4 抗体工作液(100μl/孔)。用封板胶纸封住反应孔,室温孵育 60min。

(6) 同上洗板 5 次,结束时置厚吸水纸上拍干。

(7) 加入 HRP 标记的亲合素工作液(100μl/孔)。用封板胶纸封住反应孔,避光室温孵育 20min。

(8) 同上洗板 5 次,结束时置厚吸水纸上拍干。

(9) 加入 TMB 显色液 100μl/孔,避光室温孵育 20min 左右,反应过程中注意观察。

(10) 待显色完毕,加入终止液 50μl/孔,混匀后即刻测量 OD_{450} 值。

【结果分析】

(1) 复孔的值在 20% 的差异范围内结果才有效,复孔的值平均后可作为测量值。

(2) 用 Excel 表制作标准曲线。以标准品浓度作横坐标,OD 值作纵坐标,可以得到各标准品的坐标点。通过标本的 OD 值可在标准曲线上计算出其浓度。

（3）若标本 OD 值高于标准曲线上限,应适当稀释后重测,计算浓度时应乘以稀释倍数。

【注意事项】

（1）试剂盒自冰箱中取出后应置室温平衡 20min;每次检测后剩余试剂及时于 2~8℃保存。

（2）将浓缩洗涤液用双蒸水或去离子水按照 1:19 的比例稀释成工作液。

（3）标准品加入去离子水 0.25ml 至冻干标准品瓶中,使 IL-4 终浓度达到 2000pg/ml,静置 15min 后轻轻混悬待彻底溶解,用标准品稀释液倍比梯度稀释后依次加入检测孔中。(标准曲线取七个点,最高浓度为 2000pg/ml,标准品稀释液直接加入作为 0 浓度)。

（4）自动洗板机或人工洗板:每孔洗涤液为 200μl,注入与吸出间隔 15~30s。洗板 5 次。最后一次洗板完成后,将板倒扣在厚吸水纸上用力拍干。

【思考题】

（1）双抗体夹心 ELISA 法测定细胞因子 IL-4 的原理是什么?

（2）测定细胞因子还有哪些方法?

三、间接 ELISA 法测定豚鼠血清 IgE 抗体

【实验目的】

掌握间接 ELISA 检测 IgE 的原理和实验步骤。

【实验原理】

同免疫酶技术部分间接 ELISA 的原理,即将已知抗原吸附于固相载体上,加入待测血清(抗体)与之结合,洗涤后,加酶标抗体和底物进行测定。

【材料、试剂与仪器】

（1）材料:酶标板、玻璃纸、吸水纸、湿盒等。

（2）试剂:马血清、豚鼠抗马血清的免疫血清、HRP 标记的第二抗体(IgG)、正常豚鼠血清,0.05mol/L pH 9.8 苯酚盐缓冲液、底物溶液、底物缓冲液、终止液(2mol/L H_2SO_4 溶液)。

（3）仪器:微量移液器、微量移液器吸头、酶标仪、冰箱等。

【步骤与方法】

1. 定性法的实验过程

（1）包被板的处理:每孔 100μl 马血清加至酶标板中,置湿盒中 4℃过夜,第二天取出,用洗涤液洗涤 3~4 次,玻璃纸封存,置 4℃冰箱中备用。

（2）取包被好的酶标板,在第一孔中加入 100μl 的洗涤液做阴性对照,第二孔中加入 1:500 的豚鼠抗马血清的免疫血清 100μl(用洗涤液稀释),置 37℃孵育 45min。

（3）倾去液体,用洗涤液洗涤 3~4 次,在上述两孔中加入 HRP 标记的第二抗体 IgG 各 100μl,置 37℃孵育 30min。

（4）倾去液体,用洗涤液洗涤 3~4 次,在上述两孔中加入临时配制的酶底物溶液各 100μl,在暗处避光显色 20min,加入终止液终止反应。

2. 定量法的实验过程

（1）取豚鼠抗马血清 500μl,用洗涤液分别稀释成 1:200,1:500,1:1000,1:2000,1:4000,1:8000,1:16 000。取正常豚鼠血清 500μl,用洗涤液稀释成 1:800。

（2）取上述包被板 10 孔,在第 1~7 孔中加入上述稀释的豚鼠抗马血清各 100μl,在第

8～10 孔中加入 1∶800 的正常豚鼠血清各 100μl，置 37℃ 保温 45min。

(3)、(4)同定性法的(3)、(4)。

(5) 在波长 490nm 处，测定各孔的光密度吸收值。

【结果分析】

(1) 定性法的结果判定：阴性对照孔为无色，加入豚鼠免疫血清的孔呈现黄色或橙色，为阳性反应。

(2) 定量法的结果判定：以阴性对照孔的光密度平均值 $x \pm s$ 为阴性对照临界值(cutoff)，高于此临界值为阳性。

【注意事项】

(1) 包被液通常用 pH 9.8 的苯酚盐缓冲液，包被时间不少于 18h，包被板一经洗涤，则不宜存放过长时间。

(2) 包被和温育均应将固相载体放置湿盒内进行。

(3) 洗板一定要干净，以保证试验的成功。

【思考题】

(1) 简述间接 ELISA 法和双抗体夹心 ELISA 法的原理。

(2) 简述间接 ELISA 法的操作注意事项。

（梁淑娟　林志娟　王丽娜　魏　兵）

实验七　幽门螺杆菌感染对胃黏膜上皮的炎性作用

【实验目的】

(1) 掌握幽门螺杆菌的培养方法。

(2) 了解细胞培养方法。

(3) 了解 RNA 提取方法。

(4) 了解 PCR 原理及应用。

【实验原理】

幽门螺杆菌(*Helicobacter pylori*, *Hp*)是慢性胃炎和消化性溃疡的重要病因，与胃癌的发生密切相关，世界卫生组织国际癌症研究机构(IARC)已将幽门螺杆菌列为 I 级致癌因子，在幽门螺杆菌毒力因子的作用下，多种炎性介质包括细胞因子和诱导型的酶都在胃黏膜组织表达增高。

【材料、试剂与仪器】

(1) 材料：幽门螺杆菌菌种 NCTC26695，人胃癌细胞系 SGC7901。

(2) 试剂：RPMI1640 培养基，胎牛血清，胰蛋白酶，TriZol 试剂，RT 试剂盒，PCR 试剂异丙醇，氯仿，无水乙醇，DEPC，PCR 引物，琼脂糖，溴化乙锭(EB)，上样缓冲液(6×loading buffer)，DL2000 marker。

(3) 仪器：PCR 扩增仪，紫外分光光度仪，凝胶成像及分析装置，高速冷冻离心机。

【步骤与方法】

1. 幽门螺杆菌培养　将冻存的幽门螺杆菌菌种 NCTC26695 复苏接种到含 5% 羊血的 Skirrow 琼脂平板上，37℃、微需氧(5% O_2，10% CO_2，85% N_2)环境中培养。然后将平板上的细菌接种到含5%胎牛血清的布氏肉汤培养基中,起始 OD_{600} 为 0.03~0.05,置于37℃、微需氧环境中震荡培养,培养 36~48h 后,记数,以细菌和细胞数量比为 100∶1 的比例加入细胞培养基中感染细胞 0h、6h、12h、24h 收取细胞。

2. 细胞培养　人胃癌细胞系 SGC7901 用含有 10% 胎牛血清的 RPMI1640 培养基于 37℃、5% CO_2 条件下常规培养。

3. RT-PCR

(1) RNA 的提取

1) 直接在六孔培养板中加入 TRIzol 裂解细胞,每 $10cm^2$ 面积加 1ml,用移液器吸打几次。TRIzol 的用量应根据培养板面积而定,不取决于细胞数。TRIzol 加量不足可能导致提取的 RNA 有 DNA 污染。

2) 室温(15~30℃)放置 5min,使核酸蛋白复合物完全分离。

3) 加入 0.2ml 氯仿/ml TRIzol,剧烈震荡 15s,室温放置 3min。

4) 4℃ 10 000×g 离心 15min。样品分为三层:底层为黄色有机相,上层为无色水相和一个中间层。RNA 主要在水相中,水相体积约为所用 TRIzol 试剂的 60%。

5) 把水相转移到新管中,加入 0.5ml 异丙醇/ml TRIzol,用异丙醇沉淀水相中的 RNA,室温放置 10min。

6) 4℃ 10 000×g 离心 15min,离心后在管侧和管底出现胶状沉淀,轻轻移去上清液。

7) 用 75% 乙醇溶液洗涤 RNA 沉淀。加入 1ml 75% 乙醇溶液/ml TRIzol,4℃ 不超过 7500×g 离心 5min,弃上清液。

8) 室温放置干燥或真空抽干 RNA 沉淀,大约晾 5~10min 即可。不要真空离心干燥,过于干燥会导致 RNA 的溶解性大大降低。加入 25~200μl 无 RNase 的水,用枪头吸打几次,55~60℃放置 10min 使 RNA 溶解,−70℃保存。

(2) RNA 完整性及浓度的测定

1) RNA 完整性检测:吸取 2μl 用于电泳,若电泳后出现 3 条带即 28s、18s 和 5sRNA,则 RNA 完整性较好(一般可见前 2 条)。

2) RNA 浓度的测定:①1μl RNA 原液+69μl DEPC 处理的双蒸水,混匀稀释;②双蒸水冲洗比色杯;③调零:在比色杯中加入 70μl 双蒸水调零;④检测 RNA 浓度:加入 70ml RNA 稀释液,测定其浓度,A_{260}/A_{280} 比值应在 1.8~2.0,越接近 2.0 RNA 纯度越高。

(3) RNA 反转录,反应步骤为:在冰盒中向 0.2ml 的 Ep 管中调制下列反应液:

试剂	所需量/μl
随机六聚体引物	1
DEPC 处理水	10
提取的总 RNA	1
轻轻摇匀,微型离心机离心 3~5s,70℃,反应 5min,冰上冷却,冰上加入以下试剂	
RNase inhibitor	1
dNTP	2
5×reaction buffer	4
混匀,微型离心机离心 3~5s,25℃,反应 5min,再向上述反应体系中加入 1μl MMLV(反转录酶)。然后进行下列反应	
25℃,10min;42℃,60min;70℃,10min。所得 cDNA 于−20℃条件保存备用,以待 PCR 用	

（4）PCR

根据 GenBank 收录的 IL-8、β-actin 基因序列，利用 Primer Primier 5.0 软件设计。

1）反应体系的建立：50μl 反应体系如下（可根据比例放大或缩小反应体系）。

2）PCR 反应循环的设置：

温度/℃	时间/min	
94	3	
94	0.5	
55	0.5	30 个循环
72	1	
72	5	

【结果分析】

与正常胃黏膜上皮细胞比较，幽门螺杆菌感染后胃黏膜上皮细胞主要炎性因子 IL-8 的变化。

【注意事项】

以 actin 为内参，比较不同实验组与正常对照组 IL-8 的变化。

【思考题】

（1）幽门螺杆菌的培养特点是什么？

（2）幽门螺杆菌感染与何种疾病有关？

（王红艳）

实验八　结核患者样本（痰液与血清）中结核分枝杆菌的抗体与核酸检测

【实验目的】

（1）掌握抗酸染色法及结核分枝杆菌的形态学特征。

（2）熟悉结核分枝杆菌抗体的检测原理及方法。

（3）熟悉荧光定量 PCR 检测结核分枝杆菌核酸的原理及方法。

（一）痰液中结核分枝杆菌的形态学鉴定

【实验原理】

结核分枝杆菌的细胞壁含有大量脂质，一般不容易着色，但经加温或延长染色时间着色后，能抵抗酸性乙醇溶液的脱色。而非抗酸杆菌不具此特性，染色后容易被盐酸乙醇溶液脱色。

【材料、试剂与仪器】

（1）材料：痰液（用 BCG 模拟结核分枝杆菌），玻片。

（2）试剂：苯酚复红，3% 盐酸乙醇溶液，碱性亚甲蓝液。

（3）仪器：光学显微镜。

【步骤与方法】

（1）初染：取患者痰液经涂片、干燥、固定后滴加苯酚复红于涂片上蒸染 5min 后，水洗。

（2）脱色：滴加 3% 盐酸乙醇溶液，脱色时频频倾动玻片，直至无明显颜色脱出为止，水冲洗。

（3）复染：滴加碱性亚甲蓝液复染 1min 后，水冲洗，干燥，显微镜观察。

【结果分析】

抗酸菌被染成红色，细胞及其他细菌被染成蓝色。

（±）：可疑，300 个视野内仅见 1~2 条抗酸杆菌。

（+）：阳性，100 个视野内有 3~9 条抗酸杆菌。

（++）：阳性，平均 10 个视野内有 1~9 条抗酸杆菌。

（+++）：阳性，平均每视野内有 1~9 条抗酸杆菌。

（++++）：阳性，每视野内抗酸杆菌大于等于 10 条。

（二）血清中结核分枝杆菌抗体的检测

【实验原理】

采用纯化的结核分枝杆菌特异性外膜抗原（38kD 抗原），利用斑点免疫金渗滤试验原理，检测人血清中结核分枝杆菌抗体。

【材料与试剂】

（1）材料：血清。

（2）试剂：结核分枝杆菌抗体诊断试剂盒（上海奥普生物医药有限公司）。

【步骤与方法】

（1）取出检测板室温平衡 20min，在检测板的反应孔中间，加入 2 滴封闭液，等待薄膜吸入。

（2）取 40μl 血清标本，加入反应孔中间，等待薄膜吸入。

（3）在反应孔中间加入 6 滴洗涤液，等待薄膜吸入。

（4）在反应孔中间加入 2 滴金标液，等待薄膜吸入。

（5）在反应孔中间加入 6 滴洗涤液，等待薄膜吸入，目测结果。

【结果分析】

阳性：质控点出现红色，反应孔中间有红色斑点出现。

阴性：质控点出现红色，反应孔中间无红色斑点出现或仅为痕迹。

此结核患者血清样本结果应为阳性反应。

（三）血清中结核分枝杆菌的核酸检测（荧光定量 PCR 法）

【实验原理】

采用结核分枝杆菌特异的引物序列定量扩增结核分枝杆菌特异的核酸片段，通过检测结核分枝杆菌特异的核酸含量，辅助诊断是否有结核感染。

【材料、试剂与仪器】

（1）材料：血清，20~200μl 无菌 Tip 头，0.5~10μl 无菌 Tip 头。

（2）试剂：结核分枝杆菌定量 PCR 检测试剂盒（上海之江生物科技有限公司）。

（3）仪器：定量 PCR 扩增仪 9700，离心机，生物安全柜，20~200μl 微量移液器，0.5~10μl 微量移液器。

【步骤与方法】

(1) 加样:40μl 定量 PCR 反应体系如下:36μl 结核分枝杆菌核酸荧光 PCR 检测混合液(含有 dNTP、1 对引物和 1 条荧光探针的溶液),0.5μl 酶,4μl 血清或阳性对照或阴性对照 H_2O。

(2) PCR 扩增:反应体系按下列参数进行:37℃ 2min,94℃ 2min,93℃ 15s→60℃ 60s,循环 40 次,单点荧光检测在 60℃,荧光通道检测选择 FAM 通道。

(3) 基线与阈值设定:基线调整取 6~15 个循环的荧光信号,阈值设定原则以阈值线刚好超过阴性对照 H_2O 检测荧光曲线的最高点。

【结果分析】

检测样本低于检测限,结果为阴性;若 *Ct* 值≤38,且扩增曲线为典型的 S 型,结果为阳性;*Ct* 值在 38~40,需重复测定,如仍在 38~40,且扩增曲线为典型的 S 型,结果为阳性;若非典型 S 型曲线,结果为阴性。

此结核患者血清样本应为阳性。

【注意事项】

(1) 做好阴性对照与阳性对照质量控制。

(2) 注意做好测定后样本的消毒灭菌处理。

【思考题】

分析形态学鉴定法、抗体检测法与核酸检测法在结核感染检查中的各自优缺点。

(付玉荣)

实验九　尿液中大肠埃希菌的检测

【实验目的】

(1) 掌握大肠埃希菌的革兰染色方法。

(2) 学习、掌握光电比浊计数法的操作方法。

(3) 掌握在 SS 培养基上接种大肠埃希菌的方法。

(4) 掌握 PCR 的原理,增强对 PCR 重要性的认识;掌握电泳技术。

【实验原理】

(1) 大肠埃希菌为 G⁻ 球杆菌,肽聚糖层较薄,交联度低,含较多类脂质,故用乙醇处理后,类脂质被溶解,细胞壁孔径变大,通透性增加,使初染的结晶紫和碘的复合物易于渗出,细胞被脱色,经复红复染呈红色。

(2) 光电比浊法中,当光线通过细菌悬液时,由于菌体的散射及吸收作用使光线的透过量降低。在一定的范围内,微生物细胞浓度与透光度成反比,与光密度成正比,而光密度或透光度可以由光电池精确测出。因此,可用一系列已知菌数的菌悬液测定光密度,作出光密度——菌数标准曲线。然后,根据样品液所测得的光密度,从标准曲线中查出对应的菌数。

(3) SS 培养基中,胨和牛肉膏粉提供碳源、氮源、维生素和矿物质。乳糖、葡萄糖为可发酵的糖类。胆盐、枸橼酸钠和煌绿抑制革兰阳性菌及大多数的大肠菌群和变形杆菌,但不影响沙门菌的生长;硫代硫酸钠和枸橼酸铁用于检测硫化氢的产生,使菌落中心呈黑色;

中性红为 pH 指示剂,发酵乳糖产酸的菌落呈红色,不发酵乳糖的菌落为无色。

（4）PCR(polymerase chain reaction,PCR)法,又称为聚合酶链反应或 PCR 扩增技术,是一种高效快速的体外 DNA 聚合程序。细菌 rRNA 由 5s rRNA,16s rRNA 和 23s rRNA 三部分组成,其中 16s rRNA 在细菌及其他微生物的进化过程中高度保守。但是,不同细菌的科、属、种间都有不同程度的差异,故 16s rRNA 既可以作为细菌分类的标志,又可作为临床病原菌检测和鉴定的靶基因。故以细菌核糖体 16s rRNA 基因为靶分子的 PCR,可早期判断细菌感染的存在,并通过对扩增产物的进一步分析对病原菌的种属作出鉴定。

【材料、试剂与仪器】

（1）材料:灭菌玻片,20~200μl 无菌 Tip 头,100~1000μl 无菌 Tip 头,接种环,酒精灯,打火机,吸水纸,香柏油,擦镜纸,模拟尿液标本(大肠埃希菌培养液),无菌生理盐水,无菌试管(3 支/组),无菌消毒平皿(1 个/人),无菌刻度吸管(10ml 1 支/组、1ml 1 支/组),血细胞计数板。

（2）试剂:革兰染色液,细菌 DNA 提取试剂盒,PCR 扩增试剂盒,普通营养琼脂。

（3）仪器:计时器,20~200μl 微量移液器,100~10 00μl 微量移液器,恒温培养箱,721 型分光光度计,PCR 仪,光学显微镜。

【步骤与方法】

1. 革兰染色

（1）制片:涂片—干燥—固定

（2）初染:滴加结晶紫染色 1~2min,水洗。

（3）媒染:用碘液冲去残水,并用碘液覆盖 1min。

（4）脱色:滴加 95% 乙醇溶液脱色,25~30s,立即水洗。

（5）复染:用稀释复红液复染约 2min,水洗。

（6）镜检:干燥后,用油镜观察。

2. 光电比浊计数法检测尿液中大肠埃希菌数目

（1）标准曲线制作

1）编号:取无菌试管 7 支,分别用记号笔将试管编号为 1、2、3、4、5、6、7。

2）调整菌液浓度:用血细胞计数板计数培养 24h 的大肠埃希氏菌悬液,并用无菌生理盐水分别稀释调整为每毫升 1×10^6、2×10^6、4×10^6、6×10^6、8×10^6、10×10^6、12×10^6 含菌数的细胞悬液。再分别装入已编好号的 1~7 号无菌试管中。

3）测 OD 值:将 1~7 号不同浓度的菌悬液摇均匀后于 560nm 波长、1cm 比色皿中测定 OD 值。比色测定时,用无菌生理盐水作空白对照,并将 OD 值填入下表。(每管菌悬液在测定 OD 值时均必须先摇匀后再倒入比色皿中测定)

管号	1	2	3	4	5	6	7	8
细胞数 10^6/ml								
光密度(OD)								

4）以光密度(OD)值为纵坐标,以每 ml 细胞数为横坐标,绘制标准曲线。

（2）样品测定:将待测样品用无菌生理盐水适当稀释,摇匀后,用 560nm 波长、1cm 比色皿测定光密度。测定时用无菌生理盐水作空白对照。各种操作条件必须与制作标准曲线时的相同,否则,测得值所换算的含菌数不准确。

（3）根据所测得的光密度值，从标准曲线查得每毫升的含菌数。

1）称取本品 56.5g，加入蒸馏水或去离子水 1L，搅拌加热煮沸至完全溶解，待冷至 50℃左右，在无菌环境中，倾注灭菌平皿，待凝固后备用。

2）分离：用接种环取增菌液一环，划线接种于平板上。

3）培养：将平板放入恒温培养箱中，36℃±1℃培养 18~24h。

4）观察结果。

3. 按常规操作，将尿液标本接种至 SS 琼脂，分离单菌落，35℃培养 18~24h。

4. 细菌 DNA 提取　挑取大肠埃希菌单个菌落接种于 5ml LB 中，于 37℃摇床振荡过夜，取 1.0ml 按说明书操作，最后溶于 100μl DNA 水合剂作为扩增模板，置-20℃储存。

5. 取上述大肠埃希菌的 DNA 模板 2μl 在 100μl 反应体系中做外侧扩增。PCR 混合液的组成：Taqplus DNA 聚合酶 1U，4×dNTP 10μl，10×PCR Buffer 10μl，上下游引物各 3μl，加无菌双蒸水补至 100μl，混匀后加适量纯净液状石蜡进行扩增；同时设立阴性对照。扩增条件为 94℃预变性 6min 后，94℃ 1min，54℃ 1min，72℃ 2min，共 30 个循环，最后置 72℃再延伸 10min。引物序列为：上游引物：TACGTGCCAGCAGCCGCGGTAATA。

下游引物：AGTAAGGAGGTGATCCAACCGCA。

6. 扩增产物的检测　以 DL2000 作为分子质量标准。取内、外侧扩增产物 5μl，加适量溴酚蓝后于 15g/L 琼脂糖凝胶上电泳后于紫外灯下观察并记录结果。

【结果分析】

（1）绘图表示革兰染色结果。

（2）分析说明染色过程中的要点及注意事项。

（3）光电比浊法检测大肠埃希菌数目结果：

1）将测定的 OD_{600} 值填入下表：

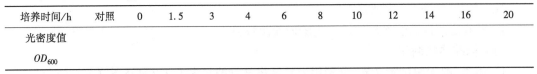

培养时间/h	对照	0	1.5	3	4	6	8	10	12	14	16	20
光密度值												
OD_{600}												

2）绘制大肠埃希菌的生长曲线见左图。

（4）大肠埃希菌在 SS 平板上一般不生长，但如粪便标本接种得多，大肠埃希菌量多所以仍有少数生长。大肠埃希菌能发酵乳糖产酸，菌落呈红色，或菌落中心显红色，很容易和致病菌区分。

（5）大肠埃希菌株 DNA 经 PCR 扩增后均有长度为 1032bp 的产物。

【注意事项】

（1）革兰染色成败的关键是脱色时间，如脱色过度，革兰阳性菌也可被脱色而被误认为是革兰阴性菌；如脱色时间过短，革兰阴性菌也会被误认为是革兰阳性菌。因此必须严格把握脱色时间。

（2）选用培养 18~24h 菌龄的细菌为宜，若细菌太老，由于菌体死亡或自溶常使革兰阳性菌转呈阴性反应。

（3）涂片时，生理盐水及取菌不宜过多，涂片应均匀，

大肠埃希菌生长曲线

（4）水洗时，不要直接冲洗涂面，而应使水从载玻片的一端流下。水流不宜过急，以免涂片薄膜脱落。

（5）载玻片要洁净无油迹；滴生理盐水和取菌不宜过多；涂片要涂均匀，不宜过厚。

（6）SS 培养基主要用于沙门菌和志贺菌的选择性分离培养。肠道致病菌不分解乳糖，所以在 SS 平板上生长的菌落为无色透明的小菌落。如能产生 H_2S，则菌落中心呈黑色。

（7）PCR 过程中，应注意以下几点：

1）戴一次性手套，若不小心溅上反应液，立即更换手套。

2）使用一次性吸头，严禁与 PCR 产物分析室的吸头混用，吸头不要长时间暴露于空气中，避免气溶胶的污染。

3）避免反应液飞溅，打开反应管时为避免此种情况，开盖前稍离心收集液体于管底。若不小心溅到手套或桌面上，应立刻更换手套并用稀酸擦拭桌面。

4）操作多份样品时，制备反应混合液，先将 dNTP、缓冲液、引物和酶混合好，然后分装，这样即可以减少操作，避免污染，又可以增加反应的精确度。

5）最后加入反应模板，加入后盖紧反应管。

【思考题】

（1）革兰染色的原理。

（2）影响革兰染色结果正确性的环节？最关键环节？

（3）你认为制备细菌染色标本时，尤其应该注意哪些环节？

（4）如何提取细菌染色体 DNA？

（5）PCR 的基本原理是什么？

（刘志军）

实验十　ABO 血型的表型和基因型检测技术

【实验目的】

（1）掌握 ABO 血型表型的检测方法。

（2）了解 PCR-SSP 技术的原理。

（3）掌握 PCR-SSP 技术分析 ABO 血型基因型的方法。

【实验原理】

1. 血型表型的血清学检测　人类红细胞膜上存在着 A 和 B 两种抗原（即凝集原 A 和凝集原 B），同时，血清中有抗 A 和抗 B 两种抗体（即凝集素 α 和凝集素 β）。凝集素 α 可使含有凝集原 A 的红细胞凝集，凝集素 β 可使含有凝集原 B 的红细胞凝集。在一个人的血清中，只能含有不会使自己红细胞凝集的抗体。若一个人的红细胞被抗 A 血清凝集为 A 血型，被抗 B 血清凝集的为 B 血型，被两种血清都凝集者为 AB 型，都不凝集者为 O 型。ABO 血型抗原蛋白由复等位基因控制合成。I^A 基因产生 A 抗原，I^B 基因产生 B 抗原，i 基因不产生抗原。I^A 基因和 I^B 基因对 i 是共显性。故 I^A、I^B、i 三个复等位基因可产生 6 种基因型、4 种表现型。

2. 序列特异引物引导的聚合酶链反应（polymerase chain reaction-sequence specific primer, PCR-SSP）技术　其原理是根据具有多态性的各等位基因的核苷酸序列和 DNA 序列,设计出一套序列特异性引物(SSP),使引物 3′端第一个碱基分别与各等位基因的特异性碱基相匹配,在 PCR 反应过程中,SSP 只有与该基因的特异性碱基序列互补结合时才能实现 DNA 片段的扩增,再通过凝胶电泳观察 PCR 产物分析待测样品等位基因类别,其特异性可精确到分辨一个碱基的差异。

3. 人类 ABO 血型基因定位于 9q34.2,由 I^A、I^B、i 三个基因构成。常规血清学检测方法只能检出 A、B、O、AB 四种表型。由于 DNA 序列中核苷酸改变,导致基因产物糖基转移酶活性改变,表现为 ABO 血型抗原强度减弱、混合视野型的凝集反应以及正反定型不一致等差异表达,在临床上引起定型或配血困难。A 型有 A_1、A_2、A_3、A_x、A_m、A_{end}、A_{el}、A_w、A_y 9 个亚型,其中 A_1、A_2 两种亚型占 99%,共 66 个等位基因;B 型有 B_1、B_3、B_{el}、B_w、B_x、CisAB、B(A) 7 个亚型,57 个等位基因;O 型有 O_1、O_2、O_3、O_4、O_5、O_6 6 个亚型至少 66 个等位基因。采用 PCR-SSP 技术可检测 ABO 血型的基因型,或通过产前诊断检测胎儿的 ABO 血型(亚型)及基因型。

【材料、试剂与仪器】

(1) 材料:Tip 头(20μl、200μl),记号笔,双凹玻片,采血针头(无菌),牙签,棉签,70%的乙醇溶液棉球,吸管,5ml 试管。

(2) 试剂:"抗 A","抗 B"标准血清,待测样本 DNA(100ng/μl),MTHFR 上下游引物(pmol/μl),Taq DNA 聚合酶(5U/μl),PCR 缓冲液(10×buffer)、4×dNTPs(2.5mmol/L),30% 丙烯酰胺(交联度 49:1),5×TBE 缓冲液,10% 过硫酸铵(APS,现用现配)、四甲基乙二胺(TEMED),甲酰胺上样缓冲液,固定液,银染液,显色液。

(3) 仪器:微量移液器,PCR 扩增仪,紫外照射仪,聚丙烯酰胺凝胶电泳仪,水平电泳槽,台式离心机,恒温水浴箱,凝胶成像系统。

【步骤与方法】

1. ABO 血型的表型检测 见第一实验模块免疫学实验三。

2. ABO 血型的基因型检测

(1) PCR 扩增:以 A^1 的 cDNA 为标准序列,鉴定 O^1、O^2、B、A^2 等位基因。

1) 引物:引物设计以 A^1 核苷酸序列为基础,根据 B 基因、A^2 基因、O^1 基因及 O^2 基因突变位点的不同,设计出相应的特异性引物,见表 2-4。

表 2-4　$A^{1,2}$ B $O^{1,2}$ 特异性引物

等位基因	编号	引物序列
O^1	P1	5′-TTA AGT GGA AGG ATG TCC TCG TCG TA-3′
	P2	5′-TA AGT GGA AGG ATG TCC TCG TCG TG-3′
	P3	5′-ATA TAT ATG GCA AAC ACA GTT AAC CCA ATG-3′
O^2	P4	5′-TC GAC CCC CCG AAG AAG CT-3′
	P5	5′-C GAC CCC CCG AAG AAG CC-3′
	P6	5′-AGT GGA CGT GGA CAT GGA GTT CC-3′
	P7	5′-CC GAC CCC CCG AAG AGC C-3′
B	P8	5′-ATC GAC CCC CCG AAG AGC G-3′
	P9	5′-AGT GGA CGT GGA CAT GGA GTT CC-3′

等位基因	编号	引物序列
	P10	5′-GAG GCG GTC CGG AAG CG-3′
A^2	P11	5′-GAG GCG GTC CGG AAG CG-3′
	P12	5′-GGG TGT GAT TTG AGG TGG GGA C-3′
阳性对照	P13	5′-TGC CCT CCC AAC CAT TCC CTT A-3′
	P14	5′-CCA CTC ACG GAT TTC TGT TGT TGT GTT TC-3′

每一种血型设计三种引物,其中两种是特异性的;第三种,即 P3、P6、P9 和 P12,为非特异性的公共引物,分别加在其他两个独立的相应特异性引物的 PCR 反应体系中。P13、P14 为人类生长激素引物,作为阳性对照。

由以上引物组成 8 个独立的反应体系,其中 4 个体系是相应等位基因特异的,其他 4 个是相应非等位基因特异的:①P1+P3+P13+P14(O^1 特异);②P2+P3+P13+P14(非 O^1 特异);③P4+P6+P13+P14(O^2 特异);④P5+P6+P13+P14(非 O^2 特异);⑤P7+P9+P13+P14(B 特异);⑥P8+P9+Pl3+P14(非 B 特异);⑦P10+P12+P13+P14(A^2 特异);⑧P11+P12+P13+P14(非 A^2 特异)。

2)PCR 反应体系:每个 PCR 反应体系总量 25μl,反应混合物包括:50mmol/L KCl,10mmol/L Tris/HCl(pH 8.3),0.01% 凝胶,200μmmol/L dNTP,1.5mmol/L $MgCl_2$,0.5U Taq 酶,3%DMSO,2μmol/L 特异性引物,0.1μmol/L 阳性对照引物,100ng 模板 DNA。

3)PCR 扩增条件

变性:94℃ 2min;

循环 1:95℃ 30s,65℃ 50s,72℃ 40s,×10;

循环 2:95℃ 30s,62℃ 50s,72℃ 40s,×20;

延伸:72℃ 5min

(2)电泳:1×TAE 缓冲液:2%琼脂糖胶,0.5μg/ml 溴乙锭;扩增产物 10μl,点样,15V/cm 稳压;电泳 25min。

【结果分析】

以 O^1O^1 为例分析电泳结果,特异性 O^1 反应体系为阳性,特异性非 O^1 反应体系为阴性;其余 B、A^2 特异性反应体系为阴性,非 B、非 A^2 特异性反应体系为阳性,表明该个体的基因型为 O^1O^1,表型为 O 型血。其余基因型及表型的观察分析依次类推。所有特异性 O^1、B、A^2 都为阴性,特异性非 O^1、非 B、非 A^2 均为阳性者的基因型为 A^1A^1,见表 2-5。

表 2-5 PCR-SSP 检测 ABO 血型、亚型及基因型的电泳结果

反应体系编号	1	2	3	4	5	6	7	8	基因型	表型
反应名称	O^1	非 O^1	O^2	非 O^2	B	非 B	A^2	非 A^2		
O^1 阳性	+	−	−	+	−	+	−	+	O^1O^1	O
	+	+	+	+	−	+	−	+	O^1O^2	O
	+	+	−	+	+	+	−	+	O^1B	B
	+	+	−	+	−	+	−	+	O^1A^1	A
	+	+	−	+	−	+	+	+	O^1A^2	A

续表

反应体系编号	1	2	3	4	5	6	7	8	基因型	表型
反应名称	O^1	非 O^1	O^2	非 O^2	B	非 B	A^2	非 A^2		
O^2 阳性	−	+	+	−	−	+	−	+	O^2O^2	O
	−	+	+	+	+	−	−	+	O^2B	B
	−	+	+	+	−	+	−	+	O^2A^1	A
	−	+	+	+	−	+	+	+	O^2A^2	A
B 阳性	−	+	−	+	+	−	−	+	BB	B
	−	+	−	+	+	+	−	+	BA^1	AB
	−	+	−	+	+	+	+	+	BA^2	AB
A^2 阳性	−	+	−	+	−	+	+	+	A^2A^1	A
	−	+	−	+	−	+	+	−	A^2A^2	A
均阴性	−	+	−	+	−	+	−	+	A^1A^1	A

将血清学检测结果与基因型检测结果进行比对。

【注意事项】

（1）PCR-SSP 技术检测 ABO 血型基因型是根据基因突变位点分别设计序列特异性引物，如引物结合序列存在碱基变异可能无扩增产物，导致错误判型，必要时应配合 DNA 测序检测进行确诊。

（2）对照样品分型必须准确。

【思考题】

（1）ABO 血型的多态性基因位点是如何产生的？遗传方式如何？

（2）分析 ABO 血型亚型及基因型检测有什么生物学意义和临床意义？

（杨利丽）

实验十一 苯丙酮尿症的实验室检测技术

【实验目的】

（1）掌握血液中检测苯丙氨酸的方法。

（2）掌握细菌抑制法检测苯丙酮尿症的原理及方法。

（3）掌握 PCR-RFLP 技术在诊断苯丙酮尿症中的应用。

【实验原理】

（1）苯丙酮尿症（phenylketonuria，PKU）是一种较常见的常染色体隐性遗传性氨基酸代谢病，发病率约 1/16 500。本病可因苯丙氨酸羟化酶缺乏引起，也可因辅酶因子 BH_4 缺陷引起。这些缺陷使苯丙氨酸（phenylalanine）不能被转化为酪氨酸，导致苯丙氨酸在体内堆积，正常人血液中苯丙氨酸浓度为 60~180μmol/L，PKU 患者可高达 600~3600μmol/L。高浓度的苯丙氨酸及其旁路代谢产物引起中枢神经系统损害。主要临床特征为：进行性智力低下，毛发、皮肤变浅，癫痫，发育迟滞等。由于苯丙氨酸是一种必需氨基酸，因此可通过限制患儿苯丙氨酸摄入的方法进行饮食治疗。若能在新生儿出生早期(5~6天)做出诊断,及早治疗,可使患儿的生长和智力发育不受影响,因此苯丙酮尿症被我国列为新生儿疾病筛查项目之一。

(2)细菌抑制法检测苯丙酮尿症,是1966年由美国医生Robert Guthrie创立的定量检测血液苯丙氨酸浓度的方法,也称为Guthrie试验法(Guthrie Test),以其灵敏、简便、快速、准确等优点被全球广泛用于PKU的筛查。原理是枯草杆菌(bacillus subtilis)的生长对苯丙氨酸有依赖性。β-2-噻吩丙氨酸(β-2-thienyl-alanine)是苯丙氨酸的结构竞争性抑制剂(图2-8),在含有一定浓度的β-2-噻吩丙氨酸的Demain培养基中枯草杆菌ATCC-6633的生长受到抑制。而当培养基中苯丙氨酸浓度增加,可抵消β-2-噻吩丙氨酸的抑制作用,枯草杆菌恢复生长,生长速度与苯丙氨酸含量成正比。若检测样本(血液滤纸片)中苯丙氨酸含量高时,血片中的苯丙氨酸会扩散到培养基中,增加了局部苯丙氨酸的浓度,使被β-2-噻吩丙氨酸抑制的枯草杆菌在血片周围出现明显的生长环,细菌生长环的直径与苯丙氨酸的含量呈正比。用被检样品的菌环直径与标准品的菌环直径相比,得出样品中苯丙氨酸的含量。

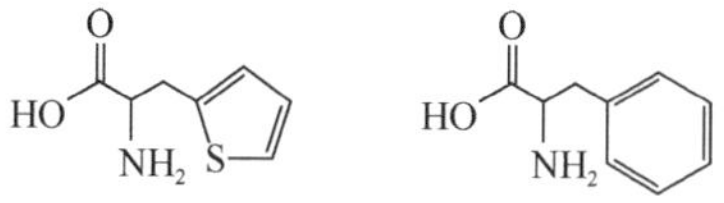

图2-8　β-2-噻吩丙氨酸和苯丙氨酸化学结构式

(3)限制性片段长度多态性聚合酶链反应(polymerase chain reaction-restriction fragment length polymorphism,PCR-RFLP)技术,是在PCR技术基础上发展起来并有力补充了PCR技术。有的基因突变因插入、缺失或突变的碱基数目很少,仅用特异性PCR技术无法检出突变点;若某碱基改变恰好在限制性内切酶识别位点上,由于酶切位点的增加或消失,PCR扩增产物经特异性限制性内切酶处理后,DNA酶切片段会发生长度变化(多态)。用琼脂糖凝胶电泳分离限制性酶切产物,通过与限制酶图谱比较分析,可检测致病基因的点突变(图2-9)。PCR-RFLP技术可以用于直接进行基因诊断,也可以此作为遗传标记,对特定遗传病进行连锁分析或间接基因诊断,具有特异性强,方法简单,分型时间短的特点。

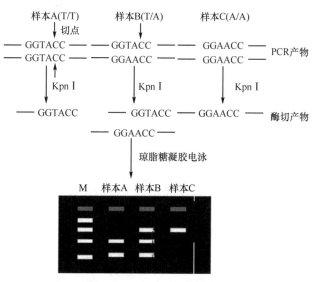

图2-9　PCR-RFLP的原理

本实验应用 PCR-RFLP 技术对苯丙酮尿症进行分子遗传学诊断。

（4）苯丙氨酸羟化酶（PAH）基因定位于 12q24.1，长 1.5Mb，包含 13 个外显子和 12 个内含子。在已知 PAH 基因突变中，一些突变改变了基因序列中限制性内切酶的酶切位点，应用 PCR-RFLP 法可直接检测这类突变基因。选择不同的限制性内切酶可检出不同的 PAH 基因突变（表 2-6）。

表 2-6 常见 PAH 基因突变及其限制性内切酶切 DNA 片段长度改变

PAH 基因	点突变	碱基改变	特异性限制酶	正常酶切片段长度/bp	突变后酶切片段长度/bp
外显子 3	R111X	C → T	BspH I	300	246 + 54
外显子 7	G247V	G → T	Hae Ⅲ	292	196 + 96
外显子 7	R252Q	G → A	Dde I	292	184 + 108
外显子 7	R261X	C → T	Dde I	292	156 + 136
外显子 11	Y356X	C → A	Rsa I	320	227 + 93

【材料、试剂与仪器】

（1）材料：Tip 头（20μl、200μl）、离心管（1ml、0.5ml），250ml 三角烧瓶、保鲜膜，封口膜，透明胶带，500ml 三角烧瓶，0～100℃ 温度计，灭菌有机玻璃培养皿（178mm×126mm×20mm），3mm 打孔器。

（2）试剂：待测样本 DNA（50ng/μl），上、下游引物（20μmol/L），*Taq* DNA 聚合酶（5U/μl），PCR 缓冲液（10×buffer），4×dNTPs（2.5mmol/L），1.5mmol/L MgCl$_2$，2% 琼脂糖凝胶，5×TAE 缓冲液，6×上样缓冲液，DNA Marker，溴化乙锭（EB）贮存液（10g/L），灭菌双蒸水，液状石蜡，Rsa Ⅰ 限制性内切酶（20U/μl），10×酶切缓冲液，枯草杆菌（ATCC-6633）孢子悬液（2×10^7/ml），琼脂粉，β-2-噻吩丙氨酸（β-2-Theny-Lanine），标准系列苯丙氨酸滤纸片（20mg/100ml、16mg/100ml、8mg/100ml、4mg/100ml 和 2mg/100ml），青霉素酶（5U，0.05%），903 滤纸（S&S），灭菌 Demain 抑制培养基，无菌 50% 葡萄糖溶液。

（3）仪器：PCR 扩增仪，紫外透射仪，微量移液器（20μl、200μl），琼脂糖凝胶电泳仪，水平电泳槽，台式高速离心机，恒温水浴箱，微波炉，托盘天平，恒温培养箱，−18℃ 电冰箱，2kW 万用实验电热炉。

【步骤与方法】

以 PAH 基因第 11 外显子 Y356X 突变为例。

1. 血液检测苯丙酮酸 见第一实验模块生物化学与分子生物学实验二十六。

2. 枯草杆菌抑制法检测血液中的苯丙氨酸含量

（1）标本采集：按照卫生部规定的"新生儿采血常规"，新生儿开乳 48～72h 后，采集足跟血，自然渗透于 903（S&S）滤纸上（血滤纸片），干燥后装入塑料袋内，保存于 4℃ 冰箱，一周内检测。

（2）琼脂糖溶液配制：将琼脂糖 0.5g 倒入三角烧瓶中，加入 100ml 双蒸水（7d 内）加热煮沸（沸腾三次）至完全溶解，制成 0.5% 的琼脂糖溶液（烧瓶中放入一支温度计监控温度）。

（3）抑制培养基制备：当琼脂糖液的温度降至 55～60℃ 时，将灭菌 Demain 培养液倒入琼脂糖液中，充分混匀后（避免产生气泡）快速倒入培养皿中，使其成为厚薄均匀、平整光洁的薄层(厚度约 3mm),冷却后备用。

(4)检验用标准系列苯丙氨酸滤纸片制备:将 903 滤纸(S&S)分别以配制好的标准系列苯丙氨酸溶液浸湿,做好标记,阴干后用直径 3mm 打孔器制成小圆片,以 100~110℃干热处理 5~6h,备用。

(5)用直径 3mm 打孔器分别将苯丙氨酸阴性对照滤纸片(不含苯丙氨酸)和待检血片制成 3mm 圆纸片,依次贴于琼脂抑制培养皿上,间距 2mm,中间行贴上不同浓度的苯丙氨酸标准纸片,将培养皿倒置放入 37℃恒温箱中培养 16h。

(6)取出培养皿,观察细菌生长情况,并与标准苯丙氨酸纸片细菌生长环的大小比较,求出待测标本中苯丙氨酸含量。

3. PCR-RFLP 方法检测苯丙酮尿症患者基因点突变

(1)DNA 提取:以酚-氯仿法提取 DNA。(见第一篇第四部分医学遗传学实验,实验八)

(2)PCR 扩增

1)引物

上游引物:5′-AAGGAATCGGGGTGAGATGAGAGAAGGGGC-3′

下游引物:5′-GGTACAAAGTTGCTGTAGACATTGGAGTCC-3′

2)PCR 反应体系:PCR 反应体系总量 20 μl,反应混合物包括:

试剂	所需量/μl
Taq 酶	1.0
上游引物	1.0
下游引物	1.0
模板 DNA	2.0
10×buffer	2.5
灭菌双蒸水	加至 20

将各物质加入到 0.5ml 无菌离心管中,轻轻混匀后,离心 5s,加入 1 滴石蜡于表面,放入 PCR 仪中进行循环反应。

3)PCR 扩增条件

预变性:95℃ 5min;95℃ 变性 30s,58℃ 复性 30s,72℃ 延伸 45s,循环 35 次;最后再经 72℃充分延伸 7min。

4)PCR 产物的限制性内切酶 Rsa Ⅰ酶切

酶切反应体系 20μl,反应混合物包括:

试剂	所需量/μl
10×buffer	2
BSA	2
Rsa Ⅰ	1
PCR 产物	6
灭菌双蒸水	加至 20

反应体系轻轻混匀,置 37℃恒温水浴反应 1h,4℃保存。

5) 电泳

a. 准备胶板:取有机玻璃内槽,洗净晾干。取透明胶带将有机玻璃内槽的两端边缘封好。将有机玻璃内槽置于一水平位置,在距离底板 0.5~1.0ml 的位置放入梳子。

b. 2% 琼脂糖凝胶的制备:称取 1g 琼脂糖,置锥形瓶内,加入 50ml 1×TAE,瓶口用保鲜膜封盖,在微波炉中加热至琼脂糖全部溶解,即为 2% 琼脂糖凝胶液;冷却至 65℃ 时,加入 2.5μl 溴化乙锭(EB)贮存液,使 EB 终浓度为 0.5μg/ml。小心混匀并缓慢倒入有机玻璃内槽中(避免产生气泡),直到整个机玻璃板表面形成均匀的胶层。室温下静置 1h 左右,待胶凝固完全后,轻轻拔出梳子,在胶板上形成相互隔离的样品槽。

c. 电泳:将凝胶放入电泳槽中,加入电泳缓冲液没过胶面 1mm。通电预电泳 10min。

将限制酶切产物 10μl 加入 2μl 6×上样缓冲液,混匀后点样至样品孔中。100V,稳压,电泳 30min。

d. 观察结果:断电,取出凝胶,放在紫外透射仪中观察并记录 PCR-RFLP 结果。

【结果分析】

1. 血液中苯丙氨酸检测(见第一篇第一部分生物化学与分子生物学实验,实验二十六)。

2. 枯草杆菌抑制法检测血液中的苯丙氨酸含量。

(1) 标准品菌环范围:①2mg/100ml 时菌环直径为 0.75~1.05cm;②4mg/100ml 时菌环直径为 1.25~1.55cm;③8mg/100ml 时菌环直径为 1.55~1.85cm;④16mg/100ml 时菌环直径为 1.85~2.05cm;⑤20mg/100ml 时菌环直径为 2.05~2.35cm。

(2) 对照菌环范围:①阴性对照菌环直径应<2mg/100ml 浓度点的直径;②阳性对照菌环直径应>4mg/100ml 浓度点的直径。

(3) 苯丙酮尿症诊断参考值:正常苯丙氨酸浓度应<4mg/100ml,若≥4mg/100ml 为可疑阳性,应复查。

3. PCR-RFLP 方法检测苯丙酮尿症患者基因点突变 PAH 基因第 11 外显子 Y356X 点突变使 DNA 序列失去了 Rsa I 酶切位点。正常基因应用内切酶 Rsa I 酶切后显示 227bp 和 93bp 两个 PCR 扩增片段,突变基因酶切片段为 320bp 1 个片段。

【注意事项】

(1) 应使用新生儿筛查专用 S&S 903 滤纸采集血斑,使用其他滤纸结果将不同。

(2) 采血时间为出生后 72h,并充分哺乳 6 次以上,否则会导致假阴性结果。

(3) 各种原因引起患儿体内血液含有一定浓度的抗生素可抑制 ATCC6633 枯草杆菌生长,引起苯丙酮尿症漏诊,可在培养液中加 0.05% 的青霉素酶消除抗生素的影响。

(4) 检测结果本身不能成为治疗的唯一因素,必须与其他的临床观察和诊断试验相结合。

(5) 制备胶板时将透明胶带紧贴于有机玻璃内槽的两端边上,不要留空隙。

(6) 实际应用要根据酶切后 PCR 产物大小的改变区分和确定突变基因。

(7) 每个突变点的酶切实验均需要加阴性和阳性对照,对照样品分型必须准确。

【思考题】

(1) 细菌抑制法检测苯丙酮尿症的影响因素有哪些?

(2) 细菌抑制法检测苯丙酮尿症是否可以用于产前诊断?为什么?

(3) 为什么 PCR-RFLP 法只能对已知的基因突变进行检测?

(4) 如何理解 PAH 基因不同突变点与酶功能丧失或活性改变之间的关系?

(杨利丽)

第三篇 设计创新性实验模块

实验一 酵母蔗糖酶分离纯化与性质研究

【实验目的】

(1) 通过查阅文献,设计实验方法并撰写实验申请书。

(2) 根据实验设计,进行实验实施。

(3) 分析实验结果撰,写结题报告。

【研究目的】

(1) 通过对酵母蔗糖酶分离纯化的实验设计,了解酶的分离纯化、活力测定及纯度鉴定的一般原理和方法。

(2) 通过对酵母蔗糖酶相对分子质量、等电点、K_m 值的测定,掌握酶性质研究中常用的技术方法。

【研究背景】

蔗糖酶(sucrase,EC 3.2.1.26)又称转化酶(invertase),可特异催化非还原糖中的 α-呋喃果糖苷键水解,具有相对专一性。该酶能催化蔗糖水解生成葡萄糖和果糖。蔗糖酶广泛存在于动植物和微生物中,其中酵母中该酶含量丰富,是工业生产中蔗糖酶的主要来源。

酵母蔗糖酶以两种形式存在于酵母细胞膜的外侧和内侧,在细胞膜外细胞壁中的称之为外蔗糖酶,其活力占蔗糖酶活力的绝大部分,是含有 50% 糖成分的糖蛋白。在细胞膜内侧细胞质中的称为内蔗糖酶,含有少量的糖。两种酶的蛋白质部分均为双亚基,二聚体,但它们的相对分子质量相差较大,外酶约为 270kD(或 220kD,与酵母的来源有关),内酶约为 135kD。尽管这两种酶在组成上有较大差别,但其底物专一性和动力学性质仍十分相似,因此,本实验将不区分内酶和外酶,而且由于内酶含量很少,极难提取,本实验仅需针对外酶开展相关研究。

【研究内容】

新鲜啤酒酵母 10g,需分离纯化其中的蔗糖酶,并对该酶的相对分子质量、等电点、K_m 值进行测定。

【实验设计】

请根据你所学过的知识或查阅资料,设计酵母蔗糖酶的分离纯化及酶学性质研究的方案并实施。

(陈 永)

实验二 乳酸脱氢酶同工酶(LDH)的测定与急性心肌梗死的临床鉴定

【实验目的】

(1) 通过查阅文献,撰写详细的研究创新型实验申请书。

(2) 掌握常用乳酸脱氢酶同工酶分型方法。

(3) 学习实验设计及实验方法的建立。

【研究目的】

了解乳酸脱氢酶同工酶在体内分布及各同工酶的作用,掌握常用乳酸脱氢酶同工酶总活力和乳酸脱氢酶同工酶 I 的活力测定方法,以及其与急性心肌梗死的关系。

【研究背景】

乳酸脱氢酶同工酶是由 5 种广泛分布于体内不同组织器官中,但催化同一种反应(乳酸↔丙酮酸)而结构不同的一组酶。它们是由 LHD_1、LDH_2、LDH_3、LDH_4 及 LDH_5 共同组成。测定乳酸脱氢酶同工酶的活力或各同工酶的活力,在一定程度上可以反映特定组织器官的病变情况。如急性心肌梗死和冠心病通常表现为 LDH_1 的升高;恶性肿瘤多表现为 LDH_5 的升高;支气管炎、肺感染多表现为 LDH_3 的升高。结合其他相关生化或物理诊断指标就可对某一疾病做出正确的判断。

【研究内容】

(1) LDH 总活力的检测:一般是通过化学法,直接测定某一组织中 LDH 的活力。

(2) LDH_1 的检测:LDH_1 是通过抑制其他组分,或分离 LDH_1 来检测活力。常用的 LDH_1 检测方法有琼脂糖电泳法、乙酸纤维薄膜电泳法、免疫法、化学抑制剂法、毛细管电泳法、PAGE 等电聚焦电泳法。

通过本实验设计,希望同学们了解临床上最常用的 LDH 总活力、LDH_1 检测方法是什么,为什么说单一的 LDH_1 活力增加还不能完全证明一定是急性心肌梗死,还需结合其他生化或物理诊断方法才能确诊。结合所学知识,选择最佳测定 LDH 总活力和 LDH_1 活力的方法。

【实验设计】

(1) 根据研究内容设计详细的实验技术路线。

(2) 根据研究内容选择相应的实验方法达到研究的目的。

(孔 登)

实验三 利用基因重组技术制备胰岛素

【实验目的】

(1) 通过查阅文献,设计实验方法并撰写实验申请书。

(2) 根据实验设计,进行实验实施。

(3) 分析实验结果撰写结题报告。

【研究目的】

探讨胰岛素利用基因重组技术制备流程。

【研究背景】

1. 胰岛素生化作用 胰岛素是由胰岛 β 细胞受内源性或外源性物质如葡萄糖、乳糖、核糖、精氨酸、胰高血糖素等的激动而分泌的一种蛋白质激素。先分泌的是由 84 个氨基酸组成的长链多肽——胰岛素原（proinsulin），经专一性蛋白酶—胰岛素原转化酶（PC1 和 PC2）和羧肽酶 E 的作用，将胰岛素原中间部分（C 链）切下，而胰岛素原的羧基端部分（A 链）和氨基端部分（B 链）通过二硫键结合在一起形成胰岛素。成熟的胰岛素储存在胰岛 β 细胞内的分泌囊泡中，以与锌离子配位的六聚体方式存在。在外界刺激下胰岛素随分泌囊泡释放至血液中，并发挥其生理作用。胰岛素能促进全身组织细胞对葡萄糖的摄取和利用，并抑制糖原的分解和糖原异生，因此，胰岛素有降低血糖的作用。胰岛素分泌过多时，血糖下降迅速，脑组织受影响最大，可出现惊厥、昏迷，甚至引起胰岛素休克。相反，胰岛素分泌不足或胰岛素受体缺乏常导致血糖升高；若超过肾糖阈，则糖从尿中排出，引起糖尿；同时由于血液成分中改变（含有过量的葡萄糖），亦导致高血压、冠心病和视网膜血管病等病变。胰岛素降血糖是多方面作用的结果：

（1）促进肌肉、脂肪组织等处的靶细胞细胞膜载体将血液中的葡萄糖转运入细胞。

（2）通过共价修饰增强磷酸二酯酶活性、降低 cAMP 水平、升高 cGMP 浓度，从而使糖原合成酶活性增加、磷酸化酶活性降低，加速糖原合成、抑制糖原分解。

（3）通过激活丙酮酸脱氢酶磷酸酶而使丙酮酸脱氢酶激活，加速丙酮酸氧化为乙酰辅酶 A，加快糖的有氧氧化。

（4）通过抑制 PEP 羧激酶的合成以及减少糖异生的原料，抑制糖异生。

2. 糖尿病的临床表现及治疗 代谢紊乱症状群：血糖升高后因渗透性利尿引起多尿，继而口渴多饮；外周组织对葡萄糖利用障碍，脂肪分解增多，蛋白质代谢负平衡，渐见乏力、消瘦，儿童生长发育受阻；为了补偿损失的糖、维持机体活动，患者常易饥、多食，故糖尿病的临床表现常被描述为"三多一少"，即多尿、多饮、多食和体重减轻。可有皮肤瘙痒，尤其外阴瘙痒。血糖升高较快时可使眼房水、晶体渗透压改变而引起屈光改变致视力模糊。许多患者无任何症状，仅于健康检查或因各种疾病就诊化验时发现高血糖。

【研究内容】

胰岛素 DNA 获取，质粒载体的构建，重组质粒筛选，及重组胰岛素的表达及纯化。

【实验设计】

请根据你所学过的知识或查阅资料，设计胰岛素制备详细流程和及相关实验方法。

（孙洪亮）

实验四 炎症性细胞因子在肿瘤微环境中的作用

【实验目的】

（1）通过查阅文献，设计实验方案并撰写项目申请书。

（2）根据实验设计，实施实验。

（3）分析实验结果，撰写结题报告。

【研究目的】

探讨慢性炎症反应中炎症性细胞因子在肿瘤的发生发展过程的作用,为肿瘤的预防和治疗提供新的实验依据。

【研究背景】

1. 炎症反应　炎症是宿主系统对病原体感染以及各种组织损伤等产生的一系列复杂的应答事件,炎症反应通过影响微环境中多种细胞和因子的相互作用,调控机体的生理病理反应呈现平衡的走向。正常情况下,炎症反应在刺激性因素作用下快速启动,当炎症刺激性因素(如感染、损伤)消除后,炎症反应能够迅速终结,机体重新恢复高度精细调控的平衡生理状态,这种炎症反应称为急性炎症或可控性炎症(resolving inflammation),在机体清除病原体、创伤愈合和抗肿瘤免疫中发挥重要作用。

在某些情况下,如持续的或低强度的刺激、靶细胞处于长期或过度反应时,炎症反应无法及时从抗感染、组织损伤模式下终止,无法回到生理平衡状态,导致炎症反应持续存在,称为慢性炎症或非可控性炎症(non-resolving inflammation)。非可控性炎症与诸多疾病(如肿瘤、自身免疫性疾病)的发生和进展密切相关。

2. 肿瘤微环境　肿瘤微环境指的是肿瘤局部浸润的间质细胞、免疫细胞和它们所分泌的活性介质与肿瘤细胞共同组成的局部的内环境。肿瘤特殊的微环境导致肿瘤有其独有的特征,如抵抗细胞死亡,细胞能力异常,基因组不稳定和持续增殖的信号,回避生长抑制,免疫逃逸,无限的复制能力,特异的血管生成,浸润和转移等。这些特征导致肿瘤的传统治疗方法如手术切除,放疗和化疗效果不理想,病人预后较差,易复发和转移。

3. 肿瘤微环境与炎症性细胞因子　最近的研究表明,被肿瘤细胞"劫持"的炎性细胞和细胞因子也是肿瘤微环境重要的参与者;许多肿瘤起源于感染和慢性炎症,肿瘤微环境中炎症细胞和炎症介质的蓄积具有促进恶性细胞增殖和存活、促进血管生成和肿瘤转移,以及逆转获得性免疫反应的作用,也改变了肿瘤细胞对激素和化疗药物的敏感性。炎症反应在肿瘤的发生和消除中发挥的作用比较复杂。

在慢性炎症中,炎性细胞因子具有组织重塑、血管生成、免疫抑制和促进生长的特性,既能调节细胞表型和功能,间接介导特异性或先天性免疫,也能作为始发因子直接影响上皮细胞的增殖,促进慢性炎症癌变。现有证据表明炎症能影响肿瘤的发生发展:①一些慢性炎性疾病患肿瘤的风险较高;②免疫炎性介质存在于大多数肿瘤中:肿瘤微环境的改变产生大量炎性介质,同时炎症微环境能促进肿瘤发展;③炎性介质的高表达增加小鼠肿瘤的发生发展;抑制炎症介质能减少肿瘤的发生和发展;④非甾体抗炎药能降低乳腺癌、前列腺癌、肺癌和大肠癌的发病率以及延缓肿瘤进展。这些研究提示免疫炎症反应在影响肿瘤发生发展中的重要作用,但其确切的分子机制还未得到充分阐述。

【研究内容】

深入查阅文献,结合实验室的研究内容,遴选一种潜在的炎症性细胞因子,明确其作用原理,确定该因子在促进肿瘤发生和发展中的作用及其作用机制,如对肿瘤生长、转移、免疫应答的关系,对肿瘤化疗、靶向治疗疗效的影响等

【实验设计】

根据你所学过的知识、查阅的资料,在指导教师的指导下,设计研究方案,探讨慢性炎症反应中不同的细胞因子在肿瘤的发生发展、转移及对免疫应答调节中的作用。设计靶向干预措施,确认调节该因子表达或作用对肿瘤生长等生物学行为的影响,及在联合治疗中

的潜在作用。

（梁淑娟　鞠吉雨　林志娟　肖伟玲）

实验五　多糖类免疫调节剂对小鼠免疫功能的调节作用

【实验目的】

（1）通过查阅文献，设计实验方案并撰写项目申请书。

（2）根据实验设计，实施实验。

（3）分析实验结果，撰写结题报告。

【研究目的】

探讨多糖类免疫调节剂对小鼠免疫功能的调节作用及机制，为临床的应用和研发提供实验依据。

【研究背景】

1. 多糖　多糖广泛存在于动植物、微生物细胞膜中，是一类由醛糖或酮糖通过糖苷键连接而成的生物大分子物质。多糖在自然界中储量丰富，按照其来源主要分为植物多糖、动物多糖以及微生物多糖3类。

由多种多糖（如香菇、茯苓、银耳等多糖）组成的复合物称为复合多糖，又称总多糖。复合多糖具有多方面的生物活性，是当今世界上优质且无任何毒副作用的免疫调节剂，不仅能有效地提升机体免疫力，也是细胞和细胞器结构的重要部分，是人体细胞或脏器维系正常功能不可缺少的重要成分。

2. 多糖的免疫调节作用　Hosono Akira 等将双歧杆菌属细菌的细胞超声粉碎提取后，用超滤设备和阴离子交换树脂、凝胶色谱纯化出具有免疫增强活性的多糖。Oka Shuichi 等从紫苏（perilla）中分离得到的多糖具有抗变态反应作用。本实验室从红毛刺五加中分离的多糖组分也被证明具有较强的激活巨噬细胞和 T 细胞的功能，显示出较好的应用前景。

人们陆续发现多糖具有多种药理活性，它不仅可以作为广谱免疫促进剂调节机体免疫功能，还可以在抗肿瘤、抗病毒、抗氧化、降血糖、抗辐射等方面发挥广泛的药理作用。迄今为止，已有300多种多糖类化合物从天然产物中分离出来，其中从植物中提取的水溶性多糖最为重要。因为它药理活性强，来源广泛，细胞毒性低，安全性强，毒副作用较小，已引起医药界的广泛关注，并成为当今生命科学研究的热点之一。

【研究内容】

多糖类免疫调节剂对机体免疫功能的影响主要通过以下途径发挥作用：①激活单核-吞噬细胞系统和补体。②激活巨噬细胞和 T 淋巴细胞、B 淋巴细胞、NK 细胞等。③调节红细胞免疫。④通过神经内分泌网络而发挥免疫调节作用。⑤诱生多种细胞因子，包括干扰素、白细胞介素、肿瘤坏死因子、集落刺激因子等。

通过广泛查阅文献并结合实验室的研究基础，分离纯化获得自制多糖或与市售的多糖做对照研究多糖的免疫调节效应和机制。研究者可以利用环磷酰胺等制备免疫抑制动物模型，利用该模型观察多糖的免疫调节效应和机制。

【实验设计】

请根据你所学过的知识或查阅资料，从细胞水平和分子水平上揭示多糖类免疫调节剂的免疫作用机制,发挥我国中医中药的特色,研究和开发符合国际规范的新的多糖类免疫调节剂。

(牟东珍 陈 永 付晓燕 孙 萍)

实验六 靶向人 EGFR 单克隆抗体的制备

【实验目的】

(1) 通过查阅文献,设计实验方要并撰写项目申请书。

(2) 根据实验设计,实施实验。

(3) 分析实验结果,撰写结题报告。

【研究目的】

制备靶向人表皮生长因子受体的单克隆抗体。

【研究背景】

1. 表皮生长因子受体 表皮生长因子受体(epithelial growth factor receptor,EGFR)家族又被称为 ErbB 家族,属 I 型受体酪氨酸激酶家族,含有四个家族成员:EGFR(HER1)、EGFR2(ErbB-2/neu 或 HER2)、HER3(ErbB-3)和 HER4(ErbB-4)。EGFR 家族成员是具有调控体内外细胞生长、增殖、分化和存活等生物学效应的重要因子。

近年来的研究证明 EGFR 成员尤其是 EGFR1 和 EGFR2 过度表达及其信号转导网络的异常活化,与肿瘤的发生、发展密切相关。EGFR 在多种人类肿瘤中存在过表达甚至高表达,尤其是在结肠癌、头颈部肿瘤等实体瘤中,其表达水平更高。通过阻断 EGFR 与其配体 EGF 的结合,或者靶向阻断 EGFR/EGF 信号系统的活化已经成为当前临床肿瘤治疗的新手段。近年来,临床上靶向 EGFR 的单克隆抗体已经在诸多实体肿瘤治疗中取得了非常好的疗效,展示了很好的开发前景。

2. 单克隆抗体 由单一 B 淋巴细胞克隆产生的高度均一、仅针对抗原上某一特定抗原表位的抗体,称为单克隆抗体。经典的单克隆抗体的制备方式是利用杂交瘤技术制备的。其原理如下:

(1) 动物免疫:选择 6~8 周龄的 Balb/C 雌性小鼠,按预先制订的方案给予抗原注射(免疫)。

(2) 制备杂交瘤:当动物受到抗原刺激时,抗原被俘获并经循环进入外周免疫器官如脾脏。动物脾脏中含有大量不同的 B 淋巴细胞,表达与不同抗原表位结合的受体,每种抗原表位能够选择性活化一种抗原特异性 B 淋巴细胞,活化的 B 细胞增殖成为具有抗体分泌功能的浆细胞,分泌可以与特定抗原表位特异性结合的抗体。这一群分泌专一抗体的 B 细胞称为一个细胞克隆,由它们的分泌的抗体即为单克隆抗体。

B 淋巴细胞能够产生抗体,但在体外不能进行无限分裂。为了使细胞获得无限增殖的能力生产抗体,可将脾脏来源的 B 细胞与小鼠骨髓瘤细胞按一定比例混合,在融合剂聚乙二醇(PEG)的作用下,淋巴细胞可与骨髓瘤细胞发生融合,形成杂交瘤细胞。

(3) 杂交瘤的 HAT 选择培养:一般采用 HAT 选择性培养基筛选融合的杂交瘤细胞。由于未融合骨髓瘤细胞缺乏次黄嘌呤-鸟嘌呤-磷酸核糖转移酶,不能利用补救途径合成 DNA 因而死亡,融合不稳定的杂交瘤细胞本身不能长期存活也逐渐死亡。只有成功融合的杂交瘤细胞从脾细胞中获得次黄嘌呤-鸟嘌呤-磷酸核糖转移酶,并同时具备了骨髓瘤细胞的无限增殖特性,因而能在 HAT 培养基中存活并增殖。

(4)杂交瘤细胞的克隆化培养:经过 HAT 筛选的杂交瘤细胞,实际上只有少数能够稳定分泌特异性的目的抗体,为了筛选分泌专一抗体的杂交瘤细胞,还要进一步对杂交瘤细胞进行克隆化。一般是采用有限稀释的方法进行克隆化培养,可能通过有限稀释的方法获得多个单克隆杂交瘤细胞系。对杂交瘤细胞克隆培养一定时间后,取细胞培养上清液测定获得的抗体的水平和特异性,筛选获得高水平且特异性的杂交瘤克隆,扩大培养后对生产的抗体的类型、亚类、特异性、亲和力、识别的抗原表位及相对分子质量等进行进一步鉴定,之后可将获得的杂交瘤冻存备用。

(5)单克隆抗体的大量制备:通常采用体内诱生法进行大量制备,即将杂交瘤细胞接种到小鼠腹腔增殖来生产抗体。一般在注射后 2 周左右待小鼠腹部膨大后,用无菌注射器抽取腹水获得大量制备的单克隆抗体。

【研究内容】

利用所学的分子生物学技术表达和纯化 EGFR 蛋白后,通过传统的杂交瘤技术制备抗人 EGFR 的单克隆抗体,并对抗体的特性和用途进行初步鉴定。

【实验设计】

请根据你所学过的知识及查阅文献资料,设计表达人 EGFR 的方案,纯化人 EGFR 后利用杂交瘤技术制备抗人 EGFR 单克隆抗体。

(鞠吉雨　邱大琳　王丽娜　刘艳菲)

实验七　潍坊青萝卜抑制幽门螺杆菌增殖及其炎性作用的研究

【实验目的】

(1)通过查阅文献,撰写详细的研究创新型实验申请书。

(2)通过体外实验确定潍坊青萝卜影响幽门螺杆菌的增殖。

(3)根据实验结果撰写结题报告。

【研究目的】

确定潍坊萝卜是否影响幽门螺杆菌对胃黏膜上皮细胞的生长及形态有影响作用。

【研究背景】

“冬吃萝卜夏吃姜,不劳医生开药方”、“萝卜小人参”等谚语,这是因为萝卜具有很强的行气功能,还能止咳化痰、除燥生津、清凉解毒、利大小便等作用。一到冬天萝卜便被大家放进了菜篮子,成了老百姓餐桌不可缺少食疗佳品。萝卜食用方法众多,可用于制作菜肴,又可当做水果生吃。冬天多吃点萝卜,对健康的好处是明显的。近年来,医学界发现萝卜能抗癌。原因之一是萝卜含有大量的维生素 A、维生素 C,它是保持细胞间质的必需物质,起着抑制癌细胞生长的作用;原因之二是萝卜含有一种糖化酵素,能分解食物中的亚硝胺,可大大减少该物质的致癌作用;原因之三是萝卜中的木质素,能使体内的巨噬细胞吞吃癌细胞的活力提高二至四倍。文献报道绿茶、胡萝卜素等可以明显抑制幽门螺杆菌的生长及其所致的炎性作用,但潍坊青萝卜与胃炎的关系未有探讨。

幽门螺杆菌是革兰染色阴性,螺旋形微需氧菌,定植于胃黏膜。在发展中国家成年人的感染率在 80% ,发达国家则只有 20% ~50% 。然而只有 10% ~20% 的人最终发展至疾病。该菌与慢性胃炎、胃十二指肠溃疡、胃癌以及黏膜相关淋巴瘤等有密切的关系。幽门螺杆菌感染所诱导的疾病的标志是黏膜固有层内有大量的炎性细胞浸润。胃黏膜能够很好地拮抗细菌的感染。然而,幽门螺杆菌能够适应、定居与胃黏膜,黏附至黏膜上皮细胞,逃逸免疫反应并长期定植在胃部。幽门螺杆菌感染可以释放多种毒力因子。这些毒力因子可以刺激胃黏膜上皮细胞释放致炎因子,促进疾病发展,从而局部炎性细胞浸润到胃黏膜。当然局部的炎症可以启动更加复杂的炎症和免疫反应。

潍坊青萝卜与幽门螺杆菌感染相关的炎性作用目前并未有相关文献报道,我们前期研究发现潍坊萝卜汁能够抑制幽门螺杆菌感染所致的胃黏膜炎性作用,本研究通过流行病学调查等方法检测潍坊青萝卜对胃炎的影响及其拮抗幽门螺杆菌所致胃炎的机制,以期发现潍坊青萝卜的另外一种功效。

【研究内容】

(1) 研究潍坊青萝卜是否能够抑制幽门螺杆菌增殖。

(2) 研究潍坊青萝卜能否抑制幽门螺杆菌对胃黏膜上皮细胞的炎性作用。

【实验设计】

(1) 根据研究内容设计详细的实验技术路线。

(2) 根据研究内容选择相应的实验方法达到研究的目的。

(王红艳)

实验八 自然环境中分枝杆菌噬菌体的分离与体外杀菌活性分析

【实验目的】

(1) 通过查阅文献,撰写详细的研究创新型实验申请书。

(2) 从环境中分离获取分枝杆菌噬菌体。

(3) 对分离到的上述分枝杆菌噬菌体进行体外杀菌活性分析。

(4) 根据实验结果撰写结题报告。

【研究目的】

探索从环境中分离分枝杆菌噬菌体的方法并对分离到的噬菌体进行体外杀菌活性分析。

【研究背景】

耐药菌特别是多重耐药菌的出现对人类健康构成了极大威胁,这类细菌感染面临无药可用的境地。寻找新的有效的抗菌制剂已经成为刻不容缓的问题。噬菌体制剂作为新型的治疗方法,受到越来越广泛地关注。

噬菌体(bacteriophage,phage)是一类特异性感染细菌、真菌、放线菌等微生物的病毒,广泛地存在于水、土壤、植物、动物和人体中,其遗传物质和结构都非常简单,必须寄生于细菌、真菌等宿主体内,借助宿主菌的酶系统及其他条件才能进行复制。

噬菌体对细菌的侵袭具有高度专一性,由于噬菌体具有自然裂菌和追踪杀菌的天然性能,且对动植物无明显毒性,因此一度曾经成为治疗、预防细菌感染的研究热点。随后抗生素的发现转移了人们对噬菌体研究的兴趣。

随着致病菌对大多数抗生素产生耐药性问题的出现,噬菌体作为生物制剂以其独特的抗菌优势再度引起关注。传染性疾病权威—诺贝尔奖得主 Lederberg 博士指出:因耐药性细菌的出现,抗生素治疗不再像以前那样有效,应高度重视噬菌体作为抗菌治疗的研究。

研究人员对噬菌体的筛选、分离纯化、治疗前的处理、药物动力学等进行了大量的研究,实验证明噬菌体治疗细菌感染,尤其是耐药菌感染,具有很高的有效性和安全性等优势。耐甲氧西林金黄色葡萄球菌(methicillin-resistant *StapHylococcus aureus*, MRSA)的治疗是临床上面临的棘手问题,Capparelli 等人利用噬菌体来控制 MRSA 感染,结果显示 MRSA 噬菌体在体内和体外都可以杀灭巨噬细胞内的 MRSA,取得了良好的治疗效果。噬菌体的指数增殖能力是噬菌体治疗的突出优势,只需少量噬菌体就可以完成裂解细菌的工作。噬菌体具有高度特异性,不会影响到其他菌群,不会破坏体内微生态的平衡,也很少引起胃肠道反应、过敏反应等。Birendra 等观察了一种新型绿脓杆菌噬菌体 PA1Φ 在小鼠绿脓杆菌感染模型中的作用,发现噬菌体能有效地治疗致死剂量的绿脓杆菌引起的感染,小鼠可达 80%~100% 的存活率,噬菌体治疗的小鼠没有产生败血症任何迹象,而未经处理的小鼠表现出垂死的状态,最后死于败血症。随后的研究也证实了 PA1Φ 噬菌体在体内有很强大的杀菌功效。感染肺炎克雷伯菌的烧伤小鼠模型注射噬菌体,可使小鼠成活率达 73.33%,显著高于常规药物治疗组。另外噬菌体制剂局部外用以及医疗设备的杀菌都有成功的例子。

分枝杆菌引起的感染是临床常见的感染之一,并且耐药问题严重。本项目的目的是拟从环境中分离分枝杆菌噬菌体,探索后续用于分枝杆菌感染的噬菌体治疗策略。

【研究内容】

(1)探索从环境中分离分枝杆菌噬菌体的方法。

(2)分析分离到的分枝杆菌噬菌体的体外杀菌活性。

【实验设计】

(1)根据研究内容设计详细的实验技术路线。

(2)根据研究内容选择相应的实验方法达到研究目的。

(付玉荣)

实验九　大蒜素体外抑菌实验研究

【实验目的】

(1)通过查阅文献,撰写详细的研究创新型实验申请书。

(2)通过体外实验确定大蒜素是否对实验菌的生长及形态有影响作用。

(3)根据实验结果撰写结题报告。

【研究目的】

确定大蒜素是否对体外金黄色葡萄球菌和大肠埃希菌的生长及形态有影响作用。

【研究背景】

大蒜素是大蒜的主要活性成分,具有抗菌消炎、提高肌体免疫能力、预防和治疗心血管系统疾病、防癌抗癌和抗衰老的作用。此外,大蒜素还具有抗单核细胞与血管内皮细胞黏附的作用。长期服用大蒜素,可以提高细胞免疫力、体液免疫力和非特异免疫能力。

从现代分子生物学角度分析,大蒜素分子中的活性基团是硫醚基,其氧原子与细菌生长繁殖所必需的半胱氨酸分子中的含巯基的酶氧化为双硫键,使细菌因缺乏半胱氨酸而不能进行生物氧化作用,从而阻止细菌细胞分裂,破坏细菌的正常代谢,抑制细菌的生长和繁殖。大量实验证明,大蒜素可有效地抑制或杀灭一些革兰阳性和阴性细菌,包括:假单孢菌、变形杆菌、金黄色葡萄球菌、大肠埃希菌、沙门菌、枯草芽胞杆菌,还有伤寒杆菌、结核杆菌、痢疾杆菌、霍乱弧菌、肺炎和脑炎球菌等。1mg 大蒜素抗菌效能等于 15 国际单位青霉素,即大蒜素杀菌力是青霉素的 100 倍。

【研究内容】

1. 制备大蒜素抑菌纸片

(1) 取新华 1 号定性滤纸,用打孔机打成 6mm 直径的圆形小纸片。取圆纸片 50 片放入清洁干燥的青霉素空瓶中,瓶口以单层牛皮纸包扎。经 15 磅 15~20min 高压消毒后,放在 37℃温箱或烘箱中数天,使完全干燥。

(2) 在上述含有 50 片纸片的青霉素瓶内加入大蒜素药液 0.25ml,并翻动纸片,使各纸片充分浸透药液,翻动纸片时不能将纸片捣烂。同时在瓶口上记录药物名称,放 37℃温箱内过夜,干燥后即密盖。如有条件可真空干燥。切勿受潮,置阴暗干燥处存放,有效期 3~6个月。

2. 大蒜素抑菌能力的测定

(1) 致密接种:在超净台中,用经(酒精灯)火焰灭菌的接种环挑取适量细菌培养物,以划线方式将细菌涂布到平皿培养基上。具体方式;用灭菌接种环取适量细菌分别在平皿边缘相对四点涂菌,以每点开始划线涂菌至平皿的 1/2。然后,找到第二点划线至平皿的 1/2,依次划线,直至细菌均匀密布于平皿。(另:可挑取待试细菌于少量生理盐水中制成细菌混悬液,用灭菌棉拭子将待检细菌混悬液涂布于平皿培养基表面。要求涂布均匀致密,直接悬液法要把菌液浓度用生理盐水或 PBS 调到 0.5 个麦氏标准再涂布均匀。)

(2) 贴放抑菌纸片:将镊子于酒精灯火焰灭菌后略停,取大蒜素药敏片 3 张和同样步骤,只是用生理盐水取代大蒜素药液的滤纸片三张贴到平皿培养基表面。为了使药敏片与培养基紧密相贴,可用镊子轻按几下药敏片。为了使能准确的观察结果,要求药敏片能有规律的分布于平皿培养基上。一般可在平皿中央贴一片,外周可等距离贴若干片,每种药敏片的名称要记住。

(3) 培养:将培养基平皿置于 37℃温箱中培养 24h 后,观察效果。药敏实验的结果,应按抑菌圈直径大小作为判定敏感度高低的标准。

【实验设计】

(1) 根据研究内容设计详细的实验技术路线。

(2) 根据研究内容选择相应的实验方法达到研究的目的。

(刘志军)

实验十　21 三体综合征的临床诊断和产前诊断方法

【实验目的】

(1) 通过查阅文献,设计实验方法并撰写实验申请书。

(2) 根据实验设计,进行实验实施。

（3）分析实验结果，撰写结题报告。

【研究目的】

探讨 21 三体综合征的临床诊断和产前诊断方法。

【研究背景】

1. 21 三体综合征的临床特征 21 三体综合征（Trisomy 21），是最常见的常染色体数目异常综合征，其出生率约占活产新生儿的 1/700～1/800。其主要特征为严重的先天性智力障碍（IQ25～50），眼间距宽、眼外角上斜、内眦赘皮、舌大外伸、耳小低位等特殊的面容，肌张力低，四肢短小，有通贯掌，小指内弯并常缺少指中节，且伴有各种先天畸形。

2. 21 三体综合征的核型及发生原因

（1）经典型：47，XX（XY），+21，占患者总数的 92.5%。发生原因是亲代配子（大多是母亲卵子）形成过程中发生 21 号染色体不分离，形成了含有 2 条 21 号染色体的配子。

（2）易位型：占患者总数的 5%。发生原因是亲代之一是染色体平衡易位携带者，产生了带有 2 倍或部分 2 倍 21 号染色体的配子。患者常见核型有：1）D/G 易位，例：46，XX（XY），−14，+t（14；21）（p11；q11）；2）G/G 易位，例：46，XX（XY），−22，+t（21；22）（p11；q11）。

（3）嵌合型：46，XX（XY）/47，XX（XY），+21，占患者总数的 2.5%。发生原因是正常的受精卵在胚胎发育早期的卵裂过程中，细胞发生 21 号染色体不分离，形成一个个体同时存在 21 三体和正常核型的两种细胞系。

【研究内容】

一对夫妇，女 28 岁，男 31 岁，已出生过一胎 21 三体综合征男性患儿。现在妻子已妊娠 2 个月，前来进行遗传咨询。

【实验设计】

请根据你所学过的知识或查阅资料，为这一家庭提供最佳产前诊断的方式及生育指导。

（杨利丽）

实验十一 慢性进行性肌营养不良症的分子诊断方法

【实验目的】

（1）通过查阅文献，设计实验方法并撰写实验申请书。

（2）根据实验设计，进行实验实施。

（3）分析实验结果，撰写结题报告。

【研究目的】

探讨慢性进行性肌营养不良症的分子诊断方法。

【研究背景】

1. 慢性进行性肌营养不良症的临床特征 慢性进行性肌营养不良症（duchenne muscular dystrophy，DMD），也称 Duchenne 型肌营养不良症，是最常见的一类进行性肌营养不良症，发病率约为 1/3500 活男婴。其病因为肌纤维中抗肌萎缩蛋白（muscular dystrophin）缺失导致肌纤维的破坏，肌肉萎缩，失去肌纤维的功能。临床表现为上楼梯或蹲起困难，Gower 症阳性，病情呈进行性发展，至生活不能自理，最后完全丧失活动能力，多半导致呼吸衰竭或肺部感染而死亡。

2. 慢性进行性肌营养不良症的遗传特征　慢性进行性肌营养不良症呈 X 连锁隐性遗传,致病基因 DMD 定位于 Xq21. 2-21. 3,全长 2300kb 左右,由 79 个外显子组成,编码 3685 个氨基酸。DMD 基因突变有多种形式,60% 是外显子缺失突变,5% 是重复突变,35% 可能是很小的 DNA 片段缺失或点突变。

【研究内容】

就诊者为一男性,5 岁,家长叙述有上楼梯困难,走路"鸭步"的病史,因患者的姨表兄弟确诊为进行性肌营养不良症,故前来进行遗传咨询并请求进行基因诊断。

【实验设计】

请根据以上的原理,运用你所学过的知识或查阅相关资料,设计一种 DMD 的分子诊断的方法。

(刘红英)

参 考 文 献

北京大学生物系生物化学教研室.1980.生物化学实验指导.北京:人民教育出版社,22-24,73-74.

陈冰,林轩.1997.蔗糖酶水解蔗糖的研究.湛江师范学院学报,18(2):57-60.

陈来同,孙宇.2001.B19-Gly-B20人胰岛素的分离纯化及性质研究.中国生化药物杂志,22(5):234-236.

陈秀芳,毛孙忠.2010.生物化学与分子生物学实验技术——实验指导分册.杭州:浙江大学出版社:47-49.

陈瑶,张波.2013.唐氏综合征产前筛查及诊断的研究进展.国际检验医学杂志,34(7):835-837.

杜娟,许涓涓,韦波,等.2014.联合应用MLPA及连锁分析对广西地区Duchenne型假肥大性肌营养不良症产前诊断分析.右江医学,42(2):145-148.

范业鹏,杜鹏.1999.抗坏血酸对酵母蔗糖酶的激活动力学研究.中国生物化学与分子生物学报,15(1):98-101.

管斌,丁友.1999.还原糖测定方法的规范.无锡轻工大学学报,18(3):74-79.

郭粉粉,梁文波,张学梅.2011.单克隆抗体制备技术及应用的研究进展.医学综述,17(8):1129-1131

侯巧芳,王莉,吴东,等.2012.多重连接探针扩增技术对假肥大性进行性肌营养不良症的基因诊断.中华检验医学杂志,35(8):746-749.

李晓红,朱慧玲,余蓉,等.2007.重组人工胰岛素制备工艺.四川大学学报,39(4):79-83.

李湛君.1998.重组人胰岛素效价测定中生物测定与理化测定的相关性验证.药物分析杂志,18(4):241-243.

孙国志,冯惠勇,徐亲民.2002.蔗糖酶提取方法的研究.工艺技术,1(23):54-55.

唐云明,黎南,陈定福.1996.甘薯叶片蔗糖酶的分离纯化及其部分性质.植物生理学报,22(1):45-50.

王琼庆,冯佑民.1996.胰岛素蛋白质工程研究进展.生物化学与生物物理进展,23(5):402-408.

王皖骏,朱海燕,朱瑞芳.2013.假肥大型肌营养不良症家系的基因检测与产前诊断.中华医学遗传学杂志,30(1):45-48.

闻平,陈蕾,郭月芳.2007.大蒜素对白色念珠菌生长的抑制作用.微生物学杂志,27(4):104-106.

徐桦,陆珊华,孙爱民.1999.酵母蔗糖酶K_m值的测定.南京医科大学学报,17(4):329-330.

许培雅,邱乐泉.2002.离子交换层析纯化蔗糖酶实验方法改进研究.实验室研究与探索,21(3):82-84.

杨华.2010.孕中期唐氏综合征产前筛查结果分析.检验医学与临床,7(17):1886-1887.

于亮,王梅,姜梅杰,等.2013.大蒜素对耐碳青霉烯类抗菌药物鲍曼不动杆菌体外抑菌作用的研究.中华实验和临床感染病杂志,7(1):50-55.

查锡良,药立波.2014.生物化学与分子生物学.第8版.北京:人民卫生出版社:59-60.

张冰丽.2014.产前诊断21三体综合征的临床诊断价值分析.现代诊断与治疗,25(2):445-447.

张难,吴远根,莫莉萍,等.2008.多糖的分子修饰研究进展.贵州科学,26(3):66-71.

张友尚.2008.胰岛素生产的回顾与展望.食品与药品,10(1):1-3.

赵志刚,徐小杰,庄杰,等.2005.盐酸小檗碱、鱼腥草素钠和大蒜素的体外抗菌活性.中国临床药理学杂志,21(2):119-121.

郑学玲,李利民,姚惠源.2004.小麦麸皮水溶性戊聚糖的分离及分级纯化.无锡轻工大学学报:食品与生物技术,23(2):1-4.

ABEDON S T. 2010. The 'nuts and bolts' of pHage therapy. Curr PHarm Biotechnol,11(1):81-86.

Apte R N,Krelin Y,Song X,Dotan S,et al. 2006. Effects of micro-environment- and malignant cell-derived interleukin-1 in carcinogenesis,tumour invasiveness and tumour-host interactions. Eur J Cancer,42(6):751-759.

Belcarz A,Ginalska G,Lobarzewski J,etal. 2002. Thenovelnon 2 glycosylatedinvertase from Candidautilis. Biochimicaet BiophysicaActa,1594:40-53.

Benvanuti S,Sartore-Bianehi A,Di Nicolantonio F. 2007. Oncogenic activation of the RAS/RAF signaling pathway impairs the response of metastatic coloreetal cancers to anti-epidermal growth factor receptor antibody therapies. Cancer Res,67(6):2643-2648.

Birendra R,Tiwari K,Shukho K,et al. 2011. Antibacterial efficacy of lytic pseudomonas bacteriopHage in normal and neutropenic mice models. Microbiology,49(6):994-999.

Capparelli R,Parlato M,Borriello G,et al. 2007. Experimental pHage therapy against StapHylococcus aureus in Mice. Antimicrob Agents Chemother,51(8):2765-2773.

Chiantore M V,Mangino G,Zangrillo M S,et al. 2014. Role of the microenvironment in tumorigenesis:focus on virus-induced tumors. Curr Med Chem. [Epub ahead of print]

Du Manoir J M,Francia G,Man S,et al. 2006. Strategies for delaying or treating in vivo acquired resistance to trastuzumab in human breast cancer xenografts. Clin Cancer Res,12(3 Pt 1):904-916.

Fu W,Forster T,Mayer O,et al. 2010. Bacteriop Hage cocktail for the prevention of biofilm formation by Pseudomonas aeruginosa on catheters in an in vitro model system. Antimicrob Agents Chemother,54(1):397-404.

Fumiyo T,Noboru H,Masami Y,et al. 2004. Inhibitory effect of green tea catechins in combination with sucralfate on*Helicobacter pylori* infection in Mongolian gerbils. J Gastroenterol,39(10):61.

Ge Y,Duan Y F,Fang G Z,et al. 2009. Study on biological activities of Physalis alkekengi var franchetipolysaccharide. J Sci Food Agric,89(9):1593-1598.

Golshahi L,Seed K D,Dennis J J,et al. 2008. Toward modern inhalational bacteriopHage therapy:nebulization of bacteriopHages of *Burkholderia cepacia* complex. J Aerosol Med Pulm Drug Deliv,21(4):351-360.

Hanahan D,Weinberg R A. 2011. Hallmarks of cancer:the next generation. Cell,144(5):646-674.

Heinrich E L,Walser T C,Krysan K,et al. 2012. The inflammatory tumor microenvironment,epithelial mesenchymal transition and lung carcinogenesis. Cancer Microenviron,5(1):5-18.

Heo Y J,Lee Y R,Jung H H,et al. 2009. Antibacterial efficacy of pHages against Pseudomonas aeruginosa infections in mice and DrosopHila melanogaster. Antimicrob Agents Chemother,53(6):2469-2474.

Huang J Q,Zheng G F,Sumanac K,et al. 2003. Meta-analysis of the relationship between cagA seropositivity and gastric cancer. Gastroenterology,12(6):1636.

IARC,Schistosomes,liver flukes,and *Helicobacter pylori*. 1994. IARC Working Group on the Evaluation of Carcinogenic Risks to Humans. Lyon,France,7~14 June 1994,IARC Monogr Eval Carcinog Risks Hum,61(2):1.

Kim S,Takahashi H,Lin W W,et al. 2009. Carcinoma-produced factors activate myeloid cells through TLR2 to stimulate metastasis. Nature,457(7225):102-106.

Kumari S,Harjai K,Chhibber S. 2010. Evidence to support the therapeutic potential of bacteriopHage Kpn5 in burn wound infection caused by Klebsiella pneumoniae in BALB/c mice. J Microbiol Biotechnol,20(5):935-941.

Landskron G,De la Fuente M,Thuwajit P,et al. 2014. Chronic inflammation and cytokines in the tumor microenvironment. J Immunol Res,2014:149185.

Liao G J,Chan K C,Jiang P,et al. 2012. Noninvasive prenatal diagnosis of fetal trisomy 21 by allelic ratio analysis using targeted massively parallel sequencing of maternal plasma DNA. PLoS One,(5):e38154.

Loc-carrillo C,Abedon S T. 2011. Pros and cons of pHage therapy. BacteriopHage,1(2):111-114.

Lorusso G,Rüegg C. 2008. The tumor microenvironment and its contribution to tumor evolution toward metastasis. Histochem Cell Biol,130(6):1091-103.

Meira D D,Nobrega I,Hugo V,et al. 2009. Different antiproliferative effects of matuzumab and cetuximab in A431 cells are associated with persistent activity of the MAPK pathway. Eur J Cancer,45(7):1265-1273.

Mendelsohn J,Baselga J. 2000. The EGF receptor family as targets for cancer therapy. Oncogene,19(56):6550-6565.

Nathan C,Ding A. 2010. Nonresolving inflammation. Cell,140(6):871-882

Normanno N,Bianco C. 2003. Target-based agents against ErbB receptors and their ligands:a novel approach to cancer treatment. Endocr Relat Cancer,10(1):1-21.

Peek R M,Jr,Blaser M J. 2002. *Helicobacter pylori* and gastrointestinal tract addnocarcinomas. Nat Rev Cancer,2(1):28.

Schepetkin I A,Quinn M T. 2006. Botanical polysaccharides:Macrophage immuno -modulation and therapetic potential. International Immunopharmacology,6(3):317-333.

Solinas G,Marchesi F,Garlanda C,et al. 2010. Inflammation-mediated promotion of invasion and metastasis. Cancer Metastasis Rev,29(2):243-248.

Suerbaum S, Michetti P. 2002. Helicobacter pylori infection. N Engl J Med, 347(15): 1175.

Swartz M A, Iida N, Roberts E W, et al. 2012. Tumor microenvironment complexity: emerging roles in cancer therapy. Cancer Res, 72(10): 2473-2480.

Take S, Mizuno M, Ishiki K, et al. 2005. The effect of eradicating Helicobacter pylori on the development of gastric cancer in patients with peptic ulcer disease. Am J Gastroenterol, 100(5): 1037.

Tao Y W, Tian G Y. 2006. Studies on the physicochemical properties, structure and antitumor activity of polysaccharide YhPS-1 from the root of Cordalisyanhusuo Wang. Chinese Journal of Chemistry, 24(2): 235-239.

Wang Z P, Gulledge J, Zheng J Q, et al. 2009. Physical injury stimulates aerobic methane emissions from trrestrial plants. Biogeosciences, 6(4): 615-621.

Watanabe R, Matsumoto T, Sano G, et al. 2007. Efficacy of bacteriopHage therapy against gut-derived sepsiscaused by Pseudomonas aeruginosa in mice. Antimicrob Agents Chemother, 51(2): 446-452.

Weight A, Hawkins C H, Anggard E E, et al. 2009. A controlled clinical trial of a therapeutic bacteriopHage preparation in chronic otitis due to antibiotic-resistant Pseudomonas aeruginosa; a preliminary report of efficacy. Clin Otolaryngol, 34(4): 349-357.

Wong B C, Lam S K, Wong W M, et al. 2004. China Gastric Cancer Study Group, Helicobacter pylori eradication to prevent gastric cancer in a highrisk region of China; a randomized controlled trial. JAMA, 291(2): 187-194.

附　录

附录一　常用试剂的配制

（医学免疫学）

1. Alsever's 红细胞保存液

葡萄糖	20.5g
氯化钠	4.2g
枸橼酸钠	8.0g
枸橼酸	0.55g

将上述试剂溶解于 1000ml 蒸馏水,经 103.4kPa、121.3℃高压蒸汽灭菌 15min,4℃保存备用。

2. Hanks 液

原液甲：

NaCl	160g
KCl	8g
$MgSO_4 \cdot 7H_2O$	2g
$MgCl \cdot 6H_2O$	2g
$CaCl_2$	2.8g（先溶于 100ml 双蒸水中）

溶于 1000ml 双蒸水,4℃保存。

原液乙：(1)

$Na_2HPO_4 \cdot 12H_2O$	3.04g
KH_2PO_4	1.2g
葡萄糖	20.0g

将上列各物溶于双蒸水 800ml 中。

(2) 0.4%酚红溶液：称取酚红 0.4g,放入玻璃研钵中,滴加 0.1ml/L NaOH 溶液,不断研磨,直至完全溶解,约加 0.1ml/L NaOH 溶液 10ml。将溶解的酚红吸入 100ml 量瓶中,用双蒸水洗下研钵中残留酚红,并入量瓶中,最后补加双蒸水至 100ml。

将(1)液和(2)液混合,补加双蒸水至 1000ml,即为原液乙,置 4℃保存。

应用液：

原液甲	1 份
原液乙	1 份
双蒸水	18 份

混合后分装于 200ml 小瓶,103.4kPa、121.3℃高压蒸汽灭菌 15min,4℃保存可使用 1 个月,临用前用无菌的 5.6% $NaHCO_3$ 溶液调 pH 至 7.2~7.6。

3. 无 Ca^{2+}、Mg^{2+} Hanks 液

NaCl	8g
KCl	0.4g

NaHCO$_3$	0.35g
Na$_2$HPO$_4$·12H$_2$O	0.152g
KH$_2$PO$_4$	0.06g
葡萄糖	1g
0.4%酚红	5ml

将上述成分依次溶解或加入到双蒸水中,最后补加双蒸水至1000ml,以5.6% NaHCO$_3$溶液调整pH至7.4,4℃冰箱保存备用。

4. 磷酸盐缓冲液(PB)

A液:为0.2mol/L磷酸二氢钠水溶液,Na$_2$HPO$_4$·H$_2$O 27.6g,溶于蒸馏水中,最后补加蒸馏水至1000ml。

B液:为0.2mol/L磷酸二氢钠水溶液,Na$_2$HPO$_4$·7H$_2$O 3.6g(或Na$_2$HPO$_4$·12H$_2$O 71.6g,或Na$_2$HPO$_4$·2H$_2$O 35.6g),加蒸馏水溶解,最后加水至1000ml。

缓冲液配制:A液 X ml中加入B液 Y ml,为0.2mol/L PBS(见下表)。若再加蒸馏水至200ml则成为0.1mol/L PBS。

pH	X/ml	Y/ml	pH	X/ml	Y/ml
5.7	93.5	6.5	6.9	45.0	55.0
5.8	92.0	8.0	7.0	39.0	61.0
5.9	90.0	10.0	7.1	33.0	67.0
6.0	87.7	12.3	7.2	28.0	72.0
6.1	85.0	115.0	7.3	23.0	77.0
6.2	81.5	18.5	7.4	19.0	81.0
6.3	77.5	22.5	7.5	16.0	84.0
6.4	73.5	26.5	7.6	13.0	87.0
6.5	68.5	31.5	7.7	10.0	90.0
6.6	62.5	37.5	7.8	8.5	91.5
6.7	56.5	43.5	7.9	7.0	93.0
6.8	51.0	49.0	8.0	5.3	96.7

5. 磷酸盐缓冲生理盐水(PBS)

(1) 0.01mol/L PBS(pH 7.0)　　　　(2) 0.02mol/L PBS(pH 7.2)

0.2mol/L　A液	16.5ml		0.2mol/L　A液	28ml
0.2mol/L　B液	33.5ml		0.2mol/L　B液	72ml
加NaCl	8.5g		加NaCl	8.5g

用蒸馏水稀释至1000ml。　　　　　　用蒸馏水稀释至1000ml。

6. Tris液(TBS和THB)

(1) 0.05mol/L TBS(pH 7.4)的配制

Tris(三羟甲基胺基甲烷)	12.1g
NaCl	17.5g
加蒸馏水	1500ml

磁性搅拌下滴加浓HCl至pH为7.4,再加蒸馏水至2000ml即可。如需含1% Triton X-100,则在滴加HCl前先加入20ml TritonX-100。

（2）THB 的配制

A 液(0.2mol/L Tris)：(MW121.14)称取 2.423g Tris 溶于 100ml 蒸馏水中。

B 液(0.1mol/L HCl)：取 37% HCl(相对密度 1.19)0.84ml,加入蒸馏水中,使成 100ml。

不同 pH(7.19~9.10)的 0.05mol/L THB：取 A 液 25ml 加入 B 液 Xml(见下表),补加蒸馏水至 100ml。

X/ml	pH	X/ml	pH
25.0	8.14	45.0	7.19
22.5	8.20	42.5	7.36
22.0	8.23	41.4	7.40
20.0	8.32	40.0	7.54
17.5	8.41	38.4	7.60
15.0	8.51	37.5	7.66
12.5	8.62	35.5	7.77
10.0	8.74	32.5	7.87
7.5	8.92	30.0	7.96
5.0	9.10	27.5	8.05

7. 苯酚钠-苯酚氢钠缓冲液(0.1mol/L)(见下表)。

pH		0.1mol/L Na_2CO_3 溶液	0.1mol/L $NaHCO_3$ 溶液
20℃	37℃	/ml	/ml
9.16	8.77	1	9
9.40	9.12	2	8
9.51	9.40	3	7
9.78	9.50	4	6
9.90	9.72	5	5
10.14	9.90	6	4
10.28	10.08	7	3
10.53	10.28	8	2
10.83	10.57	9	1

注：该缓冲液在 Ca^{2+}、Mg^{2+} 存在时不得使用

8. 甘氨酸-HCl 缓冲液(0.05mol/L)

X ml 0.2mol/L 甘氨酸+Y ml 0.2mol/L HCl 加水稀释至 200ml(见下表)。

pH	X/ml	Y/ml	pH	X/ml	Y/ml
2.2	5	44.0	3.0	50	11.4
2.4	50	32.4	3.2	50	8.2
2.6	50	24.2	3.4	50	6.4
2.8	50	16.8	3.6	50	5.0

甘氨酸相对分子质量 57.05;0.2mol/L 甘氨酸溶液含甘氨酸 15.01g/L。

9. 0.05mol/L 枸橼酸盐缓冲液

A 液(0.1mol/L 枸橼酸水溶液)：枸橼酸($C_6H_8O_7 \cdot H_2O$)21.01g 或($C_6H_8O_7$)10.21g，加蒸馏水至 1000ml。

B 液（0.1mol/L 枸橼酸水溶液）：枸橼酸（$C_6H_5O_7Na_3 \cdot 2H_2O$）29.41g，加蒸馏水至 1000ml。

A 液 X ml 加 B 液 Y ml(见下表)，再加蒸馏水使成 1000ml。

pH	X/ml	Y/ml	pH	X/ml	Y/ml
3.0	46.5	3.5	4.8	23.0	27.0
3.2	43.7	6.3	5.0	20.5	29.5
3.4	40.0	10.0	5.2	18.0	32.0
3.6	37.0	13.0	5.4	16.0	34.0
3.8	35.0	15.0	5.6	13.7	36.3
4.0	33.0	17.0	58	11.8	38.2
4.2	31.5	18.5	6.0	9.5	40.5
4.4	28.0	22.0	6.2	7.2	42.8
4.6	25.5	24.5			

10. 0.1mol/L 乙酸缓冲液(pH 3.6~5.6)

A 液(0.2mol/L 乙酸)：冰乙酸(99%~100%，相对密度 1.050~1.054)11.5ml，加蒸馏水至 1000ml。

B 液(0.2mol/L 乙酸钠水溶液)：乙酸钠（$C_2H_3O_2Na$）16.4g 或（$C_2H_3O_2Na \cdot 3H_2O$）27.2g，加蒸馏水使成 1000ml。

缓冲液：按下表将 A 液 X ml+B 液 Y ml+蒸馏水至 1000ml，配成所需的 pH。

pH	X/ml	Y/ml	pH	X/ml	Y/ml
3.6	46.3	3.7	4.8	20.0	30.0
3.8	44.0	6.0	5.0	14.8	35.2
4.0	41.0	9.0	5.2	10.5	39.5
4.2	36.8	13.2	5.4	8.8	41.2
4.4	30.5	19.5	5.6	4.8	45.2
4.6	25.5	24.5			

11. 0.05mol/L pH 8.6 巴比妥缓冲液

巴比妥　　　　　　1.84g(加蒸馏水 200ml 加热溶解)

巴比妥钠　　　　　10.3g

叠氮钠　　　　　　0.2g

加蒸馏水溶解，并补加到 1000ml。

12. 1mol/L HEPES 缓冲液配制

HEPES　　　　　　11.915g

三蒸水　　　　　　50ml

（注：HEPES 为 N-2-羟乙基哌嗪-N′-2-乙磺酸,相对分子质量 238.3）

13. 200mmol/L L-谷氨酰胺溶液

    谷氨酰胺　　　　　　　2.922g

    三蒸水　　　　　　　　100ml

溶解后,过滤除菌,分装小瓶,每瓶 10ml,−20℃保存。

14. 两性霉素 B(25μg/ ml)配法

    两性霉素 B　　　　　　2.5mg

    三蒸水　　　　　　　　100ml

过滤除菌,分装小瓶,每瓶 10ml,−20℃保存。

（魏　兵　吴国庆）

常用实验动物及基本技术

一、免疫试验常用动物

1. 小鼠　小鼠因繁殖周期短,生长速度快,容易饲养,操作方便,是现代医学科研中用途最广泛和最常用的实验动物。在免疫学方面,可以利用纯系小鼠制备单克隆抗体,利用免疫功能缺陷小鼠进行免疫学研究。例如无胸腺的突变系裸鼠由于缺乏 T 细胞,常用于研究 T 细胞的功能以及细胞免疫在免疫应答中的作用。20 世纪 80 年代培育出的 SCID(severe combined immunodificiency) 小鼠,该类小鼠存在严重的 T、B 细胞联合缺陷,有利于研究 NK 细胞、LAK 细胞和巨噬细胞的分化和功能,以及它们间的相互作用。SCID 小鼠能接受同种或异种淋巴细胞移植,是研究淋巴细胞分化和功能的活体测试系统。

2. 豚鼠　豚鼠的特点是性情温顺,繁殖快,易饲养。是较早用于生物医学研究的常用动物。在免疫学研究方面,豚鼠是较好的动物过敏反应模型。豚鼠血清中补体含量高,也是免疫学研究中所需补体的直接来源。

3. 家兔　家兔性情温顺,易于饲养和管理,体型较大,耳静脉大而清晰,易于抽血或注射。在免疫学方面被用来制备各种免疫血清及过敏反应的研究。

4. 绵羊　绵羊体型大,容易饲养和管理,颈静脉大,容易触摸,利于采血。在免疫学方面,绵羊红细胞是一种常用的抗原,绵羊红细胞与其相应抗体(溶血素)被广泛用于许多血清学反应。也可用绵羊制备免疫血清。

二、实验动物的抓取与固定

抓取和固定是动物实验操作技术中最基本简单也是很重要的一项基本功。抓取和固定各种动物的原则是:保证实验人员的安全,防止动物意外性损伤,禁止对动物采取粗暴动作。具体的方法应根据实验内容和动物种类而定。抓取、固定动物前,应对动物的习性有所了解。抓取时应准确、迅速、熟练,力求在动物感到不安之前抓取为好。

1. 小鼠　右手抓住小鼠尾部提起,将其放在鼠笼盖或其他粗糙面上,在小鼠向前爬行时,迅速用左手拇指和食指捏住其双耳及颈后部皮肤,无名指、小指和手掌心夹住背部皮肤和尾部即可将小鼠固定(附图1-1)。这类方法多用于灌胃以及肌肉、腹腔和皮下注射等(附图1-2)。在一些特殊实验中,如进行解剖、手术、心脏采血和尾静脉注射等,则可使用相应的固定方法(如固定在蜡板上)或使用特殊的固定装置(尾静脉注射架或粗试管)。

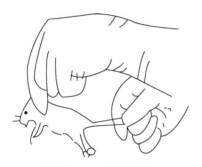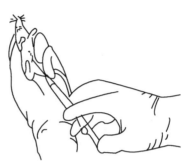

附图1-1　小鼠的抓取　　　　　附图1-2　小鼠腹腔注射

2. 豚鼠　豚鼠胆小易惊,抓取时必须稳、准、迅速,先用手掌迅速扣住豚鼠背部,抓住肩胛上方,以拇指和食指扣住颈部,其余手指握住躯干,即可轻轻提起、固定。对于体重大的豚鼠,要用另一只手托住其臀部(附图1-3)。

附图1-3　豚鼠的抓取方法

3. 家兔　家兔的抓取方法一般是用一只手从兔头前部把两耳轻轻压于手掌内,兔便匍匐不动,将颈部的被毛连同皮一起抓住提起,再以另一只手托住其臀部(附图1-4)。不能采取抓住家兔双耳、腰部或四肢的方法,以免造成双耳、颈椎或双肾的损伤。

家兔的固定方法可以根据实验需要而定。如作兔耳取血、注射或观察兔耳血管变化,可采用盒式固定(附图1-5),如需作测量血压、呼吸等实验或颈动脉放血等手术时,需将兔固定在手术固定台上(附图1-6),其头部的固定可用一根粗棉绳,一端拴住家兔的两只门齿,另一端固定在手术台上。

附图1-4　兔的抓取方法

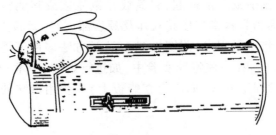

附图 1-5　兔的盒式固定法

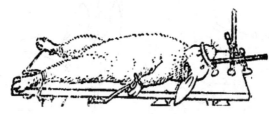

附图 1-6　兔的台式固定法

三、实验动物的给药方法

1. 皮下注射法　用拇指和食指轻轻提起皮肤,右手持注射器将针头刺入皮下,针头摆动无阻力,证明已进入皮下,推进药液。皮下注射部位,一般小鼠在腹部两侧,豚鼠在大腿内侧或下腹部,家兔为背部或耳根部。

2. 皮内注射法　先将动物注射部位的毛剪去,消毒后,用皮试针头紧贴皮肤表层刺入皮内,然后向上挑起并再稍刺入一点,随之缓慢注入一定量的药液。若注射成功,可见皮肤表面鼓起一小包。注射部位,兔和豚鼠均为背部脊柱两侧的皮肤。

3. 肌内注射法　肌内注射宜选肌肉发达、无大血管经过的部位。针头直接刺入肌肉,回抽针芯无回血现象,即可注射。家兔等大动物多在臀部注射,用 6.5 号针头,每只每次注射量不超过 2ml;小鼠因体积小,很少采用肌内注射,若必须肌内注射给药,常选在股部。

4. 腹腔注射法　小鼠腹腔注射方法为:左手固定动物,右手持注射器在下腹部左侧或右侧刺入皮下,在皮下朝头的方向推进 0.5cm,再使针头与腹平面呈 45°角穿过腹肌刺入腹腔,此时有落空感,回抽无肠液、尿液或血液后,缓缓推入药液(附图 1-2)。家兔等较大动物进行腹腔注射时,应先行固定,然后在其下腹部两侧进行注射。注射量小鼠一般为 0.5~1ml,豚鼠、兔一般为 5ml。

5. 静脉注射法

(1) 小鼠尾静脉注射法:小鼠尾静脉共 3 根,左右两侧和背部各一根,两侧尾静脉比较容易固定,故常被采用。操作时,先将鼠尾装入鼠筒或鼠盒内固定好,露出尾巴,用 45~50℃温水浸泡 1~2min 或用 75% 乙醇溶液反复擦拭使血管扩张,并可使表皮角质软化。以左手拇指和食指捏住鼠尾两侧,使静脉充盈,右手持带细针头的注射器使针头尽量采取与鼠尾平行的角度进针。先缓缓推进少许药液,如无阻力,表示针头已进入静脉,如阻力较大。并出现白色皮丘,则表示未刺入血管,应换部位重刺。如需反复注射。应尽量从鼠尾的末端开始。

(2) 豚鼠静脉注射法

1) 腿部静脉注射法:由助手抓握固定好动物,操作者左手握住后腿,右手用手术弯剪,在后小腿根部水平方向剪一缺口,揭起皮肤暴露静脉,即可注射。

2) 趾间静脉注射法:用酒精擦拭豚鼠脚趾,使趾间静脉暴露,即可进行注射。

(3) 兔耳静脉注射法:将兔固定好,用 75% 乙醇溶液棉轻轻擦拭耳部外缘,静脉即明显可见。注射由耳尖部开始,若失败,再逐步向耳根部移动重新注射。注射完毕,压迫针孔。

四、实验动物采血方法

1. 小白鼠血液的采集

(1) 尾尖采血:将鼠置盒内固好,露出鼠尾。用手轻揉或浸泡于45℃温水中数分钟或涂擦二甲苯,使尾静脉充血后,用剪刀剪去尾尖约 5mm。然后用手指从尾根部向尾尖部按摩,血即从断端流出。采血结束后,消毒止血。此法每只鼠一般可采用十余次,每次可采血约 0.1ml。

(2) 眼眶后静脉丛采血:用一根 7～10cm 长的玻璃采血管,一端拉成直径为 1.5mm、长为 1cm 的毛细管,另一端逐渐扩大成喇叭形。将采血管浸入 1% 肝素溶液,干燥后使用。采血时用左手拇指和食指抓住鼠两耳间皮肤,将头接在桌面上或鼠笼上,并轻压颈部两侧颈静脉,使眼球充分外突。此时,眼眶后静脉丛充血。右手持采血管,将其尖端插入内眼角与眼球之间,并轻轻向眼底方向刺入,深度约 2～3mm,有阻挡感时停止刺入,旋转采血管以切开静脉丛,血液即流入采血管中(附图 1-7)。采血结束后,拔出采血管放松左手,出血即停止。此法在短期内可重复采血,一次可采血液 0.2～0.3ml。

(3) 摘眼球采血:用左手拇指和食指尽量将鼠头捏紧,使眼球突出,右手用镊子或止血钳迅速将眼球摘除,并将鼠倒置,血液即可从眼眶内流出。此法采血量较大,只适用于一次性采血。

2. 豚鼠血液的采集

(1) 心脏穿刺采血:一人抓取固定豚鼠,使胸腹部朝上。另一人用左手触摸豚

附图 1-7　小白鼠眼眶后静脉丛采血法

鼠左侧第 4 肋、5 肋、6 肋间。选择心跳最明显处将注射器针头刺入心脏,所用针头应细长,以免采血后穿刺孔出血。体重 500g 豚鼠每次可抽血 6～7ml,间隔 2～3 周后可再次采血。

(2) 耳缘切口采血:将豚鼠耳部消毒,用刀片割破耳缘,血液即自切口处流出。每次可采血 0.5ml。

3. 家兔血液的采集

(1) 耳缘静脉采血:将家兔固定好,用手轻揉动物耳缘,待耳缘静脉充血后,在靠耳尖部静脉处,用针尖刺破静脉,血液即可流出。也可用针头(5.5 号)刺入静脉抽取血液,一次可采血 5～10ml。

(2) 耳中央动脉采血法:在兔耳中央有一条较粗的、颜色较鲜红的中央动脉。用左手固定兔耳,右手持注射器,在中央动脉的末端,沿向心方向刺入即可见血液进入针管。此法一次可抽血 15ml。

(3) 心脏穿刺采血法:将家兔仰卧固定于解剖台上,剪去心前区兔毛,用碘酒、70% 乙醇溶液消毒皮肤。在胸骨左缘外 3mm 左右第 3～4 肋间,选心跳最明显处进针。当针头接近心脏时,就会感到针头有明显的搏动,此时,再进针即可进入心室,血液会自动涌入针管。

体重 2kg 重的家兔每次抽血一般不超过 20~25ml,两周后可再次抽血。

（4）颈动脉放血法：将家兔仰卧固定,使头部后仰,整个颈部伸直露出,用消毒液擦拭,除颈部外,其他部位用消毒湿纱布覆盖起来。将颈下皮肤做纵向切开,剥离皮下组织,分离肌肉与气管,在颈静脉下,可见平行的迷走神经和强烈搏动的颈动脉。将颈动脉周围组织分离后,用止血钳夹死上下两端,在两钳中间切断血管,再用镊子夹住近心端,然后在钳子和镊子中间的血管壁上斜开小口,放入采血瓶中,松动镊子,血液便可流入瓶中,放血速度可由镊子掌握,以免过快。

4. 绵羊颈静脉抽血法　将绵羊放倒,取侧卧位,一人固定头部,使颈部拉直,头尽量后仰,另一人固定四肢,抽血者先剪去颈部被毛,碘酒、70% 乙醇溶液消毒皮肤,用止血带扎住颈部下端,使颈静脉怒张,左手抓起皮肤,右手持注射器刺入皮下,针头沿血管平行方向向心端刺入颈静脉。采血后注意止血。

五、小鼠胸腺细胞悬液的制备

免疫学实验中经常使用胸腺细胞,用于胸腺细胞或 T 细胞功能的研究,测定某些细胞因子,甚至用于细胞毒试验等。其制备方法如下：一般选用幼龄（4~6 周龄）小鼠,摘眼球放血处死,仰卧固定,用碘酒、70% 乙醇溶液消毒皮毛。正中切开皮肤,从胸骨直达甲状腺,反转皮肤,作胸腔切口,在第 5 肋间隙尽量接近中线处剪开,剪刀口朝上,向上扩大切口至胸骨柄上部。缓缓分离切口边缘,即可见到胸腺左右叶的上下端,盖在纵隔胸膜下面。用镊子抓住胸腺下端,另一镊子夹胸腺使成反折位,由下到上摘除胸腺。

摘除的胸腺经培养液洗涤后,置 200 目钢网上,用注射器柄挤压研磨,即可获得胸腺细胞悬液,自然沉降 5min 以去除大块组织。再低速离心 5min（1000r/min）,悬起沉淀细胞即成。

六、小鼠脾细胞悬液的制备

选择适宜的小鼠,拉脱颈椎或放血处死,用碘酒、酒精消毒皮毛。剪开皮肤,打开腹腔。在胃底部找到红色的脾,用镊子分离后,摘除。

脾经培养液洗涤后,置 200 目不锈钢网上,用剪刀剪成数块,用注射器柄挤压研磨,即得脾细胞悬液。该悬液自然沉降 5min 以去除大块组织,再低速离心 5min（1000r/min）,悬起沉淀部分即成。若其中有较多红细胞,可将脾细胞悬液放在 5ml 预冷的 0.83% NH_4Cl 溶液中,置水浴中 10min,以去除红细胞。

（魏　兵　吴国庆）

（医学微生物学）

一、细菌常用染色液的制备

1. 革兰染色液
（1）结晶紫染液
［成分］　结晶紫乙醇饱和液　　　　　　　20ml

　　　　　　　1% 草酸铵水溶液　　　　　　　　　　80ml

　　[制法]　14g 结晶紫加 95% 乙醇溶液 100ml 即为乙醇饱和溶液。将 1 份结晶紫乙醇饱和液与 4 份 1% 草酸铵水溶液混合即成结晶紫染液。

　　(2) Lugol 碘液

　　[成分]　碘　　　　　　　　　　　　　　1g
　　　　　　碘化钾　　　　　　　　　　　　2g
　　　　　　蒸馏水　　　　　　　　　　　　300ml

　　[制法]　将碘与碘化钾先行混合,加蒸馏水少许,充分振摇,待完全溶解后,再加蒸馏水至 300ml。

　　(3) 95% 乙醇溶液

　　(4) 稀释复红染液

　　[成分]　碱性复红、95% 乙醇溶液、苯酸、蒸馏水

　　[制法]　取碱性复红 10g 溶于 100ml 95% 乙醇溶液中,配制成碱性复红饱和溶液,取碱性复红饱和溶液 1 份与 9 份 5% 苯酚混合,滤纸过滤,配制成苯酚复红染液(抗酸染色用),取 1 份苯酚复红染液加 9 份蒸馏水即为稀释复红染液。

　　2. 齐尼抗酸染色液

　　(1) 苯酚复红染液

　　[成分]　碱性复红、95% 乙醇溶液、苯酚

　　[制法]　取碱性复红 10g 溶于 100ml 95% 乙醇溶液中,配制成碱性复红饱和溶液,取碱性复红饱和溶液 1 份与 9 份 5% 苯酚混合,滤纸过滤,即可使用。

　　(2) 3% 盐酸乙醇溶液

　　[成分]　浓盐酸　　　　　　　　　　　3ml
　　　　　　95% 乙醇溶液　　　　　　　　97ml

　　[制法]　浓盐酸 3ml 与 95% 乙醇溶液 97ml 混合。

　　(3) 碱性亚甲蓝染液

　　[成分]　亚甲蓝　　　　　　　　　　　2g
　　　　　　95% 乙醇溶液　　　　　　　　100ml
　　　　　　蒸馏水　　　　　　　　　　　100ml
　　　　　　10% KOH 溶液　　　　　　　　0.1ml

　　[制法]　称取亚甲蓝 2g,溶于 95% 乙醇溶液 100ml 中,配成饱和液,取饱和液 30ml,加入蒸馏水 100ml 及 10% 氢氧化钾水溶液 0.1ml,混匀,即可使用。

　　3. 黑斯(Hiss)荚膜染色液

　　[成分]　结晶紫乙醇饱和液　　　　　　5ml
　　　　　　蒸馏水　　　　　　　　　　　95ml
　　　　　　20% 硫酸铜溶液

　　[制法]　结晶紫乙醇饱和液 5ml 与 95ml 蒸馏水混匀,即可配制成结晶紫溶液。

　　4. 密尔(Muir)荚膜染色液

　　[成分]　苯酚复红染液、碱性亚甲蓝染液、媒染剂

　　[制法]　媒染剂:升汞饱和液 2 份,20% 鞣酸 2 份,钾明矾饱和液 5 份混合均匀即可。

5. 鞭毛染色液

（1）甲液

［成分］　钾明矾饱和液　　　　　　　　2ml

　　　　　5%苯酚复红液　　　　　　　　5ml

　　　　　20%鞣酸　　　　　　　　　　　2ml

［制法］　以上三种溶液混合均匀即可。

（2）乙液

［成分］　碱性复红　　　　　　　　　　4g

　　　　　95%乙醇饱和液　　　　　　　100ml

［制法］　碱性复红 4g 溶于 100ml 95%乙醇中即可。

注：使用前将甲液 9 份，乙液 1 份混合过滤即可。

6. 芽胞染色液

［成分］　苯酚复红染液、碱性亚甲蓝液、95%乙醇溶液

7. 改良 Schaeffer-Fulton 芽胞染色液

［成分］　5%孔雀绿溶液、苯酚复红染液

8. 姬姆萨（Giemsa）染色液

［成分］　姬姆萨染剂粉　　　　　　　　1g

　　　　　甘油　　　　　　　　　　　　50ml

　　　　　甲醇　　　　　　　　　　　　50ml

［制法］　将染剂粉置研钵中，加少量甘油，充分研磨，再边加甘油边研磨，直至甘油用完。然后加少量甲醇，研磨后倒入棕色瓶中，剩余的甲醇分几次冲洗研钵中的染液，全部倒入瓶内，塞紧瓶塞充分摇匀，置65℃温箱内24h 或室温下 1 周后过滤，即成原液。使用时取原液 1 份，加入 pH 7.0~7.2 PBS 缓冲液 15~20 份。

二、常用试剂的配制

1. 1.6%溴甲酚紫酒精溶液　溴甲酚紫 1.6g 置研钵中，加入少许 75% 乙醇溶液，研磨使其全溶解，然后用 95%的乙醇溶液洗入量筒中，加至 100ml，盛入棕色严密玻璃瓶中备用。

2. 0.5%酚红水溶液　酚红 0.5g 于研钵中磨匀，边磨边加入 0.01mol/L 氢氧化钠约12ml，使其全溶解，加蒸馏水至 100ml，充分混匀，盛入玻璃瓶中备用。

3. 甲基红试剂　甲基红 0.04g，75%乙醇溶液 60ml，蒸馏水 40ml，先将甲基红溶于乙醇溶液中，再加入蒸馏水，混合摇匀即可。

4. VP 试验试剂　甲液：α-萘酚 6g，75% 乙醇溶液 100ml。乙液：KOH 16g，蒸馏水 100ml。

5. 吲哚试剂　对二甲氨基苯甲醛 2g，75%乙醇溶液 190ml，浓盐酸 40ml 混合即成。瓶口要严密，以免挥发。

6. TAE 电泳缓冲液（50×Tris-乙酸）

［成分］　TRIS 碱　　　　　　　　　　242g

　　　　　冰乙酸　　　　　　　　　　　57.1ml

　　　　　0.05mol/LEDTA　　　　　　　100ml

[制法]　①称取固体试剂,然后加入800ml的去离子水,充分搅拌溶解;②加入57.1ml的乙酸,充分混匀。加去离子水定容至1L,室温保存;③需要使用时,稀释为1×的应用液。

三、细菌常用培养基的制备

1. 肉膏汤液体培养基

[成分]
牛肉膏	3g
蛋白胨	10g
氯化钠	5g
蒸馏水	1000ml

[制法]　①于1000ml水中,加入上述成分,混合加热溶解;②0.05mol/L NaOH溶液矫正pH 7.2~7.6,煮沸3~5min。用滤纸滤过,补足失去的水分;③分装于烧瓶或试管中,瓶口或管口塞好棉塞并包装,高压蒸气灭菌,103.4kPa,20min;④灭菌后放于阴凉处,或放冷后存于冰箱中备用。

注:供基础培养基使用,一般营养要求不高的菌均可生长。

2. 半固体体培养基

[成分]
肉膏汤	100ml
琼脂	0.25~0.5g

[制法]　①将0.25~0.5g琼脂加到100ml肉膏汤中,加热溶化,调整pH至7.6;②分装于三角瓶或试管中,加棉塞;③高压蒸气灭菌,103.4kPa,20min;④冷却后冰箱保存备用。

注:半固体培养基用于保存菌种或观察细菌动力。

3. 普通琼脂培养基

[成分]
肉膏汤	100ml
琼脂	2~3g

[制法]　①将2~3g琼脂加到100ml肉膏汤中,加热溶化,调整PH至7.6。分装于三角瓶或试管中,加棉塞并包装好;②高压蒸气灭菌,103.4kPa,20min;③趁热将试管斜置摆放,冷却后即为琼脂斜面培养基。三角瓶中灭菌后的培养基冷却至50~60℃时,无菌操作,注入准备好的无菌平皿,厚度约3~4mm。凝固后即反转过来,底向上,以免在平血盖上积存凝结水,即为普通琼脂培养基,亦称固体培养基,冷却后置冰箱保存备用。

注:普通琼脂培养基用于一般细菌的分离培养,纯种接种或保存菌种。

4. 血液琼脂培养基

[成分]
普通琼脂培养基	100ml
脱纤维羊血	5~10ml

[制法]　①取已制备好的无菌普通琼脂100ml,加热溶解并冷至50℃;②在已消毒的无菌室内打开瓶口,瓶口通过火焰以杀灭瓶外的杂菌,用无菌吸管吸取5~10ml血液,加入100ml普通琼脂培养基内,轻摇匀,无气泡;③无菌操作,倾注于无菌平皿中,冷凝后即成血琼脂平板培养基。凝固后即反转过来,底向上,置冰箱保存备用。

注:血液琼脂培养基可用来培养对营养要求较高的细菌,如链球菌、肺炎球菌等。

5. 碱性蛋白胨水培养基

[成分]　蛋白胨　　　　　　　　　　　10g

　　　　　氯化钠　　　　　　　　　　　5g

　　　　　蒸馏水　　　　　　　　　　　1000ml

[制法]　将水白胨、氯化钠溶于蒸馏水中,调整 pH 8.4,高压蒸气灭菌,103.4kPa,15min。

6. 巧克力色琼脂平板

[成分]　普通琼脂培养基　　　　　　　100ml

　　　　　无菌脱纤维羊血　　　　　　　5~10ml

[制法]　①将肉汤琼脂加热溶化,趁热加入脱纤维羊血,摇匀;②倾注无菌平皿,待冷却成巧克力色,塑料袋密封,冰箱冷藏保存。

注:①加血一定要趁热加;②巧克力色琼脂平板常用于培养脑膜炎奈瑟球菌和淋球奈瑟球菌。

7. 糖发酵培养基

[成分]　蛋白胨水或肉膏汤(pH 7.4~7.6)　　1000ml

　　　　　葡萄糖或乳糖　　　　　　　　0.5~1.0g

　　　　　1.6%的溴甲酚紫　　　　　　　1ml

[制法]　将上述成分溶解后,分装于三角烧瓶或试管内,加上塞子,高压蒸汽灭菌 20min。

8. 葡萄糖蛋白胨水

[成分]　蛋白胨　　　　　　　　　　　5g

　　　　　葡萄糖　　　　　　　　　　　5g

　　　　　磷酸氢二钾　　　　　　　　　5g

　　　　　蒸馏水　　　　　　　　　　　1000ml

[制法]　①将上述成分加热溶解,调 pH 7.0;②分装于三角烧瓶或试管内,加上塞子,高压蒸汽灭菌 121.3℃ 15min。冰箱贮存备用。

9. 枸橼酸盐培养基

[成分]　硫酸镁　　　　　　　　　　　0.2g

　　　　　磷酸二氢铵　　　　　　　　　1g

　　　　　磷酸氢二钾　　　　　　　　　1g

　　　　　氯化钠　　　　　　　　　　　5g

　　　　　枸橼酸钠　　　　　　　　　　5g

　　　　　琼脂　　　　　　　　　　　　20g

　　　　　1.0%的溴麝香草酚蓝酒精液　10ml

　　　　　蒸馏水　　　　　　　　　　　1000ml

[制法]　先将上述各种盐类成分溶解于蒸馏水中,调 pH 6.0,然后加入琼脂和指示剂,加热使琼脂溶解,分装试管,每管约 3ml,高压蒸汽灭菌 121.3℃(103.4kPa)15min,制成斜面备用。

10. 尿素培养基

[成分]　蛋白胨　　　　　　　　　　　1g

氯化钠	5g
葡萄糖	1g
尿素	20g
磷酸二氢钾	2g
0.2%的酚红水溶液	6ml
蒸馏水	1000ml

〔制法〕　先将上述各成分(尿素除外)溶解于蒸馏水中,调 pH 6.8,高压蒸汽灭菌 115.6℃15min,以无菌操作加入已过滤除菌的尿素溶液,混匀后分装于无菌试管,冰箱保存备用。

11. 三糖铁琼脂(TSIA)

〔成分〕

牛肉膏	5g
蛋白胨	20g
氯化钠	5g
硫代硫酸钠	0.2g
硫酸亚铁铵	0.2g
葡萄糖	1g
乳糖	10g
蔗糖	10g
琼脂	15g
0.4%的酚红水溶液	6ml
蒸馏水	1000ml

〔制法〕　①将上述成分(琼脂、酚红除外)先混合加热溶解,调 pH 7.4±0.2;②加入琼脂和酚红,再加热至琼脂溶解,分装试管,每管约 4ml,高压蒸汽灭菌 115.6℃(68.95kPa) 15min,放成斜面及高层冷凝,冰箱保存备用。

用途:用于肠杆菌细菌的初步鉴定,也可用于鉴定非发酵菌。

12. LB 培养基

〔成分〕

Tryptone	1g
Yeast extract	0.5g
NaCl	1g
去离子水	加至　100ml

注:需调整 pH 至 7.0。琼脂平板需添加琼脂粉 12g/L。

(尤　敏　管福来)

(医学遗传学)

1. 0.2%甲苯胺蓝染液

〔成分〕

甲苯胺蓝	0.2g
蒸馏水	100ml

〔制法〕　甲苯胺蓝 0.2g 加入蒸馏水定容至 100ml。

2. 5mol/L 盐酸溶液

[成分] 盐酸溶液   208.3ml

   蒸馏水   1000ml

[制法] 盐酸溶液(市售,约 12mol/L)208.3ml 加入蒸馏水稀释至 1000ml。

3. 磷酸缓冲液(pH 6.0)

[成分] A 液(1/15mol/L Na_2HPO_4) 87.7ml

   B 液(1/15mol/L KH_2PO_4) 12.3ml

[制法] A 液:1/15mol/L Na_2HPO_4:称取 $Na_2HPO_4 \cdot 2H_2O$ 11.867g 或 $Na_2HPO_4 \cdot 12H_2O$ 23.87g,加蒸馏水定容至 1000ml。

 B 液:1/15mol/L KH_2PO_4:称取 KH_2PO_4 9.078g,加蒸馏水定容至 1000ml。

 取 A 液 87.7ml,加 B 液 12.3ml,即为磷酸缓冲液(pH 6.0)。

4. 0.5% 盐酸阿的平染液

[成分] 盐酸阿的平   0.5g

   磷酸缓冲液(pH 6.0) 100ml

[制法] 称取盐酸阿的平 0.5g,用磷酸缓冲液(pH 6.0)定容至 100ml。

注:配制后用黑纸将瓶包裹,放 4℃ 冰箱保存。有效期为一个月。

5. Macllvaine 缓冲液(pH 6.0)

[成分] 0.1 mol/L 枸橼酸钠溶液 7.37ml

   0.2 mol/L 磷酸氢二钠溶液 12.63ml

[制法] 0.1mol/L 枸橼酸钠溶液:称取枸橼酸($C_6H_8O_7 \cdot H_2O$)21g,加蒸馏水定容至 1000ml。

 0.2mol/L 磷酸氢二钠($Na_2HPO_4 \cdot 12H_2O$)溶液:称取 Na_2HPO_4 71.6g,加蒸馏水定容至 1000ml。

 取 0.1mol/L 枸橼酸钠溶液 7.37ml 和 0.2mol/L 磷酸氢二钠溶液 12.63ml,配成 pH 为 6.0 的缓冲液。

注\:棕色瓶装冰箱保存,有效期一个月。

6. 0.075mol/L 氯化钾

[成分] KCl   5.59g

   双蒸水   1000ml

[制法] 取 KCl 5.59g 加入双蒸水定容至 1000ml。

7. 0.25% 胰酶贮存液

[成分] 胰酶干粉   1g

   氯化钠   3.6g

   蒸馏水   400ml

[制法] 将上述三种试剂混合,充分溶解。溶解充分(有的胰酶不好溶,可搅动)后分装冰冻保存备用。

8. 10μg/ml 秋水仙素

[成分] 秋水仙素粉   10μg

   蒸馏水   10ml

[制法] 将秋水仙素粉 10μg 加入蒸馏水 10ml 溶解,配制好后黑纸包裹 4℃ 保存备用。

注:10μg 秋水仙素不好称取,也可以先配成 100μg/ml,再稀释。

9. Giemsa 原液

[成分]　Giemsa 粉　　　　　　　　　1g
　　　　甘油(分析纯)　　　　　　　66ml
　　　　甲醇(无丙酮)　　　　　　　66ml

[制法]　先将 Giemsa 粉置研钵中,加入少量甘油充分研磨,然后边研磨边加入甘油至 66ml,充分混匀后,置 60℃ 水浴中加热 2h,置室温冷却后,加入 66ml 甲醇,再充分搅拌混匀后,装入有色瓶中,在室温中静置 3 周氧化,然后用滤纸过滤,即成 Giemsa 原液。

10. pH 6.8 磷酸缓冲液

[成分]　溶液 A　　　　　　　　　50.8ml
　　　　溶液 B　　　　　　　　　49.2ml

[制法]　溶液 A:磷酸二氢钾($KH_2PO_4 \cdot 2H_2O$)9.078g 溶于 1000ml 蒸馏水中。
溶液 B:磷酸氢二钠($Na_2HPO_4 \cdot 2H_2O$)11.876g 溶于 1000ml 蒸馏水中。
100ml 缓冲液:溶液 A 50.8ml,溶液 B 49.2ml。

11. 500μg/ml BrdU 溶液

[成分]　BrdU　　　　　　　　　　4.2mg
　　　　生理盐水　　　　　　　　8.4ml

[制法]　配成 500μg/ml 的保存液,黑纸包裹,4℃ 保存,用时,每 5ml 培养基加 0.1ml,终浓度达 10μg/ml。

12. 2×SSC

[成分]　NaCl　　　　　　　　　　17.5g
　　　　枸橼酸钠　　　　　　　　8.8g
　　　　双蒸水　　　　　　　　　1000ml

[制法]　取 NaCl 17.5g、枸橼酸钠 8.8g 加双蒸水定容至 1000ml,配制好后室温稳定 3 个月。

13. STE 缓冲液(pH 8.0)

[成分]　Tris-HCl(pH 8.0)　　　　1.21g
　　　　EDTA(pH 8.0)　　　　　0.37g
　　　　NaCl　　　　　　　　　　5.84g
　　　　双蒸水　　　　　　　　　加至 1000ml

[制法]　取 Tris-HCl(pH 8.0)1.21g,EDTA(pH 8.0)0.37g,NaCl 5.84g 加双蒸水 800ml,用浓盐酸或 NaOH 调 pH 8.0,定容至 1000ml。

14. TE 缓冲液(pH 8.0)

[成分]　Tris-HCl(pH 8.0)　　　　1.21g
　　　　EDTA(pH 8.0)　　　　　0.37g

[制法]　取 Tris-HCl(pH 8.0)1.21g,EDTA(pH 8.0)0.37g 加双蒸水 800ml,用浓盐酸或 NaOH 调 pH 8.0,定容至 1000ml。

15. 细胞裂解液

[成分]　Tris-HCl(pH 8.0)　　　　6.05g
　　　　$Na_2EDTA \cdot 2H_2O_1$(pH 8.0)　3.72g

SDS   0.5g

[制法]　取 Tris-HCl(pH 8.0)6.05g,Na_2EDTA·$2H_2O_1$(pH 8.0)3.72g,SDS 0.5g 加双蒸水 800ml,用浓盐酸或 NaOH 调 pH 8.0,定容至 1000ml。

16. Tris-HCl 饱和酚

[成分]　Tris-HCl(pH 8.0)   72.6g

8-羟基喹啉   0.1g

[制法]　加 60.5g Tris-HCl(pH 8.0)配制 1000ml 0.5mol/L Tris-HCl(pH 8.0),用 12.1g Tris-HCl(pH 8.0)配制 1000ml 0.1mol/L Tris-HCl(pH 8.0)备用。将苯酚置于 65℃水浴溶解后,在 160℃加热蒸馏。冷却至 65℃后,加等体积 0.5mol/L Tris-HCl(pH 8.0)混匀,静止分层后,除去上层水相。再加入等体积 0.1mo1/L Tris-HCl(pH 8.0)。重复上述平衡过程,直至酚相的 pH 大于 7.8。加 8-羟基喹啉至终浓度 0.1%,置 4℃保存。

17. Hanks 液

[成分]　KCl   0.40g

NaCl   8.00g

$CaCl_2$ 0.14g

Na_2HPO_4·H_2O_1 0.06g

KH_2PO_4 0.06g

$MgSO_4$·$7H_2O_1$ 0.20g

$NaHCO_3$ 0.35g

葡萄糖   1.00g

酚红   0.02g

[制法]　①将 $CaCl_2$ 溶解在 100ml 双蒸水里;②其他试剂依次溶解在 750ml 双蒸水中;③用几滴 $NaHCO_3$ 单独溶解酚红;④将①液倒入②液,不时搅拌,防止沉淀;⑤将③液加入④液中;⑥将⑤液加入 1000ml 容量瓶中,定容至 1000ml,混匀;⑦分装在磨口瓶中,高压灭菌,4℃保存备用。

18. 50×TAE 电泳缓冲液:

[成分]　Tris 碱(Tris-Cl)   242g

冰乙酸   57.1ml

EDTA-Na_2·H_2O 37.2g

无菌水   加至 1000ml

[制法]　将以上成分到 800ml 双蒸水中溶解后定容至 1000ml,室温保存。

19. 溴化乙锭(EB)(1%)

[成分]　溴化乙锭(EB)   1.0g

双蒸水   100ml

[制法]　用 100ml 双蒸水中加入 1g 溴化乙锭,磁力搅拌数小时至完全溶解,置于棕色瓶中于 4℃保存,用时稀释成 0.5~1μg/ml。

20. 6×上样缓冲液

[成分]　溴酚蓝   0.25g

二甲苯青   0.25g

蔗糖   40g

双蒸水	100ml

[制法]　用 0.25g 溴酚蓝,0.25g 二甲苯青,40g 蔗糖加入 80ml 双蒸水中定容 100ml, 4℃保存备用。

21. 5×TBE 缓冲液

[成分]

Tris 碱	54g
硼酸	27.5g
EDTA(pH 8.0)	3.72g
双蒸水	加至 1000ml

[制法]　加 54g Tris 碱,27.5g 硼酸 3.72g EDTA(pH 8.0)到 800ml 双蒸水中溶解后定容至 1000ml。

22. 标准系列苯丙氨酸溶液

[成分]

苯丙氨酸	100mg
双蒸水	1000ml

[制法]　以分析天平称取苯丙氨酸,用蒸馏水分别配制成 20mg/100ml,16mg/100ml, 8mg/100ml,4mg/100ml 和 2mg/100ml 的标准系列溶液,灭菌后备用。

23. 灭菌 Demain 抑制培养液配制

[成分]　见下表。

A 液		B 液	
K_2HPO_4	15.00g	$MgSO_4 \cdot 7H_2O$	10.00g
KH_2PO_4	5.00g	$MnCl_2 \cdot 4H_2O$	1.00g
NH_4Cl	2.50g	$FeCl_3 \cdot 6H_2O$	10.00g
NH_4NO_3	0.50g	$CaCl_2$	0.5g
$NaSO_4$	0.50g	蒸馏水	1000ml
谷氨酸	0.50g		
天冬氨酸	0.50g		
L-丙氨酸	0.25g		
蒸馏水	1000ml		

[制法]　于 1000ml A 液中加 50ml B 液,另加 β-2-噻吩丙氨酸,使 β-2-噻吩丙氨酸的终浓度达 $2×10^{-5}$mol/L,灭菌备用。使用前再加入无菌的 50% 葡萄糖溶液 10ml。

（李媛媛）

附录二 中英文对照

（生物化学与分子生物学）

A

agarose	琼脂糖
agarose Gel	琼脂糖凝胶
cholesterol ester,CE	胆固醇酯

D

deoxyribonucleic acid,DNA	脱氧核糖核酸

F

formazane	甲臜
free cholesterol,FC	游离胆固醇
free fatty acid,FFA	游离脂肪酸

G

glycogen	糖原

H

hemophilia A	甲型血友病

I

invertase	转化酶

L

lactate dehydrogenase,LDH	乳酸脱氢酶
lipoperoxides,LPO	过氧化脂质
lipopolysaccharide,LPS	脂多糖

M

malonaldehyde bis,TEP	四乙氧基丙烷
malondialdehyde,MDA	丙二醛

N

nitrobluetetraxolium,NBT	氯化硝基四唑氮蓝

P

phenazine methosulfate,PMS	吩嗪二甲酯硫酸盐
phenylketonuria,PKU	苯丙酮尿症
plasmid	质粒
polymerase chain reaction,PCR	聚合酶链反应
proinsulin	胰岛素原

R

restriction fragment length polymorphisms,RFLPs	限制性片段长度多
ribonucleic acid,RNA	核糖核酸

S

sephadex gel	葡聚糖凝胶
serum glutamate-pyruvate, sGPT transaminase	血清谷丙转氨酶
sucrase	蔗糖酶

T

tetrazalium	四氮杂茂
thiobarbituric acid,TBA	硫代巴比妥酸
total cholesterol,TG	总胆固醇
triglyceride,TG	甘油三酯

（医学免疫学）

A

avidin	亲合素		

I

indirect ELISA	间接 ELISA

B

biotin	生物素

L

lymphocyte transformation	淋巴细胞转化

C

competitive ELISA	竞争 ELISA
concanavalin A,ConA	刀豆蛋白
counter Immunoelectrophoresis	对流免疫电泳

N

non-resolving inflammation	非可控性炎症

P

phagocytosis	吞噬
phytohaemagglutinin,PHA	植物血凝素

D

DMSO	二甲基亚砜
dot Immunochromatographic assay,DICA	斑点免疫层析试验
double diffusion	双向免疫扩散试验

R

resolving inflammation	可控性炎症

E

enzyme linked immunosorbent assay,ELISA	酶联免疫吸附实验
epithelial growth factor receptor,EGFR	表皮生长因子受体
E-Rosette	E 花环

S

sandwich ELISA	夹心 ELISA
sheep red blood cell,SRBC	绵羊血红细胞
single diffusion	单向免疫扩散试验
slide agglutination	玻片凝集反应

T

tube agglutination	试管凝集反应

H

horseradish peroxidase,HRP	辣根过氧化物酶

（医学微生物学）

A

acinetobacter baumannii	鲍曼不动杆菌
adenovirus	腺病毒
alpha hemolytic *streptococcus*	甲型溶血性链球菌
anaerobe	厌氧菌
anaerobic medium	厌氧培养基

B

bacteriophage,phage	噬菌体

basic medium	基础培养基
β-hemolytic *Streptococcus*	乙型溶血性链球

C

Canidia albicans	白假丝酵母菌
Candida glabrada	光滑假丝酵母菌
Candida krusei	克柔假丝酵母菌
Candida tropicalis	热带假丝酵母菌
capsule stain	荚膜染色法
Chlamydia trachomatis	沙眼衣原体

Clostridium botulinum	肉毒芽胞梭菌
Clostridium perfringens	产气荚膜梭菌
Clostridium tetani	破伤风芽胞梭菌
cold agglutination test	冷凝集试验
Cuyitococcus neofonmans	新生隐球菌
cytomegalovirus	巨细胞病毒
cytopathic effect	细胞病变效应

D

differential medium	鉴别培养基

E

EpidermopHyton floccosum	絮状表皮癣菌
Enterobacter aerogenes	产气肠杆菌
enrichment medium	增菌培养基
Escherichia coli	大肠埃希菌

F

flagella stain	鞭毛染色法
fungus	真菌

G

garlicin	大蒜素
Gram stain	革兰染色法
Giemsa stain	姬姆萨染色

H

haemagglutinin	血凝素
hapatitis A virus	甲型肝炎病毒
Helicobacter pylori	幽门螺杆菌
hemagglutination inhibition test	血凝抑制试验
hematoxylin eosin staining	苏木精-伊红染色
hepatitis B virus	乙型肝炎病毒
herpes simplex virus	单纯疱疹病毒
Hiss capsule stain	黑斯荚膜染色法

I

Indol test	吲哚试验
Influenza virus	流感病毒

J

Japanese encepHalitis virus	乙型脑炎病毒

K

Klebsiella oxytoca	产酸克雷伯菌

L

liquid medium	液体培养基

M

measles virus	麻疹病毒
methicillin-resistant *StapHylococcus aureus*	耐甲氧西林金黄色葡萄球菌
metyl red test	甲基红试验
Mycobacterium tuberculosis	结核分枝杆菌
Mycoplasma pneumonia	肺炎支原体
muircapsule stain	密尔荚膜染色法
mumps virus	腮腺炎病毒
mycoplasma	支原体

N

Negri body	内基小体

O

oxidation-fermentation(O/F)test	氧化-发酵实验

P

Pseudomonas aeruginosa	铜绿假单胞菌
poliovirus	脊髓灰质炎病毒
Proteus vulgaris	普通变形杆菌

R

rabies virus	狂犬病病毒
respiratory syncytial virus	呼吸道合胞病毒
Rickettsia exanthematotypHi	斑疹伤寒立克次体
Rickettsia tsutsugamushi	恙虫病立克次体

S

Salmonella typhi	伤寒沙门菌
Salmonella paratyphoid A	甲型副伤寒沙门菌
Salmonella paratyphoid B	乙型副伤寒沙门菌
salmonella shigella agar	志沙培养基
selective medium	选择培养基
semi-solid medium	半固体培养基
Serratia marcescens	黏质沙雷菌
Shigella dysenteriae	痢疾志贺菌
StapHylococcus epidermidis	表皮葡萄球菌
Shigella castellani	福氏志贺菌

solid medium	固体培养基	trichopHyton	毛癣菌
spore stain	芽胞染色法		
Stenotrophomonas maltophilia	嗜麦芽窄食单胞菌	**V**	
streptolysin O	溶血素 O	varicella-zoster virus	水痘-带状疱疹病毒
Streptococcus pneumoniae	肺炎链球菌	vesicular stomatitis virus	水疱性口炎病毒
		voges-proskauer	伏—普二试验

T

tissue culture infective dose	50 半数组织培养感染剂量	**W**	
		Weil-felix test	外-斐反应
Treponema pallidum	梅毒螺旋体	Widal test	肥达试验

（尤　敏　管福来）

（医学遗传学）

B

5-bromo-2′-deoxyuridine, BrdU	5 溴脱氧尿嘧啶核苷
bull serum albumin, BSA	牛血清蛋白
Bacillus subtilis	枯草杆菌

D

| duchene muscular dystrophy, DMD | 假肥大型肌营养不良症 |

E

| ethidium bromide, EB | 溴化乙锭 |
| ethylene diamine tetraacetic acid, EDTA | 乙二胺四乙酸 |

M

| muscular dystrophin | 抗肌萎缩蛋白 |
| micronucleus, MCN | 微核 |

P

| PHA | 植物凝集素 |

polychromatic erythrocytes, PCE	嗜多染红细胞
polymerase Chain Reaction, PCR	聚合酶链式反应
phenylthiocarbamide, PTC	苯硫脲
polymerase chain reaction-sequence specific primer, PCR-SSP	序列特异引物引导的聚合酶链反应
polymerase chain reaction-restriction fragment length polymorphism, PCR-RFLP	限制性片段长度多态性聚合酶链反应
phenylketonuria, PKU	苯丙酮尿症
phenylalanine hydroxylase, PAH	苯丙氨酸羟化酶

S

| sister chromatid exchanges, SCE | 姐妹染色单体互换 |
| sodium dodecyl sulfonate, SDS | 十二烷基磺酸钠 |

T

| trisomy 21 | 21 三体综合征 |

X

| X chromatin | X 染色质 |

彩 图

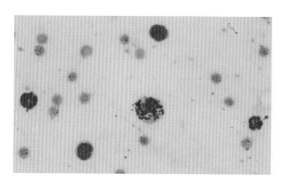

图 1-2-11　巨噬细胞吞噬表皮葡萄球菌（瑞氏染色）

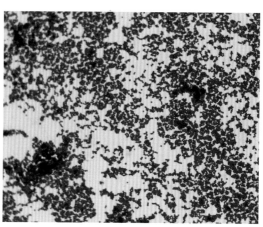

图 1-3-1　葡萄球菌（革兰染色）

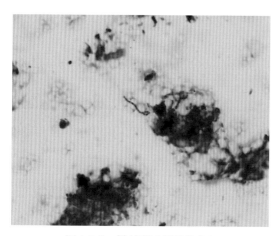

图 1-3-2　链球菌（革兰染色）

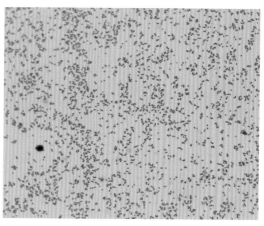

图 1-3-3　大肠埃希菌（革兰染色）

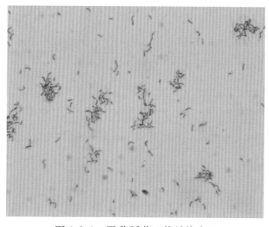

图 1-3-4　霍乱弧菌（革兰染色）

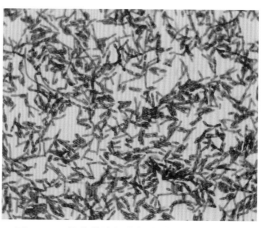

图 1-3-5　枯草芽胞杆菌细胞壁（单宁酸染色）

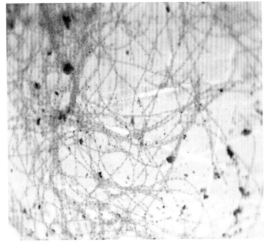

图 1-3-6　枯草芽胞杆菌核质 (Feulgen 染色)

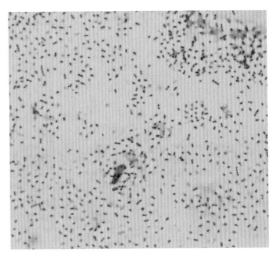

图 1-3-8　肺炎链球菌（黑斯染色）

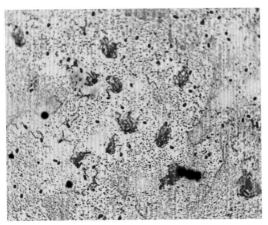

图 1-3-9　伤寒沙门菌 (鞭毛染色)

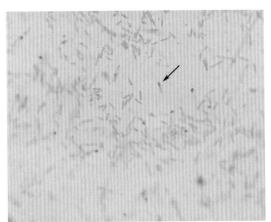

图 1-3-10　破伤风芽胞梭菌 (改良 Schaeffer-Fulton 芽胞染色法)

图 1-3-11　结核分枝杆菌 (抗酸染色)

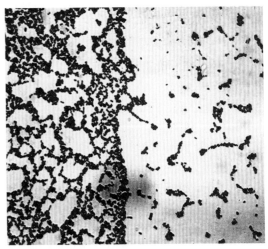

图 1-3-19　葡萄球菌 (革兰染色)

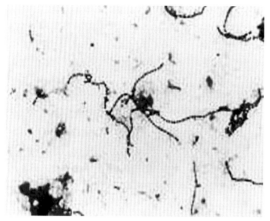

图 1-3-20　链球菌（革兰染色）

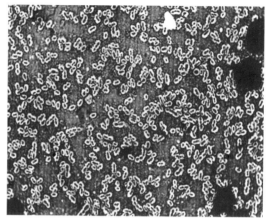

图 1-3-21　肺炎链球菌（革兰染色）

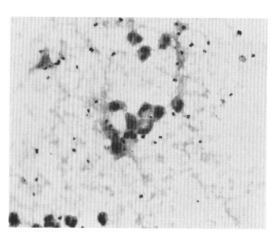

图 1-3-22　脑膜炎球菌（革兰染色）

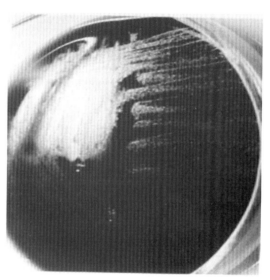

图 1-3-26　破伤风梭菌在血平板上的生长

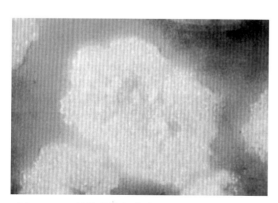

图 1-3-27　结核分枝杆菌在固体培养基上的生长

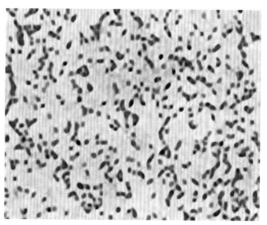

图 1-3-28　铜绿假单胞菌（革兰染色）

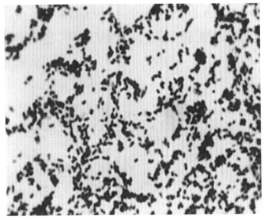

图 1-3-29　鲍曼不动杆菌（革兰染色）

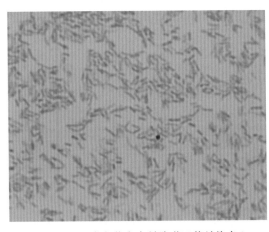

图 1-3-30　嗜麦芽窄食单胞菌（革兰染色）

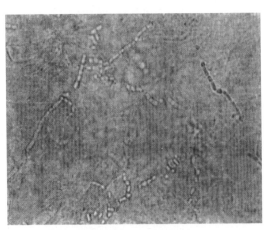

图 1-3-33　关节孢子

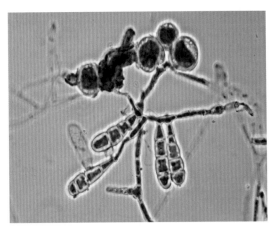

图 1-3-34　大分生孢子（革兰染色）

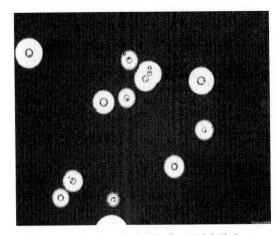

图 1-3-35　新生隐球菌荚膜（墨汁负染色）

图 1-3-36　真菌菌落（科玛嘉显色）

A.白假丝酵母菌菌落；B.热带假丝酵母菌菌落；C.光滑假
丝酵母菌菌落；D.克柔假丝酵母菌菌落

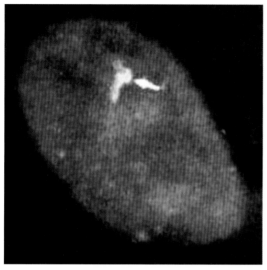

图 1-4-2　人类 Y 染色质（盐酸阿的平染色）

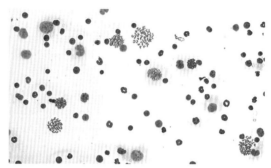

图 1-4-7　小鼠骨髓染色体 (Giemsa 染色)

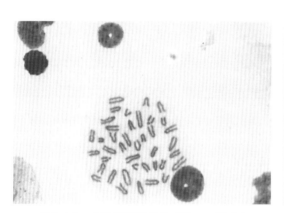

图 1-4-8　小鼠骨髓染色体 (Giemsa 染色)

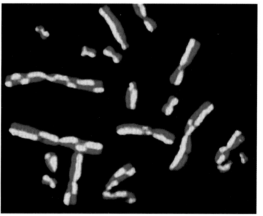

图 1-4-11　姐妹染色单体互换差别显色结果
(Giemsa 染色)

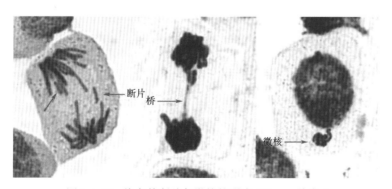

图 1-4-12　染色体断片与微核的形成 (Giemsa 染色)

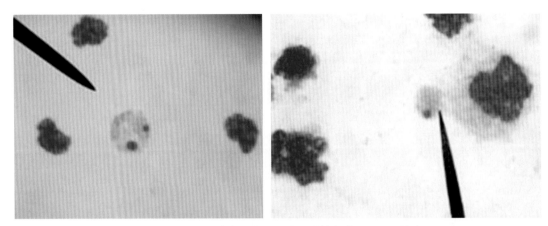

图 1-4-13　小鼠骨髓噬多染红细胞的微核细胞 (Giemsa 染色)

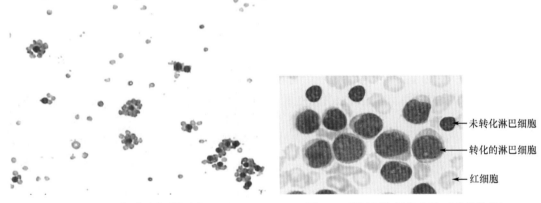

图 2-5　E 花环（瑞氏染色）　　　　图 2-6　淋巴细胞转化实验（瑞氏染色）